이더리움을 이용한 블록체인과
암호화폐 개발 이론과 실무

이더리움과
솔리디티 입문

이더리움과 솔리디티 입문

이더리움을 이용한 블록체인과 암호화폐 개발 이론과 실무

지은이 크리스 다넨

옮긴이 임지순

펴낸이 박찬규 교정교열 박진수 표지디자인 Arowa & Arowana

펴낸곳 위키북스 전화 031-955-3658, 3659 팩스 031-955-3660

주소 경기도 파주시 문발로 115, 311호(파주출판도시, 세종출판벤처타운)

가격 22,000 페이지 260 책규격 175 x 235mm

1쇄 발행 2018년 01월 10일

2쇄 발행 2018년 04월 18일

ISBN 979-11-5839-090-7 (93500)

등록번호 제406-2006-000036호 등록일자 2006년 05월 19일

홈페이지 wikibook.co.kr 전자우편 wikibook@wikibook.co.kr

이 도서의 국립중앙도서관 출판시도서목록 CIP는

서지정보유통지원시스템 홈페이지(http://seoji.nl.go.kr)와

국가자료공동목록시스템(http://www.nl.go.kr/kolisnet)에서 이용하실 수 있습니다.

CIP제어번호 CIP2017035879

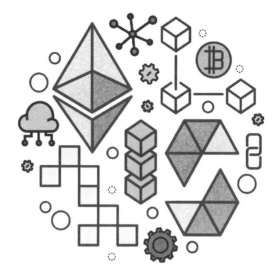

이더리움과
솔리디티 입문

이더리움을 이용한 블록체인과 암호화폐 개발 이론과 실무

크리스 다넨 지음 / 임지순 옮김

위키북스

브랜든 뷰캐넌, 크리스토퍼 맥클레란, 솔로몬 레더러 박사 및 이터레이티브 인스팅트 (Iterative Instinct)에서 일하는 모든 팀원이 보여준 열정과 지지에 감사를 전합니다.

조셉 루빈과 컨센시스(ConsenSys) 팀에도 이 책을 쓰는 동안 훌륭한 조언자 역할을 해준 것에 대해 감사드립니다.

저자 소개

크리스 다넨(Chris Dannen)은 암호화폐 거래 및 시드 단계의 벤처 투자에 전문화된 하이브리드 투자 펀드인 이터레이티브 인스팅트(Iterative Instinct)의 파트너이자 설립자이다. 채굴자로서 비트코인 및 이더리움과 관련된 일을 시작하였고, 이후 소프트웨어를 사용한 스마트 계약이, 사업 계약을 자동화하고 새로운 종류의 경험을 창출하는 데 이용되는 방식에 점점 더 매료되었다. 포춘 지 선정 500대 기업의 전략기획 업무 경력이 있으며, Objective-C와 자바스크립트를 독학으로 익힌 프로그래머로서 컴퓨터 하드웨어 특허도 보유하고 있다. 이 책은 저자가 네 번째로 쓴 책이다. 크리스는 20여개국을 여행했고, 자전거를 타고 로마에서 바르셀로나까지 30일 만에 이동하고, 6시간 만에 후지산 정상까지 등반한 열정 넘치는 여행자이기도 하다. 패스트 컴퍼니(Fast Company)의 수석 편집자였으며 지금은 쿼츠(Quartz) 및 블룸버그(Bloomberg)와 같은 주요 출판사의 기술 콘텐츠를 감수하고 있다. 버지니아 대학교를 졸업하고 현재 뉴욕 시에 거주하고 있다.

기술 감수자 소개

마시모 나르도네(Masimo Nardone)는 22년 이상 보안, 웹/모바일 개발, 클라우드 및 IT 아키텍처 분야에서 종사하였으며 안드로이드와 보안에 특히 많은 열정을 쏟고 있다. 20년 이상 안드로이드, 펄, PHP, 자바, VB, 파이썬, C/C++ 및 MySQL을 사용하여 프로그래밍해 왔으며, 프로그래밍 교육도 병행하고 있다. 이탈리아 살레르노 대학에서 컴퓨팅 과학 학위를 취득한 이후 수 년 동안 제품 관리자, 소프트웨어 엔지니어, 연구원, 최고 보안 설계자, 정보 보안 관리자, PCI/SCADA 감사원 및 수석 IT 보안/클라우드/SCADA 아키텍트로 일했다. 기술, 보안, 안드로이드, 클라우드, 자바, MySQL, 드루팔, 코볼, 펄, 웹/모바일 개발, MongoDB, D3, 줌라, 카우치베이스, C/C++, WebGL, 파이썬, 프로 레일스, 장고 CMS, 지킬 등을 다룰 수 있다. 헬싱키 공과 대학(알토 대학)의 네트워킹 연구소에서 초빙 강사 및 감독자로 재직한 바 있으며, 현재 CargotecOyj의 CIO(최고 정보보안 임원)로 활동하고 있다. 네 가지 국제 특허(PKI, SIP, SAML 및 프록시 영역)를 보유하고 있으며, 다양한 출판사에서 출간한 40권 이상의 IT 서적을 검토했다. ≪Pro Android Games≫ (Apress, 2015)의 공동 저자이기도 하다.

인터넷 시대는 가능한 모든 것을 정보화했습니다. 물리적 실체를 가진 것을 제외하고, 조금이라도 추상화가 가능한 모든 정보가 비트의 흐름이 되어 공간의 제약 없이 유통되기 시작했습니다. 불가능했던 많은 것이 가능했지만, 부작용도 있었습니다. 정보화된 개체는 유일성(uniqueness)을 보장받기 힘들어졌으니까요.

그런데, 정보화된 개체가 유일성을 보장받을 수 있는 기술이 나타났습니다. 분산 원장 기술이라고도 불리우는 블록체인입니다. 네트워크 내의 모든 주체가 정보 개체의 소유권과 이동 내역을 검증하기에, 인터넷 시대에는 불가능했던 정보의 유일성을 보장하는 것이 가능해졌습니다. 그리고 이 속성을 확장하여, 네트워크상의 주체가 '절대로 거스를 수 없는' 조건에 합의하는 일종의 디지털 계약이 가능해졌습니다. 이러한 가능성 덕에, 컴퓨터 하드웨어 기술을 딛고 인터넷이 지배력을 확장했듯, 인터넷 기술을 딛고 블록체인이 지배력을 확장하리라고 많은 사람들이 기대하고 있습니다.

이더리움 플랫폼은 2017년 현재 블록체인 세계에서 가장 많은 애플리케이션을 호스팅하고 있으며, 실제로 애플리케이션이 가동 중인 블록체인 플랫폼입니다. 비트코인을 이해하면 이더리움을 비교적 빠르게 이해할 수 있듯이, 이더리움을 이해하면 여타 차세대 블록체인이나 블록체인 애플리케이션을 수월하게 이해할 수 있습니다. 이론과 실무를 함께 담은 이 책이 사람들과 블록체인 사이의 거리를 조금이나마 좁혀 줄 수 있기를 바랍니다.

01 장

블록체인 개론

블록체인이 지배하리라!	19
이더리움의 역할	20
블록체인의 3요소	23
이더리움의 다중 체인	24
이것도 비트코인 같은 구라 아냐?	25
화폐가 아닌 재화인 이더	25
그레샴의 법칙	26
돈의 미래를 향해	27
암호화폐 경제와 증권	28
옛 영광의 재현	29
암호화폐의 춘추전국시대	30
프로토콜의 위력	30
신뢰불요 시스템 개발 가능	31
스마트 계약의 진짜 역할	32
가치의 객체와 메소드	33
결제 시스템에 응용하기	34
콘텐츠 생성	34
데이터는 어디에?	35
채굴이란?	35
채굴과 전기세	36
EVM 둘러보기	36
미스트 브라우저	37
브라우저 대 지갑(키체인)	37
솔리디티, 자바스크립트랑 비슷하긴 한데…	38
이더리움의 용도	38
비판적 관점	39
스마트 계약 개발의 현재	40

카피캣 코인	41
프로젝트 자금 조달	41
자신만의 블록체인 포지션을 찾아 보자	42
프로그래밍 입문자를 위한 조언	42
오픈소스, 무료 소프트웨어로써의 이더리움	43
EVM의 현재	43
지금 당장 구축할 수 있는 것	44
프라이빗 체인과 퍼블릭 체인	44
이더 전송 및 수신	45
스마트 계약 작성	45
공정한 애플리케이션 개발	46
이더 기반의 토큰 생성	46
탈중앙화 데이터베이스의 미래	46
일의 문화가 바뀐다	47
요약	47

02장

미스트 브라우저

지갑은 왜 지갑인가?	50
그래서 주소가 뭐라고?	51
내 이더는 어디에?	51
출납원의 비유	52
암호화폐의 잔고는 각자의 손에 있다	53
이더리움 트랜잭션의 시각화	54
은행의 역사를 파괴한다	55
암호화를 통한 신뢰	56
시스템 요구 사양	58

Eth.guide와 이 책에 대해   59

    개발자를 위한 도구   59

    CLI 노드   60

패리티와 Geth의 혼용   61

마침내 미스트 속으로!   61

    미스트를 내려받아 설치하기   62

    미스트 설정   63

    새 주소 찾기   67

    이더 주고받기   67

    이더리움 계정 종류 이해하기   69

    키 백업 및 복구   70

    종이 지갑 사용   71

    모바일 지갑 사용   72

    메시지와 트랜잭션   73

그래서 결론적으로, 블록체인이 뭔데?   74

    트랜잭션 비용의 지불   75

    단위의 이해   76

    이더 확보하기   76

암호화폐의 익명성   77

    블록체인 탐색기   78

요약   79

03장

EVM

기존의 중앙 은행 네트워크   81

가상 머신이란?   82

    은행에서 이더리움 프로토콜의 역할   82

    누구나 은행 플랫폼을 만들 수 있다   83

EVM의 역할   84

스마트 계약은 곧 EVM 애플리케이션   86

   '스마트 계약'이라는 이름   86

   EVM과 바이트코드   87

상태 기계의 이해   87

   디지털과 아날로그   87

   상태 언급(state—ments), 즉 문장   88

   상태에 대한 데이터의 역할   89

EVM 내부의 작동 원리   90

   EVM의 지속적인 트랜잭션 확인   91

   상태 기계의 진술   91

   암호화 해싱   92

   해시 함수(해시 알고리즘)의 역할   92

블록: 상태 변화의 기록   93

   블록 시간의 이해   93

   짧은 블록 주기의 문제점   94

   '단일 노드' 블록체인   94

   분산된 보안   95

상태 전이 함수에서 채굴의 위치   95

EVM상의 시간 대여   97

   가스   97

   가스가 중요한 이유는?   98

   왜 이더 대신에 가스를 쓰는가?   98

   규제를 위한 수수료   98

가스 다루기   99

   가스의 특성   99

   시스템의 확장성과 가스   100

계정, 트랜잭션, 메시지   100

외부 소유 계정   100

계약 계정   101

트랜잭션과 메시지   101

트랜잭션의 특성   102

메시지의 특성   102

가스 수수료 계산하기   103

EVM의 연산 코드   104

요약   108

04장

솔리디티 프로그래밍

들어가며   110

글로벌 은행의 현실화   111

초대형 인프라   111

세계적 통화?   111

대안 화폐   112

솔리디티의 장점   113

브라우저 컴파일러   114

EVM 프로그래밍 배우기   114

손쉬운 배포   115

솔리디티에서의 비즈니스 논리 구축   116

코드, 배포, 휴식   117

이론적 설계   118

솔리디티의 반복문   118

표현성과 보안   119

형식 검증의 중요성   120

　　전역 공유 자원의 역사적 효과   120

　　공격자가 커뮤니티를 무너뜨리는 방법   121

　　솔리디티 코드에 대한 가상 공격   121

구조를 위한 자동화된 증명?   122

　　실질적인 결정론   123

　　번역으로 인한 유실   123

끝없는 테스트   124

　　커맨드 라인으로!   124

솔리디티 파일   126

코드 해석을 위한 팁   127

솔리디티의 명령문과 표현식   128

　　표현식이란?   128

　　문장이란?   128

　　퍼블릭, 프라이빗 함수   128

　　자료형   129

　　불   129

　　부호 있는 정수 및 부호 없는 정수   129

　　주소   129

　　주소의 멤버   130

　　주소 연관 키워드   130

　　그 밖의 자료형   130

　　복합(참조) 자료형   131

전역 특수 변수, 단위 및 함수   131

　　블록과 트랜잭션 속성   132

　　연산자 목록   133

　　전역 함수   134

　　예외와 상속   135

요약   135

05장

스마트 계약과 토큰

백엔드로써의 EVM   137

    스마트 계약에서 댑까지   137

모든 것에 의해 가격이 결정되는 자산   138

    법정화폐 기반 물물교환   138

    유리 구슬 대신 이더   139

시간을 측정하는 암호화폐   139

    자산 소유권, 그리고 문명   140

    소장품으로써의 코인   143

사회에서 소장품의 기능   144

    초기의 위조 지폐   145

    귀금속과 예술, 그리고 돈   145

    은행권의 등장   146

고부가가치 디지털 소장품의 플랫폼   147

토큰은 스마트 계약의 일종   147

    토큰 스마트 계약   148

    토큰은 훌륭한 첫 번째 애플리케이션   149

테스트넷에서 토큰 만들기   150

    수도꼭지에서 이더 받기   150

    토큰 등록   159

첫 계약 배포   159

계약과 인터페이스하기   164

요약   165

06장

이더 채굴

채굴의 요점	167
이더의 근원	168
채굴의 정의	168
진실의 버전	169
난이도, 자율 규제, 채산성 경쟁	170
작업 증명과 블록 시간 규율	172
DAG와 논스	173
빠른 블록 시간을 위한 접근	174
빠른 블록을 가능하게 하려면	175
이더리움의 실효 블록 활용	177
엉클 블록 규칙과 보상	177
난이도 폭탄	178
채굴 승자의 보상 구조	179
계통의 한계	180
블록 처리 과정	180
트랜잭션과 블록 계통 평가	181
이더리움과 비트코인이 트리를 활용하는 방법	182
머클-패트리샤 트리	183
이더리움 블록 헤더의 내용	183
포크	184
채굴 지도서	186
맥OS에서 Geth 설치하기	186
윈도우에서 Geth 설치하기	186
커맨드 라인에 익숙해지기	187
우분투 14.04에서 Geth 설치하기	187
Geth 콘솔을 통해 EVM에 명령 실행하기	190
플래그로 Geth 시작하기	193
채굴기 가동!	194

테스트넷에서 채굴하기   197

GPU 채굴 릭   198

다중 GPU로 채굴 풀 구성하기   199

요약   200

07장

암호경제학

어쩌다 여기까지 왔나   203

    새로운 기술이 만드는 새로운 경제   204

    게임의 규칙   205

암호경제학이 왜 유용한가?   206

    해시와 암호화의 이해   207

    암호화   208

    해시   209

블록 속도가 중요한 이유   210

이더 발행 계획   211

일반적인 공격 시나리오   212

    기계 간의 사회적 증거   213

    네트워크의 확장에 따른 보안   213

그 이상의 암호경제학   214

요약   214

08장

댑 배포

스마트 계약에 접근하는 7가지 방법	217
댑 계약의 데이터 모델	218
EVM 백엔드와 JS 프런트엔드의 대화	219
JSON-RPC	220
Web3의 (거의) 모든 것	220
자바스크립트 API 실험	222
Geth로 Dapp 개발하기	222
EVM과 미티어의 혼용	223
Web.js 설치 및 이더리움 웹 앱 개발	224
콘솔에서 스마트 계약 실행하기	225
스마트 계약은 어떻게 인터페이스를 노출하는가?	225
프로토타입 개발 방법	226
서드파티 배포 라이브러리	227
요약	228

09장

프라이빗 체인 만들기

프라이빗 체인과 허가형 체인	230
로컬 프라이빗 체인 설정	231
새로운 체인과 함께 사용할 수 있는 옵션	233
프라이빗 블록체인의 생산적 활용	233
요약	235

10장

용례

모든 곳에 체인이	237
이더리움 인터넷	238
소매업과 전자 상거래	239
정부 및 공동체 자금 조달	239
인사 및 조직 관리	240
금융 및 보험에 응용	241
재고 관리 및 회계 시스템	242
소프트웨어 개발	243
게임, 도박, 투자	243
요약	244

11장

고급 개념

탈중앙화를 이끄는 소프트웨어 개발자는 누구인가?	246
주목할 만한 비탈릭의 블로그 포스팅	247
이더리움 출시 일정	247
위스퍼 (메시징)	248
스웜 (콘텐츠 주소 지정)	248
미래에 있을 것	249
그 밖의 혁신	250
전체 이더리움 로드맵	251
프런티어 (2015)	251
홈스테드 (2016)	252
메트로폴리스 (2017)	252
서레너티 (2018)	253
요약	253

01장

블록체인
개론

빠르게 발전하는 블록체인 세계의 움직임을 따라가기는 쉽지 않지만,
이 책이 여러분을 가이드가 될 것이다. 시작하기 전에 앞으로 만날 용어
중 일부를 정의하도록 하자.

블록체인(blockchain)은 완전한 분산형, P2P 소프트웨어 네트워크로써, 암호화를 사용해 애플리케이션을 안전하게 호스팅하고, 데이터를 저장하며, 실세계의 금전적 가치를 디지털 적으로 쉽게 전송할 수 있는 수단이다. 여기에서 **암호화**(cryptography)는 메시지를 부호화 하는 통신 기술을 의미한다. 비트코인과 이더리움에 쓰이는 암호화는 수천 개의 유사한 시스 템으로 이루어진 하나의 보안 컴퓨팅 환경이 중앙 권한 없이, 단일 소유자 없이 실행되도록 만든다. 블록체인은 이러한 잠재력 덕에 전례 없는 조명을 받고 있으며, 블록체인을 둘러싼 과장과 혼란, 예측이 분분하다.

'이더리움(Ethereum)'이라는 용어는 크게 세 가지를 가리킨다. 먼저 이더리움 프로토콜이 있고, 프로토콜을 사용하는 컴퓨터로 작성된 이더리움 네트워크가 있고, 이 두 가지의 개발 을 진행하기 위한 이더리움 프로젝트가 있다. 비트코인의 뒤를 잇는 이더리움은 업계의 수많 은 지지자와 엔지니어를 끌어들이는 하나의 소우주가 되었다. 문명의 가장 잔인한 불완전성 중 많은 부분이 블록체인의 킬러 애플리케이션 영역이 될 수 있으며, 비트코인에서 파생되고 확장된 이더리움 프로토콜은 이러한 '분산된' 앱이 생겨나게 될 네트워크로 기대되고 있다. 지금이야말로 개발자, 디자이너 및 제품 기획자가 이더리움 네트워크를 통한 애플리케이션 프로토타이핑을 시작할 적기인 것이다.

블록체인이 지배하리라!

블록체인, 그 중에서도 이더리움에 관심을 가지는 사람들은 크게 두 부류로 나뉜다. 제품과 서비스를 만드는 데 관심이 있는 애플리케이션 개발자가 첫 번째 부류이며, 프로그래머는 아 니지만 금융 서비스, 컨설팅, 보험, 법, 게임, 규제, 물류, 제품 설계, IT 등의 영역에서 활동 하면서 이더리움의 응용 잠재력에 관심을 가지는 대중이 두 번째 부류이다.[1] 이 책은 프로그 래머와 프로그래머가 아닌 독자 모두에게 무엇을 만들지, 어떻게 만들지에 대한 개념을 안내

---

1 Ethereum Blog, "Visions, Part 1: The Value of Blockchain Technology," https://blog.Ethereum.org/2015/04/13/visions-part-1-the-value-of-blockchain-technology/, 2015.

하기 위해 여러 경계를 넘나드는 주제를 다루고 있다. 이 책의 내용은 컴퓨터 과학, 경제학, 금융 서비스에서 은행업의 역사까지 다루며 그 사이의 정보 영역을 채울 것이다.

프로그래머에게 있어서 보통 이더리움이 어렵게 느껴지는 부분은 코드 자체가 아니다. 대부분의 오픈소스 소프트웨어 프로젝트와 마찬가지로, 이더리움 역시 다른 환경에서 이미 프로그래밍을 경험한 사람들이 쉽게 익숙해질 수 있게 만들어져 있다. 오히려 어려운 점은 **암호경제학**(cryptoeconomics)이라는 개념을 이해하고, 네트워크를 보호하는 보상 및 불이익 제도 체계를 이해하는 부분에 있다.

프로그래머가 아닌 사람들에게 있어서는 이 생태계가 어떻게 발전할 것인지, 그리고 어떻게 여기에 적응할 것인지가 도전적 요소가 될 것이다. 블록체인이 은행 시스템을 현대화하고, 보험에 혁명을 일으키며, 위조에 대한 해결책이 된다는 주장은 과장된 의견일 수 있다. 그런데 과연 어느 정도일까?[2]

이더리움의 역할

비유하자면, 이더리움, 비트코인과 같은 오픈소스 블록체인 네트워크는 소프트웨어를 통해 경제 시스템을 표현하고, 계좌 관리 및 계좌 간 가치 교환의 기본 단위를 갖춘 일종의 키트로써, 모노폴리(부루마블) 게임과도 같다. 사람들은 이러한 기본 교환 단위를 **코인**(coins), **토큰**(tokens), **암호화폐**(cryptocurrencies) 등으로 표현하지만 본질적으로는 다른 시스템의 토큰과 다르지 않다. 특정 시스템 내에서만 사용할 수 있는 돈, 즉 **증서**(scrip)가 곧 토큰이기 때문이다.

블록체인은 메쉬 네트워크 또는 LAN(Local Area Network)과 같은 방식으로 작동한다. 즉 동일한 소프트웨어를 실행하는 '피어(peer)' 컴퓨터에 연결된다. 웹 브라우저를 통해 이러한 P2P(peer-to-peer) 네트워크 중 하나에 액세스하려면 Web3.js와 같은 특수 소프트웨어

---

2 American Banker, "Blockchain Won't Make Banks Any Nimbler." www.americanbanker.com/ bankthink/blockchain-wont-make-banks-any-nimbler-1079190-1.html, 2016.

라이브러리를 사용하고, 자바스크립트 API를 통해 애플리케이션의 프런트엔드(브라우저에서 볼 수 있는 GUI)를 백엔드(블록체인)로 연결해야 한다.

이더리움에서는 시스템 내부의 다른 사용자와 금융 계약을 쉽게 작성함으로써 이 개념을 한 단계 더 발전시킬 수 있다. 이러한 금융 계약을 **스마트 계약**(smart contract)이라고 부른다.

> 이 개념의 핵심 요소는 바로 튜링 완전(Turing-complete) 블록체인입니다. ... 이더리움은 비트코인과 동일한 데이터 구조를 가지고 작동하지만, 프로그래밍 언어를 내장하고 있다는 점이 가장 큰 차이점입니다.
>
> 비탈릭 부테린, 이더리움의 창시자[3]

이더리움의 스마트 계약은 솔리디티(Solidity)라는 프로그래밍 언어로 작성되며, 여기에 대한 자세한 내용은 4장에서 배우게 될 것이다. 많은 개발자들이 튜링 완전성에 매료되어 이더리움에 빠져들었지만, 이더리움의 더 중요한 특징은 상태(state)를 저장할 수 있는 능력이다. 컴퓨터 세계에서 **상태 저장**(stateful) 시스템이란, 시간의 흐름에 따른 정보의 변화를 감지하고 기억할 수 있는 시스템을 말한다.

하드 드라이브가 없는 컴퓨터를 상상해보자. 메모리에 담긴 내용이 계속 증발하기 때문에, 계산기 기능을 제외하고는 할 수 있는 일이 거의 없을 것이다. 블록체인이 미래의 사용자와 특정 조건에서 상호 작용을 할 수 있다는 것은 강력한 기능이라고 할 수 있다. 이를 통해 개발자가 암호화폐 트랜잭션 프로그래밍에 제어 흐름을 도입할 수도 있다. 이는 이더리움과 비트코인의 가장 큰 차이점이라고 할 수 있지만, 유일한 차이점은 아니다.

---

3 유투브, "Technologies That Will Decentralize the World," www.youtube.com/watch?v= er-k3ehpFaM&feature=share, 2016.

제어 흐름(control flow)이란 컴퓨팅 명령이 실행되거나 평가되는 순서를 나타낸다. 예를 들어 조건문(if~then 문)과 반복문(특정 조건이 충족될 때까지 반복적으로 실행) 등이 제어 흐름에 속한다.

비트코인에서 모든 트랜잭션은 가능한 한 빠르게 발생한다. 비트코인에는 상태 유지 기능이 없기 때문에 트랜잭션을 모두 한 번에 실행해야 한다. 비트코인의 창시자가 생각한 블록체인은 네트워크의 모든 비트코인 잔액에 대한 실행 집계를 유지하는 분산 트랜잭션 원장(ledger)이었다(참고 사항: 비트코인 네트워크를 나타낼 때는 'Bitcoin'처럼 대문자로 시작하고, 비트코인 토큰을 나타낼 때는 'bitcoin'처럼 소문자로 표시한다). 이더리움에서는 유사한 시스템을 표준화된 방식으로 확장했다.

그에 더해, 이 공통 스크립팅 언어는 데이터를 서로 공유하기 위해 이더리움 프로토콜을 공유하는 블록체인에 대해 곧바로 적용할 수 있으며, 덕택에 별도의 블록체인을 사용하는 그룹끼리도 서로 정보와 가치를 공유할 수 있다.

프로토콜이란?

소프트웨어 개발 자체가 낯선 독자라면, 이번 절에서 10초짜리 IT 개론을 읽고 넘어가자. IT는 정보를 저장, 편집, 검색, 전송하는 컴퓨터 시스템 분야라고 정의할 수 있다.[4] 시간의 흐름에 따라 정보가 어떻게 표현되고 업데이트되는지, 내부 및 외부 변화를 반영하는지는 어떤 기술 시스템이 사용되는지에 따라 달라질 수 있다.

통신 환경에서 **프로토콜**(protocol)이란 컴퓨터(및 프로그래머)가 시스템 또는 네트워크에 연결하고, 참여하고, 정보를 전송하는 방법을 설명하는 규칙을 말한다. 프로토콜 명령어는 시스템이 기대하는 코드의 문법과 의미를 정의한다. 프로토콜에는 하드웨어, 소프트웨어 및 일반 언어 지침이 포함될 수 있다. 이더리움에는 별도의 하드웨어가 필요하지 않으며, 소프트웨어는 완전히 무료이다.

이더리움 프로토콜은 신속한 개발 시간, 보안 및 상호 작용에 중점을 두고 탈중앙화 애플리케이션을 구축할 수 있게 설계되었다.

---

4 하버드 비즈니스 리뷰, "Management in the 1980s," https://hbr.org/1958/11/management-in-the-1980s, 1953.

블록체인의 3요소

블록체인은 많은 컴퓨터로 분산된 데이터베이스 또는 많은 컴퓨터로 복제되는 데이터베이스라고 간주할 수 있다. 블록체인(blockchain)이라는 단어가 표현하는 혁신은, 네트워크의 여러 노드가 서로 다른 순서로 트랜잭션을 수신하더라도 트랜잭션의 순서를 조정할 수 있는 기능을 가리키고 있다.

트랜잭션을 서로 다른 순서로 수신하게 되는 것은 보통 물리적 거리로 인한 네트워크 대기 시간 때문이다. 예를 들어, 도쿄에서 어떤 사용자가 핫도그를 사 먹으며 발생한 트랜잭션은 먼저 처음에는 일본의 노드에 전파될 것이다. 몇 밀리초 후에 뉴욕에 있는 한 노드가 이 트랜잭션을 수신하면, 가까운 거리에 있는 브루클린에서 발생한 트랜잭션이 도쿄에서 온 트랜잭션보다 '앞서' 있게 된다. 분산 시스템에서의 주관적 관점으로 인한 이러한 불일치는 확장성을 저해하는 요소가 된다. 이러한 문제를 해결하기 위해 사용할 수 있는 기술의 최적 조합이 곧 블록체인 시스템이라고 할 수 있다.

블록체인이라고 불리는 기술은, 이름이 알려지지 않은 비트코인 창시자가 만든 세 가지 기술을 조합한 것이다. 세 가지 기술은 각각 아래와 같다.

- **P2P 네트워킹(peer-to-peer networking)**: 비트토렌트(BitTorrent) 네트워크처럼 하나의 중앙 관리 기관에 의존하지 않고 통신할 수 있는 컴퓨터 통신 방식으로, 구조상 단일 고장점이 없다는 장점이 있다.

- **비대칭 암호화(asymmetric cryptography)**: 컴퓨터가 특정 수신자에 대해 암호화된 메시지를 보내 모든 사람이 보낸 사람의 진위 여부를 확인할 수 있지만, 의도된 수신자만 메시지 내용을 읽을 수 있는 방법이다. 비트코인과 이더리움은 비대칭 암호를 사용해 계정에 대한 자격 증명 집합을 만들어, 토큰의 소유자만이 토큰을 전송할 수 있도록 한다.

- **암호 해싱(cryptographic hashing)**: 모든 데이터에 대해 고유의 작은 '지문'을 생성해 대규모 데이터셋을 신속하게 비교하고, 데이터가 변경되지 않았음을 확인하는 안전한 방법이다. 비트코인과 이더리움의 '머클 트리(Merkle tree)' 데이터 구조는 거래의 정렬된 순서를 기록하는 데 사용되며, 이 순서는 네트워크상의 컴퓨터에 대한 비교의 기초 역할을 하는 "지문"으로 해싱되고 신속하게

동기화가 가능하다.[5]

앞 세 가지 요소의 결합은 1990년대와 2000년대 초에 걸친 디지털 현금 실험을 통해 성장했다. 애덤 블랙(Adam Back)은 2002년에 해시캐시(Hashcash)를 선보였고, 채굴을 통한 트랜잭션 전송을 처음으로 구현했다. 아직 신원이 밝혀지지 않은 사토시 나카모토(Satoshi Nakamoto)가 2009년에 비트코인을 만들면서 이 혁신에 대한 공감대는 널리 전파되었다.

이 세 가지 요소를 조합하면, 네트워크의 여러 노드에 분산되어 저장되는 간단한 데이터베이스를 모방할 수 있다. 비트코인은 마치 개미 군집이 유기적으로 개미집을 구성하는 것과 같은 방식으로 하나의 기계를 이룬다. 이를 컴퓨터 용어로 **가상 머신**(virtual machine)이라 부른다. 가상 머신에 대해서는 뒤에 자세히 설명할 것이다.

이더리움은 비트코인 가상 머신이 구축한 패러다임에 **신뢰 가능한 전역 객체 프레임워크 메시징 시스템**(trustful global object framework messaging system)을 덧붙였다. 이더리움은 2014년에 이더리움 백서[6] 발간과 함께 처음 제시되었다.

이더리움의 다중 체인

오늘날, 비트코인 자체는 더 이상 비트코인 소프트웨어의 유일한 대규모 구현체가 아니다. 예를 들어, '라이트코인(Litecoin)' 역시 비트코인 소프트웨어를 수정해서 사용하고 있으며 유사한 방식으로 만들어진 수십 종류가 더 있다. 이더리움은 카피캣의 출현 가능성, 그리고 다양한 블록체인이 있을 수 있다는 가능성을 모두 고려해 만들어졌으므로, 이러한 여러 블록체인이 서로 통신할 수 있는 일련의 프로토콜을 함께 제안했다.

 경제학 및 프로그래밍에 대한 개념을 알고 있으면 이더리움 프로토콜로 작업하는 데 도움이 될 것이다. 이 책에도 두 가지 분야에 대한 내용이 필요한 만큼 포함되어 있다.

---

5 위키피디아, "Merkle tree," https://en.wikipedia.org/wiki/Merkle_tree, 2016.

6 깃허브, "Ethereum White Paper," https://github.com/ethereum/wiki/wiki/White-Paper, 2014.

이더리움 개발자는 비트코인과는 극단적으로 다른 관점에서, 미래의 암호화폐가 단 하나의 탈중앙화 시스템이 될 수 없다는 입장을 암묵적으로 채택했다. 그 대신, 탈중앙화 시스템의 분산 네트워크로써 다양한 용도와 가치를 지닌 암호화 토큰을 쉽고 빠르게 정의해 실제로 사용할 수 있는 역할을 하게 된다.

이것도 비트코인 같은 구라 아냐?

경제학도 또는 금융 서비스 분야의 종사자라면, 구글에서 비트코인을 검색하다가 이를 일종의 세계적인 폰지 사기로 결론을 내릴 수도 있을 것이다. 과연 그럴까?

이는 반만 맞는 이야기이다. 비트코인의 가치는 비트코인 시장에 의해 결정된다. 물론 특정 비트코인 보유 기업은 국내 송금업 면허를 취득하고 비트코인을 달러, 유로화, 금 또는 기타 법정화폐로 교환할 수 있다. 그러나 이러한 단체는 수수료를 부과하며, 언제든지 사업을 중단할 수 있는 일반 기업이다.

비트코인과 기타 유사 네트워크가 가지는 유일한 취약점은 '최종 회수자'가 없다는 점인데, 비트코인이나 이더를 현금으로 교환해줄 수 있는 신뢰할 수 있는 단체(정부 또는 법인)는 없다. 비트코인을 실제 가치의 무언가로 변환하는 유일한 방법은, 법정화폐와 비트코인 사이의 거래가 가능한 온라인 거래소에 접속해 다른 구매자를 찾는 방법뿐이다.

비트코인 네트워크가 비트코인 토큰을 유통하는 것처럼, 이더리움 네트워크는 '이더(Ether)'라는 토큰을 유통한다. 이더는 비트코인과는 다르게 작동하는데, 통화보다는 '암호 재화(cryptocommodity)'에 가깝다고 할 수 있다. 이더리움의 경제가 그 기저에 깔린 기술과 어떤 관련이 있는지 살펴보자.

화폐가 아닌 재화인 이더

일반적으로 비트코인은 어떤 것에도 뒷받침되지 않는다고 알려져 있으며, 이는 사실이다. 물론, 현대의 법정화폐 역시 어떤 것에도 뒷받침되지 않지만, 그래도 비트코인과 법정화폐에는 차이가 있다. 법정화폐는 정부에 의해 그 지위가 인정되며, 세금을 지불하고 국채를 사면 누구든지 기본적으로 보유할 수 있다. 일부 국제 판매 재화(이를테면 석유 등)는 달러로 표시되어 사람들에게 달러를 보유할 또 다른 이유를 제공한다.

암호화폐는 어떻게 대중에게 받아들여질지가 숙제로 남아 있다. 오늘날 이러한 디지털 토큰은 기존의 법정화폐 시스템상에 있는 빠르고 안전한 공공 결제 시스템으로 인식되고 있으며, 비자(Visa) 및 마스터카드(MasterCard)와 같은 회사에서 사용하는 중앙 집중식 지불 네트워크 기술을 언젠가 대체하기 위한 실험적인 구축 작업이 진행되고 있다.

하지만, 정부와 민간 기관 투자가들이 암호화폐(cryptocurrencies)로 표시된 금융 상품과 서비스를 위한 대규모 시장을 창출하기 시작하면서 놀라운 가능성이 현실화되고 있다. 심지어 중앙 은행이 이 기술을 채택할 수도 있다는 말도 나오고 있다. 이 글을 쓰는 시점에서 이미 하나의 국가, 바베이도스(Barbados)가 비트코인 소프트웨어를 사용해 디지털 화폐를 발행하였으며[7] 그 외의 여러 곳에서도 적극적으로 잠재력을 타진하고 있다.

그레샴의 법칙

금융 상품, 계약, 보험 증권 등이 암호화폐로 표시되는 것이 왜 중요할까? 그리고 이것이 이더리움과는 무슨 관련이 있을까?

화폐는 많은 유가 증권과 자산을 살 수 있는 수단이며, 그렇기에 저축할 만한 가치를 가진다. 그런데, 이더리움 네트워크를 사용하면 누구나 신뢰할 수 있는 자체 실행 금융 계약(스마트 계약)을 작성해 이를 통해 추후에 이더를 움직일 수 있다. 이를 통해 미래에 영향을 미치는 재정적 계약을 만들 수 있고, 계약서 상의 이해 관계자는 이더를 통해 가치를 보관할 수 있게 된다.

---

7 코인데스크, "Bitt Launches Barbados Dollar on the Blockchain," www.coindesk.com/bitt- launches-barbados-dollar-on-the-blockchain-calls-for-bitcoin-unity/, 2016.

금과 은이 지배하는 경제에서는 **그레샴의 법칙**에 따라 '악화'가 '양화'를 구축하는 현상이 일어난다. 다시 말하자면, 사람들은 가치가 있는 통화를 저장하고 비축하지만 가치가 떨어질 것으로 예상하는 통화는 지출한다.[8]

이 법칙의 이름은 16세기 영국 금융가의 이름을 딴 것이지만, 이 개념은 중세로부터 남겨진 글귀로 거슬러 올라가며 그 뿌리를 찾아가면 기원전 405년경의 아리스토파네스의 시 '개구리'까지 올라갈 수 있다.

> 합금이 섞이지 않은, 양질의 순수한 금화나 은화. 그러나 우리는 결코 이런 동전을 쓰지 않는다! 나머지 동전 종류들만 손에서 손으로 전달될 뿐이다.

수천 년 동안, 사람들은 일과 산출물의 가치를 금융 조절 수단, 즉 안정을 유지하거나, 가치가 상승하거나, 가격이 부풀려지는 방법으로 보관했다. 오늘날 암호화폐는 가격 면에서 변동이 심하며, 이 글을 쓰는 시점에서는 세계적으로 극히 소수의 정부 및 기업체에서만 인정받고 있다. 분산된 스마트 계약이 오늘날 비즈니스에서 실제로 사용되는 경우는 거의 없다. 하지만 중앙 은행이 발행한 화폐 역시 거품, 공황, 조작에 취약하며, 이는 역사적 기록이 증명하고 있다. 과연, 암호화폐가 진짜 돈이 될 수 있을까? 그리고 지금까지 우리에게 익숙했던 돈보다 더 나아질 수 있을까?

돈의 미래를 향해

오늘날 비트코인(BTC라는 시세 기호로 표시)은 사람들, 정부 및 기업이 가치를 이전하고 제품이나 서비스를 구매할 때 사용된다. 비트코인을 보낼 때마다 같은 비트코인이라는 이름의 네트워크에 약간의 요금을 지불하게 된다. 시세 기호 ETH로 표시되는 이더 역시 비슷하게 사용될 수 있다. 앞으로의 이어질 내용을 이해하려면 몇 가지 사항을 더 알아야 한다.

첫째, 이더에는 또 다른 용도가 있다. 바로 이더리움 네트워크에서 프로그램을 실행하기 위한 비용이다. 이러한 프로그램은 현재 또는 미래에 또는 특정 조건이 충족될 때 이더를 이동시킬 수 있다.

---

8 위키피디아, "Gresham's Law," https://en.wikipedia.org/wiki/Gresham%27s_law, 2016.

이더를 통해 미래의 거래 수행 비용을 지불할 수 있기 때문에, 이더는 애플리케이션과 서비스를 실행하기 위한 네트워크의 연료 같은 필수품으로 간주될 수 있다. 따라서 이더는 비트코인보다 본질적으로 더 큰 가치를 가질 수 있다.

오늘날, 법정통화의 압도적인 사용률은 암호화폐가 상대적 '악화'에 해당함을 시사한다. 즉, 암호화폐는 장기적으로 무용지물이 될 가능성이 더 높다. 그럼에도 불구하고 많은 사람들이 여전히 비트코인과 이더를 소지하고 있고, 디지털 통화 그룹(Digital Currency Group)의 자회사인 그레이스케일(Grayscale)은 심지어 신탁 자산으로 보유하고 있다. 한편, 서구의 중앙 은행들은 인플레이션과 디플레이션을 억제하기 위해 돈 찍어 내기(money printing)라고도 알려진 양적 완화 정책, 그리고 0에 가까운 저금리 정책을 펼치는 위험천만하고 절박한 시도를 계속하고 있다.

4년마다 반감되는 비트코인 보상, 글로벌 통화 정책의 불황, 전반적인 경제적 불확실성, 화폐 통화에 대한 신뢰의 약화는 암호화폐에 대한 수요를 끌어올리고, '비축되어' 있던 엄청난 양의 암호화폐가 높은 가격으로 시장에 유입되는 효과를 만들어내고 있다. 그 결과 대부분의 암호화폐 토큰 가격이 지속적으로 상승하는데, 그 가격은 하루에도 수없이 요동친다. 토큰 보유자, 투기자 및 매입자 간의 이러한 상호작용은 변화하고 건강한 암호화폐 시장을 창출하며, 자산의 일종인 **암호화폐 토큰**(cryptotokens)이 이미 화폐의 기능, 그리고 그 이상을 수행하고 있음을 시사한다.

암호화폐 경제와 증권

스마트 계약에 대한 논의에서 화폐와 재화를 언급한 이유는, 순수한 소프트웨어로 경제 시스템을 구축하기 위한 사고력을 훈련하기 위해서였다. 이는 이더리움의 정신과도 일맥상통한다.

게임 이론 규칙을 품은 소프트웨어 시스템의 설계는 **암호 경제학**(cryptoeconomics)의 새로운 영역을 구성하며, 이 영역은 이 책에서 기술적인 부분과 함께 중요한 축을 이룬다. 처음에는 간단하게 보일 수 있지만(예: 주식형 코인), 코드 형태로 구성하면 상당히 복잡한 세계가 펼쳐진다. 사실, 이더리움 및 비트코인과 같은 시스템을 안전하게 만드는 요인은 해킹 방지 기술보다는, 악의적인 요인을 막기 위한 강력한 재정적 인센티브 및 불이익 정책에 있다.

이러한 영역은 엔지니어와 소프트웨어 설계자 모두를 흥분하게 만드는 매력적인 가치를 지닌다. 하지만 화폐(또는 증서) 코인을 만드는 것은 또다른 완전히 다른 도전적인 영역으로, 사용자 애플리케이션 측면에서의 매력을 지닌다. 이 책에서는 두 가지 도전적인 영역을 모두 다룰 것이다.

이 소프트웨어의 가장 명확한 응용 분야는 금융 서비스에서 찾을 수 있지만, 장기적으로는 신뢰, 트랜잭션, 화폐, 스크립팅과 같은 도구가 완전히 다른 목적으로 사용될 가능성도 있다. 커맨드 라인이 그래픽 유저 인터페이스(GUI)로 발전하고, 이제는 가상현실(VR) 애플리케이션으로 이어지는 것처럼, 이더리움으로 무엇을 만들지는 사용자가 결정해야 한다. 물론 이 책에서는 몇 가지 예를 살펴볼 것이다.

옛 영광의 재현

비트코인과 이더리움이 소프트웨어 프로그램 작성에 복잡성(경제성)을 더하는 것은 사실이다. 하지만 다른 관점에서 보면 더 간단하게 보일 수도 있다. 분산형 프로토콜 자체는 1970년대의 컴퓨터 작업 방식 유사하다. 당시의 컴퓨터는 거대하고 값비싼 공유 자원이었고, 개인은 컴퓨터를 소유하고 있는 대학이나 회사로부터 컴퓨터의 처리 시간을 빌릴 수 있었다. 이더리움 네트워크는 프로그램을 엄격하게 실행하는 하나의 대형 컴퓨터와도 같다. 여러 기계의 네트워크에 의해 '가상화'된 하나의 기계인 셈이다. 많은 사설 컴퓨터들로 구성되는 이더리움 가상 머신(Ethereum Virtual Machine, EVM) 자체는 소유자가 없는 공유 컴퓨터라고 할 수 있다.

EVM의 변경은 하드 포크(hard forking)를 통해 이루어진다. 노드 운영자가 커뮤니티 전체를 설득하면 새로운 버전의 이더리움 소프트웨어로 업그레이드가 가능하다. 그래서 핵심 개발팀일지라도 네트워크 변경을 쉽게 추진할 수 없다. 네트워크 변경에는 설명과 설득이라는 정치적 과정이 수반된다. 이러한 소유주 없는 구성은 가동 시간과 보안을 극대화하는 한편, 속임수에 대한 인센티브를 최소화하기 위한 것이다.

암호화폐의 춘추전국시대

이 시점에서 머리가 아파오는 독자들도 있겠지만, 걱정하지 말자. 구체적인 내용에 대해서는 이후의 장에서 자세히 설명할 것이다. 다시 한 번 말하지만, 걱정할 것 없다. 블록체인 개발을 처음 접하는 사람들은 모두 압도되기 마련이다. 이는 새로운 기술이며, 변화의 속도는 너무나 빠르고, 전문가를 찾기도 어려운 영역이다.

앞으로 어떤 변화가 우리를 기다리는지는 아무도 모르지만, 이 기술이 효과가 있음은 분명하다. 이 글을 쓰는 시점에서 모든 암호화폐의 시가 총액은 260억 달러를 넘겼다. 온라인 및 오프라인의 다양한 소매점들도 디지털 동전으로 지불을 받기 시작했다(참고: 달리 명시되지 않는 한 모든 '달러'는 미국 달러를 의미한다).

그러므로, 프로그래밍 경험이 없더라도 여기서 멈추지 말기를 바란다. 이더리움 프로젝트는 새로운 개발자를 고려해서 만들어졌으며, 오래된 문제에 대한 전례가 없는 솔루션을 만드는 도구를 제공한다. 이 강력한 새 도구로 무엇을 만들지는 당신에게 달려있다. 새로운 솔루션을 구축하는 방법, 그리고 블록체인 개발을 배워야 하는 이유가 이 책의 주제라고 할 수 있다.

프로토콜의 위력

오늘날의 기술 산업을 주도하는 영역은 애플리케이션 계층이다. 애플리케이션 영역에는 모든 사용자 데이터가 있다. 구글, 페이스북 및 트위터와 같은 수십억 달러 규모의 회사는 국제 사용자 그룹을 지원할 수 있는 막대한 인프라를 구축했다. 이러한 인프라는 TCP/IP, HTTP, SMTP 및 기타 소수의 프로토콜을 기반으로 하고 있다.

이더리움에서는 비트코인과 마찬가지로 프로토콜이 많은 것을 제공하기 때문에, 애플리케이션 계층이 상대적으로 얇다. 실제로, 현재까지 많은 비트코인 기반 회사는 이미 구성된 효과적인 지불 네트워크 위에 최소한의 애플리케이션 계층만을 쌓았다.[9]

---

9   USV 블로그, "Fat Protocols," www.usv.com/blog/fat-protocols, 2016.

시가총액(market capitalization)은 조직 또는 생태계의 가치를 측정하는 지표이다. 이를 계산하려면 1주의 가격에 순환되는 전체 주식 수를 곱하면 된다. 시가 총액은 암호화폐 채택의 표시로 널리 인용되고 있지만, 실제로 더 적절한 지표는 **본원통화**(monetary base)이다. 본원통화는 대중이 유통한 통화의 총량, 또는 통화를 사용하는 금융기관이 보유한 통화의 총 금액이다.

그 결과, 많은 벤처 투자자가 5~6년 전에 예상했던 비트코인 스타트업의 폭발적 증가는 발생하지 않았다. 그 대신, 비트코인 업계는 신속하게 통합되었다.[10] 그러나 비트코인 네트워크의 시가 총액은 10년 이내에 거의 190억 달러로 급상승했다. 이더리움의 시가 총액은 약 10억 달러이다. 새로운 네트워크 프로토콜을 발동시키는 빠르고, 유례없는 새로운 방법이 등장한 셈이다.[11]

전통적인 웹 애플리케이션은 사용자 데이터를 저장하고 교환하도록 설계되어야 하기 때문에 많은 비용이 소요되며, 신뢰를 이끌어내기 위해서 악의적인 행위자를 격려할 수 있는 시스템이 필요하다. 많은 사설 데이터 센터는 방폭벽과 철조망으로 둘러싸여 있다. 이러한 사설 인프라 계층에서 제공하는 보안이 안전한 분산 네트워크로 대체되면, 온라인 비즈니스 운영자는 오버헤드 비용을 크게 절감할 수 있고, 이는 고객의 혜택으로 이어져 기존의 플레이어를 넘어설 수 있다. 블록체인 기반의 앱과 서비스는 보안성이 뛰어날 뿐만 아니라, 규모에 상관없이 경제적이기에 상당한 파괴력을 가지고 있다.

신뢰불요 시스템 개발 가능

솔리디티 언어를 배우면 이를 활용해 어떤 프로그램을 작성할 수 있는지 궁금하게 될 것이며, 그 시점부터 난이도가 높아질 것이다. 이 책에 수록된 프로젝트의 목표는 블록체인이 정확히 어떻게, 어디에서 사용자 경험을 개선 및 자동화하고, 새로운 제품과 서비스를 만들어

10 Daily Fintech, "Bitcoin Market Going into Consolidation Before Product Market Fit," https://dailyfintech.com/2016/02/03/bitcoin-market-going-into-consolidation-before-product-market-fit/, 2016.

11 코인베이스 블로그, "App Coins and the Dawn of the Decentralized Business Model," https://medium.com/the-coinbase-blog/app-coins-and-the-dawn-of-the-decentralized-business-model-8b8c951e734f#.cweqnimd2, 2016.

내는지 보여주기 위한 것이다. 1000년이 넘는 세월 동안 시행 착오를 거쳐 진화해온 오늘날 은행의 제품 및 서비스가 **신뢰불요**(trustless) 분산 시스템에 의해 변화하고, 장점을 얻고 확장될 수 있는지도 살펴볼 것이다. 여기서 '신뢰불요'란 '거래 상대방이 정직하고 실패없이 작동한다는 믿음을 필요로 하지 않기에, 사기 및 기타 거래 상대방의 위험에 영향을 받지 않는다'는 의미로 사용된다.

소프트웨어 개발자를 위한 이더리움 및 솔리디티 자료는 이미 웹에 충분히 있다. 하지만 그러한 문서를 읽고 나면 아마도 답변을 얻은 것보다 더 많은 질문이 생겨날 것이다. 그러므로 이제부터 이 분야의 업계 용어를 명확히 짚고 넘어가도록 하자.

스마트 계약의 진짜 역할

초반 몇 페이지부터 새로운 개념이 많이 등장했다고 느꼈을 것이다. 하지만 이더리움에서 지속적으로 언급될 하나의 용어가 있다. 바로 스마트 계약이다. 스마트 계약은 네트워크에서 실행되는 비즈니스 논리로써, 준(semi)자율적으로 가치를 옮기고 당사자 간의 지불 계약을 집행한다.

스마트 계약은 종종 소프트웨어 애플리케이션과 동일시되지만, 이는 조악한 비유이다. 스마트 계약은 오히려 전통적인 객체 지향 프로그래밍에 도입된 클래스(class)라는 개념과 더 비슷하다. 개발자가 '스마트 계약 작성'을 언급한다면 이는 일반적으로 이더리움 네트워크에서 실행될 솔리디티 언어의 코드를 작성하는 것을 가리킨다. 코드가 실행되면 가치의 단위가 데이터처럼 쉽게 전송될 수 있다. 이 장에서 이미 언급했듯, 디지털 돈이 가지는 가능성은 무궁무진하다. 그런데, 도대체 어떻게 작동한다는 것일까? 분산된 시스템에서 데이터가 어떻게 돈과 같은 역할을 할 수 있을까?

이 질문에 대한 대답은 기술적으로 접근해야 한다. 그러니 이제부터는 깊이가 있는 예시를 살펴보자.

가치의 객체와 메소드

컴퓨팅에서 객체(object)란 일반적으로 특정 구조나 형식으로 캡슐화된 작은 양의 데이터를 가리킨다. 객체는 일반적으로 객체를 사용하거나 액세스할 수 있는 방법을 나타내는 메소드(methods)라는 명령이 연관되어 있다. 이제 이 객체에 포함된 정보가 누군가에게 가치를 가지고 있다고 상상해 보자. 이 누군가는 객체의 메소드를 발동시키기 위해 기꺼이 비용을 지불할 것이다.

이제 새로운 예시를 들어 보자. 사용자가 온라인에서 발견한 케이크 레시피를 사용하기 위해 약간의 수수료를 지불한다고 가정해 보자. 우리의 예시에서 이 레시피는 데이터 객체이다. 그리고 속성(attributes)이라고 불리는 케이크 객체의 특성은 컴퓨터 메모리의 특정 주소에 있는 메소드와 함께 저장된다.

아래의 객체는 케이크의 속성을 나타내며, 각 재료(ingredient)를 어떻게 결합해 케이크를 만드는지에 대한 지침을 컴퓨터가 표시할 수 있는 방법을 포함한다. 이러한 방식으로 정보를 저장하면 프로그램과 프로그래머가 표시 명령의 코드를 변경하지 않고도 속성을 쉽게 교환할 수 있다. 다시 말해, 객체는 합쳐지고 재조합될 수 있는 모듈화된 정보의 모듈러 덩어리이다. 이 정의는 이후에 블록체인을 구성하는 블록의 내부에 대해 논의할 때에도 중요하다. 자바스크립트에서는 아래와 같이 케이크(cake) 객체를 작성할 수 있다.

```
var cake = {
    firstIngredient: "milk",
    secondIngredient: "eggs",
    thirdIngredient: "cakemix",
    bakeTime: 22
    bakeTemp: 420

    mixingInstructions: function() {
        return "Add " this.firstIngredient + " to " + this.secondIngredient +
        " and stir with " + this.thirdIngredient + " and bake at " + bakeTemp +
        " for " + bakeTime + " minutes." ;
    }
};
```

이 코드는 컴퓨터가 인간 사용자에게 유용한 결과를 표시하기 위해 데이터를 '이동'시키는 방법의 한 예이다. 위 코드에서 mixingInstructions라는 작은 객체의 메소드가 실행될 때 케이크에 대한 혼합 명령을 표시할 수 있는 것처럼, 이더리움에서는 돈을 보내는 함수를 작성할 수 있다.

결제 시스템에 응용하기

4장에서 살펴보겠지만, 애플리케이션의 백엔드에서 솔리디티 코드를 사용하면 타사 라이브러리나 고급 프로그래밍 노하우 없이도 소액 결제, 사용자 계정 및 기능을 간단한 컴퓨터 프로그램에 추가할 수 있다.

mixingInstructions 함수가 몇 센트에 해당하는 이더만을 소모한다고 상상해 보자. 케익 제조법의 가격이 사용자의 이더리움 지갑 잔고에서 차감(평균 몇 초 정도 소요)된 후, 스마트 계약은 mixingInstructions 메소드를 호출하고 사용자에게 케이크 제조법을 보여줄 것이다. 이 모든 것은 인증, 지불 API, 계정, 신용 카드, 광범위한 웹 양식 및 전자 상거래 애플리케이션 구축과 관련된 일반적인 작업 없이 이루어질 수 있다. 사실, 자바스크립트 애플리케이션이 퍼블릭 이더리움 블록체인과 상호작용하기 위해 필요한 소프트웨어 라이브러리는 앞에서 언급한 Web3.js 하나뿐이다.

콘텐츠 생성

지금까지 이더의 일상적인 사용에 초점을 맞추었지만, 케이크 레서피의 예는 지적 재산권, 라이선스 및 콘텐츠 로열티와 같은 또 다른 커다란 이더리움의 응용 영역을 시사한다. 오늘날 웹이나 앱을 통해 콘텐츠를 판매한다는 것은 애플, 구글, 아마존 등 강력한 유통업체를 상대하는 것을 의미한다. 이들은 디지털 콘텐츠 판매에 대한 징벌적 규칙을 만들고 많은 비용을 부과한다.

이더리움은 사용자가 레서피 하나당 0.25달러만 지불하는 소액결제 시스템을 가능하게 한다. 수수료가 큰 신용카드 네트워크를 사용해 이러한 소액을 지불하는 것은 비현실적이다. 물론, 오늘날 콘텐츠 제작자가 이더리움 시스템을 비즈니스에 적용하기에는 여러 난점이 있고, 이더 토큰의 가격 변동성도 한 몫을 하고 있다. 하지만 이후의 장에서 살펴볼 내용과 같이, 네트워크의 성숙에 따라 이러한 문제의 해결책이 등장할 것으로 예상할 수 있다.

데이터는 어디에?

잠깐. 네트워크 프로토콜이 이렇게 많은 기능을 제공하고, 더구나 분산 시스템이라면, 대체 사용자 데이터는 어디에 보관되는 걸까? 이더리움 네트워크가 어떻게 작동하는지는 다음 장에서 다루겠지만, 궁금증을 참기 힘든 독자들을 위해 이더리움에서 트랜잭션을 기록하는 방법에 대해 간단히 짚고 넘어가자. 요약하자면, 모든 것은 네트워크의 모든 노드에 저장된다.

이더리움의 모든 트랜잭션은 블록체인, 즉 모든 개별 이더리움 노드에 저장된 **상태 변경**(state changes)의 표준 기록에 저장된다.

이더리움 네트워크에서 컴퓨팅 시간에 대한 비용을 지불한다는 것은, 트랜잭션을 실행하고 스마트 계약에 포함된 데이터의 저장에 드는 비용을 포함한다(계약 실행 후 계약 규모가 작아지면, 줄어든 거래 수수료를 부분적으로 환불 받을 수 있다).

스마트 계약을 실행하고 이더 잔고에서 수수료를 지불하면, 해당 데이터가 다음 블록에 포함된다. 이더리움 네트워크에서는 모든 노드가 모든 계약의 전체 상태 데이터베이스를 유지해야 하기 때문에, 모든 노드가 데이터베이스를 로컬로 쿼리할 수 있다. 이러한 구조가 확장성을 가질 수 있는지 의아한다면, 제대로 이해하고 있는 것이다. 이더리움 버전 1.5와 2.0은 이 확장성 문제를 해결하는 로드맵을 정의하고 있다.

이더리움 블록체인이 어떻게 작동하는지에 대해서는 다음 장에서 더 자세히 알아볼 것이다.

채굴이란?

분산 시스템에는 단일 소유자가 없으므로, 어떤 기계라도 자유롭게 이더리움 네트워크에 가입해 트랜잭션 유효성 검사를 시작할 수 있다. 이 프로세스를 채굴(mining)이라고 한다.

그런데 이게 왜 채굴일까?

채굴 노드는 협의를 통해 시스템 전반의 트랜잭션 순서에 대한 합의에 도달하는데, 이러한 구조 덕택에 아무리 많은 트랜잭션이 네트워크를 통과하더라도 모든 사람의 계정 잔액을 즉시 일치시킬 수 있다. 이 과정은 전기를 소비하므로 비용이 들며, 채굴자들은 채굴한 각 블록 (block)에 대해 약 5이더에 해당하는 보상을 받게 된다.[12]

채굴과 전기세

채굴자들은 채굴의 대가로 이더를 받으며, 네트워크에서 스크립트를 실행하는 대가로, 나중에 설명할 가스(gas)를 받기도 한다. 이더리움 네트워크에서 실행되는 서버의 전기세와 관련된 비용은 이더라는 암호 재화에 본질적인 가치를 부여하는 요소 중 하나이다. 즉 누군가가 채굴 기계를 운영하기 위해 전기 회사에게 실제 돈을 지불했다는 뜻이기 때문이다. 그래픽 카드 배열을 사용해 블록 채굴 완료 확률을 높이는 특수 채굴 장비는, 해당 지역의 전기 요금에 따라 컴퓨터 한 대당 월 $100에서 $300의 전기 요금을 소모할 수 있다.

채굴은 비트코인과 이더리움의 기본 요소이며 원칙적으로 몇 가지 사항을 제외하고 두 네트워크에서 모두 유사하게 작동한다. 이더리움은 채굴 방식에 있어서도 패러다임을 일부 수정하였는데, 특히 이더 발행에 관련된 부분이 비트코인과 다르다. 자세한 내용은 5장에서 설명할 것이다.

EVM 둘러보기

이 책의 목표는 프로그래머와 제품 기획자 및 관리자에게 앞에서 설명한 시스템, EVM (ethereum virtual machine, 이더리움 가상 머신)을 프로그래밍하고 활용하는 방법을 가르치는 것이다. 재무적 배경을 가진 사람과 기술적 배경을 가진 사람 모두에게 이해 가능한 방식으로 서술하였으므로, 무엇을 만들지, 어떤 도구를 사용해야 할지에 대해 개발자와 특정

---

12 (옮긴이) 2017년 12월 현재 블록 보상은 3이더로 줄어든 상태이다.

분야 전문가가 모두 공통된 이해에 쉽게 도달할 수 있을 것이다. 하지만 그 전에 먼저 이더의 활용과 유지에 대한 기본적인 사항을 살펴보아야 한다.

 가상 머신이 무엇인지 잘 모르겠더라도 걱정할 필요 없다. 책을 읽다 보면 개념이 명확해질 것이다. 지금은 서로 다른 많은 컴퓨터로 구성된 하나의 컴퓨터라는 정도로만 인지하도록 하자.

미스트 브라우저

이 단계에서 애플리케이션을 배포하는 것은 어렵겠지만, 솔리디티 스크립트만으로 간단한 스마트 계약 프로토타입을 만드는 방법이 있다. 이렇게 하려면 미스트(Mist)라는 이름을 가진 네이티브 이더리움 브라우저가 필요하다. 이 브라우저는 이더를 보관하는 기능도 가지고 있다. 2장에서 지갑, 브라우저, 커맨드 라인 도구 및 블록체인 탐색기에 대해 자세히 다루겠지만, 먼저 여기에서 여러 용어에 대해 간단히 학습하는 시간을 가지도록 하자.

브라우저 대 지갑(키체인)

미스트는 때때로 지갑(wallet)이라고도 불리우며, 이는 비트코인 시스템에서 빌린 용어이다. 비트코인 애플리케이션이 지갑이라고 불리는 이유는 무엇일까? 지갑 앱을 사용하면 돈을 보내고 받을 수 있지만 지갑 자체가 실제로 돈을 가지고 있는 것은 아니다. 이러한 애플리케이션을 스마트폰에 설치하면 분산 데이터베이스에 데이터를 읽고 쓸 수 있는 암호화 키가 발급된다. 그래서 키체인(keychain, 열쇠고리)이 더 나은 비유일 수 있지만, 실제로 지갑이라는 용어가 훨씬 널리 쓰이고 있다.

미스트를 미리 살펴보고 싶다면 이더리움의 깃허브(GitHub) 프로젝트 (https://github. com/Ethereum/mist/releases)에서 맥, 윈도우 및 리눅스용 배포 파일을 내려받을 수 있다.

미스트와 이더리움의 커맨드 라인 도구를 사용하면 샘플 계약을 디버깅하는 동안 실제 돈을 잃지 않도록, 테스트용 이더를 사용할 수 있다. 현대적인 개발 환경을 애용하는 사람에게는 약간의 원시적으로 보일 수 있지만, 기술적인 배경이 별로 없는 사람은 이런 방법으로 네트워크 및 하위 수준 컴퓨터 시스템에 대해 배우면서 간단한 기술 데모 애플리케이션을 만들 수 있으므로 좋은 출발점이 된다.

솔리디티, 자바스크립트랑 비슷하긴 한데…

솔리디티의 대부분은 자바스크립트, 자바 또는 C 언어에 익숙한 사람들에게 직관적으로 받아들여질 수 있다. 이더리움 애플리케이션은 단일 서버에서 호스팅되지 않지만, 이더리움 애플리케이션의 내부는 자바스크립트처럼 보이는 비교적 간단한, 일련의 스마트 계약 파일이다. 이 애플리케이션은 우선 로컬에서 생성할 수 있으며, 후에 전체 네트워크로 전파해서 분산된 방식으로 호스트되도록 만들 수 있다. 이러한 의미에서 이더리움 개발은 네트워킹, 앱 호스팅 및 데이터 바인딩을 하나로 결합한다.

이러한 시스템의 배포는 다른 많은 신기술과 마찬가지로 까다롭다. 이 책에서는 이를 쉽게 할 수 있는 방법을 논의할 것이다. 우선 첫 번째 기능적 애플리케이션을 만든 후에는, 새로운 기술을 응용할 수 있는 애플리케이션과 시스템을 상상할 수 있을 것이다.

이더리움의 용도

이더리움은 순수한 소프트웨어로 경제 시스템을 구축하는 데 적합하다. 다시 말해, 이더리움은 비즈니스 논리를 위한 소프트웨어로써, 사람들(사용자)이 일반적으로 데이터를 다룰 때의 규모 및 속도로 돈(가치를 나타내는 데이터)을 이동시킬 수 있는 소프트웨어이다.[13] 현재의 은행 시스템에서 감내해야 하는 3일에서 7일의 부동 기간이 필요하지 않으며, 비자, 마스터카드 및 페이팔에서 쓰이는 수수료도 필요하지 않다. 예를 들어, 간단한 이더리움 애플리케이션을 사용하면 어렵지 않게 수백 개 국가의 수십만 명의 사람들에게 몇 분마다 소액 지불이 가능하다. 반면 기존의 은행 시스템에서는 급여 관리 부서원 전부가 초과 근무를 해 지속적으로 계좌의 잔액을 다시 조정해야 하며, 국제 송금 이슈도 처리해야 한다.

---

13 Ethereum Blog, "The Business Imperative Behind the Ethereum Vision," https://blog. Ethereum.org/2015/05/24/the-business-imperative-behind-the-Ethereum-vision/, 2015.

비판적 관점

이더리움의 마케팅을 지켜보다 보면, 이 소프트웨어의 가능성에 대한 극적인 비전을 가지게 될 수도 있다. 이더리움, 그리고 일반적인 블록체인이 제시하는 몇 가지 약속과 그에 대한 일반적인 반론을 살펴보자.

"가동 정지, 검열 또는 타사 간섭의 가능성이 없음"

오픈소스 개발의 세계에 익숙하지 않다면, 처음에는 코드베이스가 관리되는 방식이 애매하게 보일 수도 있다. 비록 소수의 핵심 개발자들에 의해 작성되었지만, 이더리움 네트워크가 이미 가동 중이기 때문에 그 작동 방식을 바꾸기 위해서는 많은 이해 관계자 집단의 협조가 필요하다. 네트워크가 성장함에 따라 이러한 소위 하드 포크는 필요성이 줄어들고, 실현 가능성도 낮아져서 그 빈도 역시 줄어들게 된다. 이더리움 네트워크가 아직 완성되지 않았음을 기억하자. 오늘날 이더리움 네트워크는 운영되고 있지만 2019년까지는 완성 상태가 되지 않을 것이다. 스위스의 비영리 재단인 이더리움 재단(Ethereum Foundation)은 이더리움의 지속적인 개발을 위한 자금을 기부받고 있다.

"사물인터넷을 위한 안전하고, 자유롭고, 개방된 플랫폼"

수많은 스마트 계약을 기계가 실행하므로 사물인터넷에 대한 응용 역시 생각할 수 있다. 한 번도 가본 적 없는 지역에서 길을 잃고 휴대전화 신호도 끊긴 상황을 생각해 보자. 휴대전화가 근처에 있는 다른 통신망의 소형 기지국에서 자동으로 통신 선로를 빌려 쓸 수 있으며, 허가를 요청할 필요 없이 라우터에 약간의 수수료를 지불하면 그만이다. 그 가격과 속도는 라우터에 의해 작성된 스마트 계약의 변수로 처리할 수 있다. 이러한 스마트 계약은 일종의 서비스 이용 합의서(SLA)로, 동의하는 순간 돈을 이동할 수 있는 정도의 수준이 될 것이다.

"지역 사회 및 기업을 위한 투명한 거버넌스 활성화"

이 부분은 까다로운 여지가 있다. 사람들은 이더리움과 블록체인을 통해 투명한 회사를 꿈꾼다. 그러나 탈중앙화 자율 조직(DAO 또는 DAC라고도 함)의 실현은 아직 갈 길이 멀다. 그나마 이 책에서 사용하는 용어 중 하나인 **탈중앙화 조직**(decentralized organization, DO) 정도가 이제 업계에 정착되어가는 단계에 있다. 이 분야의 발전에는 장애물이 많다. 암호화 도구를 통한 거버넌스(governance)를 오염시키는 조작성 요소는 민주주의를 오랫동안 괴롭혀 왔던 조작과 거의 동일하다. 하나의 지갑 주소가 한 표를 행사할 수 있는가? 그렇다면, 그 지갑 주소는 누가 소유할 수 있는가? 코인 하나가 한 표에 해당한다면, 코인 자산가가 지배하는 세상이 될 것인가? 이러한 논의는 대부분 이 책의 범위를 벗어나며, 완전히 자율화된 조직(또는 조직, 정부 기관)에 대한 개념을 설파하는 사람이 있다면 그 사람을 통해 더 많은 주제를 논의할 수 있을 것이다.

"안전 송금 및 사용자 인증에서, 메시징 및 분산 스토리지까지"

이더리움이 로드맵을 따라 개발되면 이것은 현실이 될 것이다. 현재의 이더리움 블록체인에서도 사용자 인증과 안전 송금이 실제로 가능하지만, P2P 통신과 분산 스토리지(그 자체로 초기 블록체인 소프트웨어 비즈니스의 한 분야였다)는 현재 서드파티의 통합을 통해서만 가능하다. 하지만 이더리움 로드맵에는 P2P 통신과 분산 스토리지를 위한 스웜(Swarm)과 위스퍼(Whisper)라는 요소가 포함되어 있다. 둘 다 현재로써는 제한된 실험 버전에서만 사용할 수 있다.

"가입과 호스팅 비용이 필요 없는, 세계 최초의 제로 인프라 플랫폼 "

이는 기술적으로는 사실이다. 하지만 시간은 돈이며, 이 새로운 소프트웨어 플랫폼 상의 호스팅과 배포에 있어서 무료(free)와 사용성(straightforward)은 서로 상충되는 요소로써 작용하게 된다.

스마트 계약 개발의 현재

솔리디티 개발을 위한 샘플 프로젝트는 아직 거의 없는 것이 현실이다. 완전한 최종 사용자용 애플리케이션을 배포할 생각이라면, 아직 경쟁자가 그리 많지 않을 것이다.

그러나 블록체인의 위력은 구매, 판매, 라이선스 부여, 거래, 스트리밍 등의 트랜잭션을 생성할 수 있는 애플리케이션을 만드는 데 있다. 즉, 사람들은 이더나, 자신의 프로젝트에 속한 자체 코인을 필요로 하게 된다. 이러한 자체 코인의 유통 및 이용 가능성을 유동성(liquidity)이라고 한다. 높은 유동성은 코인의 가격 안정화로 이어지며, 네트워크 효과로도 이어진다.

기업가 정신을 가진 여러 개발자는 자체 코인을 생성해서 유동성의 혜택을 얻기 위해 노력한다. 사실, 이는 EVM과 이더의 작동 방식과도 정확히 일치한다. 이더리움 재단은 2014년에 발족해 1,800만 달러에 이르는 크라우드펀딩을 성공시켰다. 비트코인으로 받은 기부금은 이더로 변환되어 기부자들에게 지급되었으며, 이를 통해 이더리움 공동체가 탄생했다.

카피캣 코인

알트코인(Alt-coins)은 비트코인의 코드베이스를 통해 만들어진 비트코인의 카피캣이다. 알트코인에도 나름의 정당성이 있을 수 있다.

이더리움은 비트코인의 기본 개념을 많이 보유하고 있지만, 주요 구성 요소가 다르므로 카피캣이 아닌 완전히 새로운 네트워크로 간주할 수 있다.

프로젝트 자금 조달

크라우드펀딩(Crowdfunding)은 기업이 장래의 사용자에게 제품, 또는 서비스에 대한 사용 권한을 판매함으로써 자금 조달과 테스트 비용 절감을 노리는 한 가지 방법이다. 암호화폐 세계에서는 이를 토큰 출시(token launch)라고 한다. 일부 회사는 금융가 용어인 기업 공개(initial public offering, IPO)와 유사한 코인 공개(initial coin offering, ICO)라는 용어를 채택했다. 그러나 토큰이 항상 지분(equity)을 표시하는 것은 아니기 때문에 이 용어에는 오해의 소지가 있다. 이것은 지분에 해당하지 않는 이더와 비트코인 모두에 적용된다.

개발하려는 이더리움 프로젝트를 위해 자금을 모으고자 하는가? 방법은 많다. 자산 관리자와 경영자들은 이 기술의 힘을 빠른 속도로 깨닫고 있으며, 고용, 투자 또는 사업 개발의 기회가 점점 확대되고 있다. 밋업(Meetup, www.meetup.com)에서 자신이 속한 지역의 비트코인 또는 이더리움 이벤트를 찾아 다른 암호화폐 지지자를 찾고 팀을 구성하자.

자신만의 블록체인 포지션을 찾아 보자

이더리움의 기술 측면을 다루는 일 외에도, 이 책은 솔리디티 프로그래밍 및 분산 응용 프로그램을 독자의 경력에 어떻게 결합할지 결정하는 데 도움이 되는 광범위한 정보를 담고 있다. 이 책은 또한 소프트웨어에 대한 혁신적인 사고를 위한 새로운 방향성을 식별하는 것을 목표로 한다.

그 예 중 하나가 수명(longevity)이다. 기존 웹 서비스의 가동 시간은 개발자가 호스팅 비용을 지불하고 서버를 유지 관리했는지 여부에 따라 달라진다. 그 결과, 30년 동안 명령을 실행하는 소프트웨어 애플리케이션을 구축하는 사람은 거의 없다.

이더리움 네트워크는 모든 노드에 사본을 가지는 완전 중복 데이터베이스이기도 하다. 즉, 몇 십 년이 지나건 상관없이 특정 조건이 충족되기만 하면(심지어 모든 노드가 교체되었더라도) 애플리케이션이 시작한다는 것을 보장한다.

소프트웨어 및 은행업의 낡은 제약을 제거하고 새로운 소프트웨어를 도입하는 것은 앞으로의 모든 장에서 끊임없이 이어지는 주제이다.

프로그래밍 입문자를 위한 조언

기존의 화폐, 은행 및 보험 시스템이 어떻게 작동하는지 알면 이더리움의 애플리케이션을 상상하는 데 도움이 될 것이다. 이를 기술적 지식과 결합할 수 있다면 더할 나위 없이 좋다.

 이 책에 나오는 URL이나 참고 문헌을 모두 적어 두거나 페이지를 적을 필요는 없다. http://eth.guide에서 이 책의 모든 인용문 최신 링크를 각 장별로 찾을 수 있다.

프로그래머 진로에 관심이 없더라도, 이 책에 등장하는 코드를 따라가며 이해해 보자. 이는 어디까지 가능한지 파악하는 데에 도움을 준다. 한 번도 프로그래밍을 해본 적이 없지만, 솔리디티 프로그래밍을 처음부터 배우고 싶은 사람에게도 이 책의 내용은 충분히 따라갈 만하다.

어떤 면에서는, 웹 개발을 처음부터 배우는 것보다 이더리움 개발을 배우는 것이 더 쉽고 직관적일 수도 있다.

오픈소스, 무료 소프트웨어로써의 이더리움

이더리움은 호환성을 유지하는 한, 다른 시스템으로 분기되고 복제될 수 있다. 향후에는 체인에서 체인으로 코인이 전달될 수도 있을 것이다. 이러한 방식은 단순한 프로세스가 아니지만, 그 방법론에 대한 학술 논문은 이미 등장하고 있다.

프로그래머가 아닌 사람들에게는 낯설겠지만, 무료와 오픈소스가 동의어가 아니라는 점을 짚고 넘어갈 필요가 있다. 오픈소스는 소프트웨어를 만드는 방법론이며, 무료는 사회적 산물이다. GNU 재단의 표현을 따르면, '무료' 소프트웨어란 사용자의 불가결한 자유(users' essential freedoms)를 존중하는 소프트웨어를 말한다. 사용자는 소프트웨어를 자유롭게 실행하고, 학습하고, 변경할 수 있으며, 변경 전후의 사본을 재배포할 수 있다.[14]

EVM의 현재

이더리움은 야심에 찬 로드맵과 포부를 가지고 있다. 핵심 개발팀이 계획한 로드맵대로 진행되는지 여부와 상관없이, EVM 자체는 블록체인 개발에 대해 지속적으로 기여할 것이다. 솔리디티 언어 외에도 EVM 바이트 코드로 컴파일될 수 있는 많은 언어가 등장할 수도 있다.

솔리디티 자체는 오늘날 아직 완벽하다고 할 수 없지만, 앞으로 의심의 여지 없이 성장하고 변화할 것이다. 이미 비트코인 커뮤니티와는 비교할 수 없는 빠른 속도로 암호화폐에 대한 용례를 만들고 테스트하는 것이 가능하다.

요약하자면, 이더리움은 경제 모델을 시험하고 입증할 수 있는 시스템으로 만들어졌다. 당분간 솔리디티는 사실상 이러한 모델의 표준 언어로써 EVM과 같은 글로벌 가상 머신에서 실행된 것이다.

---

14 GNU 재단, "Why Open Source Misses the Point of Free Software," www.gnu.org/ philosophy/open-source-misses-the-point.html, 2016.

지금 당장 구축할 수 있는 것

이더리움의 잠재력에 대해서는 충분히 논한 것 같다. 그렇다면, 지금 당장은 무엇이 가능할까? 꽤 많은 예가 있지만, 우선 프라이빗(private)과 퍼블릭(public)의 개념을 나누도록 하자. 지금까지 설명한 이더리움에는 단일 퍼블릭 블록체인, 그리고 다수의 블록체인 생성 프로토콜이라는 두 가지 개념이 모두 포함되어 있다. 이제부터 두 가지 서로 다른 영역에서의 잠재력을 이해하고, 기업이나 다른 공동체가 배포한 프라이빗 이더리움 체인과 퍼블릭 체인이 어떻게 다른지 이해해야 한다.

프라이빗 체인과 퍼블릭 체인

누구나 퍼블릭 이더리움 블록체인을 이용하는 대신 자신만의 이더리움을 만들 수 있다. 누구든지 이더리움 프로젝트를 포크할 수 있기 때문이다. 이렇게 만들어진 블록체인을 프라이빗(private) 블록체인이라고 하며, 비트코인에서 파생되는 알트코인과 마찬가지로 기존 이더리움 개발 커뮤니티의 결과물을 이어받을 수 있다.

이 책의 마지막 부분에서 다루겠지만, 프라이빗 체인은 일반적으로 스타트업의 제품이나 서비스에 있어서는 매우 부적합하다. 그럼에도 불구하고 일부 회사는 프라이빗 체인을 만들어 출시했다. 기업가라면, 쓸데없이 다시 만들어 내기보다는 퍼블릭 이더리움 체인 위에 제품과 서비스를 구축하는 것이 더 좋은 방법일 것이다.

퍼블릭 이더리움 체인은 보안에 집중된 많은 컴퓨팅 기능을 갖추고 있어 중소 규모의 기업이 대규모 보안 웹 서비스를 구축하는 데 상당히 유리하다. 그러나 현재 퍼블릭 이더리움 블록체인은 전적으로 공개되어 있으며, 일부 기업은 중요한 트랜잭션 정보를 프라이빗 체인으로 유지하는 방식을 선택할 수도 있다. 기업용 소프트웨어적 관점에서, 기업의 이해 관계자에게만 회사의 체인을 읽고 쓸 수 있는 특정 권리와 권한이 부여되는 배포 형태를 허가형 블록체인(permissioned blockchain)이라고 한다. 허가형 블록체인에서는 시스템에 들어가기 위한 허가를 확인하는 신뢰할 수 있는 제 3자가 지갑 주소를 발급하며, 이는 사무실 주소의 보안 패스를 통해서만 건물 내부에 진입할 수 있는 방식과 동일하다. 이런 측면에서 퍼블릭 체인은 개방된 공원과 비슷하다고 간주할 수 있다.

블록체인의 규모와 신뢰성에 대한 긍정적인 상관 관계는 이후의 장에서 더 분명해질 것이다. 그러나 블록체인과 데이터베이스 간의 유사점을 더 잘 이해하기 위해서는 프라이빗 체인의 설정을 알아볼 필요가 있으며, 이는 9장에서 다룰 주제이다.

퍼블릭과 프라이빗 이더리움 블록체인 모두 아래와 같은 기능을 공통적으로 가지고 있다.

- 이더 전송 및 수신
- 스마트 계약 작성
- 공정한 애플리케이션 개발
- 이더 기반의 토큰 생성

이제부터 각 기능을 자세히 알아보자.

이더 전송 및 수신

프라이빗 체인에서도 이더를 주고받을 수 있다(물론 이는 사실상 가치가 없는 프라이빗 이더이다). 누구든지 미스트 지갑을 다운로드하면 공개 이더리움 지갑 주소를 얻을 수 있으며, 그 방법은 다음 장에서 알아볼 것이다. iOS 앱스토어 및 구글 플레이(Google Play)에서 내려받을 수 있는 모바일 지갑 앱도 있다. 이더와 달러(또는 그 밖의 법정화폐)를 교환하려면 암호화폐 거래소에 가입하거나, 코인베이스(Coinbase)와 같은 상업용 송금업자로부터 구입해야 한다. 대부분의 사람들은 간단하게 비트코인을 구입(ATM 형태로도 보급되어 있으며, LocalBitcoins.com 현금 딜러 네트워크를 통해서도 구입할 수 있음)하고 이를 거래소에서 이더와 교환하거나, ShapeShift.io와 같은 암호화폐 교환 서비스를 통해 이더로 변환한다.

스마트 계약 작성

스마트 계약을 사용하면 만일의 사태가 발생하더라도, 계정 간(심지어는 서로 다른 계약 간에도)에 지불 및 송금 처리를 제어할 수 있다. 이러한 용례의 진정한 잠재력은 퍼블릭 체인이 얼마나 안정적인가에 달려 있으며, 이는 시스템의 참여자가 누군지, 그리고 얼마나 많은 나쁜 행위자가 시스템에 들어있는가에 달려 있다. 프라이빗 체인 역시 자원을 가진 그룹에 동일한 기능을 허용하지만, 내부적으로만 허용한다는 점이 다르다.

공정한 애플리케이션 개발

공정하고 입증 가능한 애플리케이션은 게임 및 도박 분야에서 특히 중요하다. 비디오 게임과 가상현실 게임에서, 실제 화폐를 표현하고 현실 세계에서 소비될 수 있는 포인트가 쓰일지도 모른다.

이더 기반의 토큰 생성

실질적으로, 자체 토큰의 운영은 사용자 계정 시스템을 운영하는 것과 같다.

이더리움 토큰 계약을 사용하면, 자신과 일부 그룹만 접속할 수 있는 비공개 트랜잭션 원장에서 사용하기 위한 **보조 화폐**(subcurrency)를 만들 수 있으며, 그 다른 특성은 퍼블릭 체인과 완전히 동일하게 할 수 있다. 분기도 필요 없고, 자체 채굴기를 유지할 필요도 없는 것이다. 이러한 방식은 편리한 동시에 대부분의 개발자와 조직에게 유용하다. 토큰과 체인의 역학은 5장과 9장에서 더 명확해질 것이다.

탈중앙화 데이터베이스의 미래

모든 데이터베이스와 마찬가지로 블록체인에는 스키마가 있다. 규칙은 개체 간의 관계를 정의하고 제한하며 강제한다. 업계에는 이러한 관계를 파괴하거나 변경하려는 의도가 언제나 있어 왔고, 덕택에 신뢰불요 시스템인 블록체인은 이전 세대의 소프트웨어 및 네트워크에 비해 훨씬 매력적인 성질을 지니게 된다.[15]

모든 데이터베이스에서 공유 읽기/쓰기 액세스는 엄청난 복잡성을 초래한다. 전세계의 기계는 데이터베이스가 실제로 위치하는 곳에 따라 다양한 대기 시간을 경험할 수 있기에, 일부 쓰기 작업은 순서대로 이루어지지 않는다. 여러 당사자가 동등하게 데이터베이스를 공유한다고 가정하면 이 작업이 훨씬 더 어려워진다. 예를 들어, 여러 회사가 상공인 협회를 구성했다고 하자. 이로 인해 대규모 조직은 다른 조직과 공유된 읽기/쓰기 상태를 유지하는 데 엄청난 비용이 들며, 오늘날에는 이로 인해 고객 정보 유출도 흔하게 일어난다.

---

15 Nesta.org.uk, "Why you should care about blockchains: the non-financial uses of blockchain technology," http://www.nesta.org.uk/blog/why-you-should-care-about-blockchains- non-financial-uses-blockchain-technology, 2016.

오늘날 기업의 IT 부서에서는 이러한 시스템이 계획대로 작동하는지 확인하는 방법을 모색한다. 그러나 규모가 커짐에 따라 불법 행위가 일어날 기회가 너무 많아졌다.

일의 문화가 바뀐다

2016년 9월 웰스 파고(Wells Fargo) 은행의 직원 수천 명이 해고되었다. 계좌 데이터베이스를 조작해 매출액을 바꾸고, 영업 사원이 새 계좌를 개설할 때 보너스를 지급하게 만들었다는 명목이었다.[16] 이러한 판단 오류의 비용은 엄청날 것이며, 이러한 판단 오류가 일어나지 않도록 소프트웨어를 구축하는 비용 역시 엄청날 것이다. 이더리움은, 오늘날 HTTP 웹에 구축된 애플리케이션 데이터 계층보다 더 신뢰할 수 있는 환경에서 기업과 소비자가 상호작용할 수 있는 새로운 기회를 열고 있다.

요약

이번 장에서는 이더리움이 프로토콜 수준의 신뢰 및 보안성을 통해 소프트웨어 구축에 대한 또 다른 접근법을 제공한다는 사실을 알아보았다. 이는 국제적인 영향을 미칠 수 있다. 전 세계가 디지털화됨에 따라 대규모 시스템은 은행, 보험 뿐 아니라 도시 서비스, 소매업, 물류, 콘텐츠 유통, 언론, 의류 제조 등 증빙과 송금이 연관되는 모든 산업 분야의 조직에 있어 점점 더 중요한 업무를 수행하고 있다.[17]

다음으로, 클라이언트(clients)로 알려진 프로그램을 통해 이더리움 블록체인에 액세스할 수 있는 키를 생성하고 이더리움에 가까워지는 시간을 가질 차례이다. 다음 장에서 윈도우, 맥, 리눅스, iOS 및 안드로이드용 이더리움 클라이언트 애플리케이션 사용에 대해 알아보자.

---

16 CNN Money, "5300 Wells Fargo Employees Fired Over 2 Million Phony Accounts," http:// money.cnn.com/2016/09/08/ investing/wells-fargo-created-phony-accounts-bank-fees/, 2016

17 Daily Fintech, "How Blockchain Technology Could Integrate Financial & Physical Supply Chains and Revolutionize Small Business Finance," https://dailyfintech.com/2016/06/14/ how-blockchain-technology-could-integrate-financial-physical-supply-chains-and- revolutionize-small-business-finance/, 2016.

02장

미스트 브라우저

암호화폐 소프트웨어 분야에는 기본적으로 두 가지 클라이언트 애플리
케이션이 있다. 바로 지갑, 그리고 풀 노드이다.

지갑은 일반적으로 블록체인에 연결된 상태에서 암호화폐 송수신과 같은 기본 기능을 수행하는 가벼운 노드를 말한다. 풀 노드는 네트워크에서 허용하는 모든 작업 범위를 수행할 수 있는 커맨드 라인 인터페이스를 말한다.

1장에서 언급한 바와 같이, **이더리움(Ethereum)**이라는 용어는 이더리움 프로토콜, 그리고 이더리움 프로토콜을 사용하는 컴퓨터로 구성된 이더리움 네트워크 두 가지를 가리킬 수 있다. 네트워크에서 노드를 운영하면 스마트 계약을 업로드할 수 있다. 암호화폐(이더)를 보내고 받는 용도로는 컴퓨터나 스마트폰을 위한 지갑 애플리케이션만 있으면 된다.

이더리움에는 여러 가지 클라이언트 애플리케이션이 있다. 그 중 가장 유용하다고 할 수 있는 미스트 브라우저는 사용성이 좋은 지갑 클라이언트로서, 풀 노드의 기능 중 일부를 수행할 수도 있다. 즉, 스마트 계약을 실행할 수 있다는 뜻이다.

그 결과, 이더리움 백엔드 상에 구현된 웹 앱과 유사한 프로그램에 미스트를 통해 액세스할 수 있다. 이것이 미스트를 브라우저(browser)라고 부르는 이유이다. 미스트는 단순해 보이지만 결코 그렇지 않다. 지금의 미스트는 이더 암호화폐를 주고받기에 유용한 소프트웨어일지 몰라도, 앞으로의 미스트는 앱스토어처럼 소비자 및 기업용 소프트웨어 애플리케이션 배포의 중심이 될 수도 있다.

 암호화폐(cryptocurrency)라는 말에 포함된 **화폐(currency)**란 토큰 즉, 증서(scrip)처럼 특정 체계 내에서 '대체 가능'한 가치의 단위를 가리킨다. 이 토큰이 정확히 무엇을 나타내는 지는 이 장의 뒷부분에서 명확해질 것이다. 여기에서 '대체 가능'이라는 말은 '상호 교환 가능'을 의미한다. 법정화폐를 예로 들면, 하나의 1달러는 다른 1달러로 대체가 가능하다.

이번 장에서는 이더 토큰 송수신의 기본을 이해하기 위해 미스트 및 기타 애플리케이션을 사용해 네트워크에 액세스하는 방법을 알아볼 것이다. 그 다음 장에서는 시스템의 작동 방식과 스마트 계약을 프로그래밍하는 법을 이어서 설명할 것이다.

지갑은 왜 지갑인가?

지갑(wallets)은 데스크톱, 또는 모바일 장치용 소프트웨어 애플리케이션으로써 EVM에 키를 보관하는 역할을 한다. 이 키는 **계정**(account)에 해당하며, 각 계정은 길이가 긴 일련의 바이트로 이루어져 있다. 이더리움에서는 계정이 소유주의 이름이나 기타 개인 정보를 저장하지 않는 준익명성을 지닌다. 누구든지 이더리움 클라이언트(미스트 등)를 사용해 네트워크에 연결하고 이더리움 계정을 원하는 개수만큼 생성할 수 있다.

이미 컴퓨터 또는 스마트폰에 이더리움 지갑 또는 전체 노드를 다운로드했다면, 계정을 만들라는 메시지를 마주했을 것이다. 지갑 애플리케이션이 사용자 암호 생성을 요구할 수도 있다. 암호화를 통해 키를 보호하기 위해서이다. 짐작했겠지만, 이러한 키는 이더를 주고받는데 있어 매우 중요한 부분이다.

먼저 공개키(public key)라고도 불리우는 계정 주소에 대해 살펴보자. 공개키는 언제나 대응되는 **개인키**(private key)를 가지며, 개인키가 있어야만 계정에 액세스할 수 있다. 이 개인키는 비밀로 유지되어야 하며, 어디에도 공개되어서는 안 된다.

비트코인과 이더리움의 계정은 긴 16진수 주소로 표시된다. 이더리움 계정 주소의 예는 아래와 같다.

```
0xB38AA74527aD855054DC17f4324FE9b4004C720C
```

비트코인 프로토콜의 16진수 주소는 기본 버전 번호와 체크섬을 포함해 Base58로 인코딩되지만, 겉으로 보기에는 이더리움 주소와 크게 다르지 않게 보인다. 아래는 비트코인 주소의 예이다.

```
1GDCKfdTo4yNDd9tEM4JsL8DnTVDw552Sy
```

이더 또는 비트코인을 받으려면 전송할 사람에게 주소를 전달해야 하며, 그렇기에 이러한 주소는 공개키라고 불린다. 물론, 사람이 기억할 수 있는 문자열은 아니다. 프로그래밍에 익숙하지 않은 사람에게는 이해하기 어려울 것이다. 왜 이렇게 엉망진창인, 어려운 숫자와 문자 조합으로 주소를 표시할까? 하지만 프로그래밍 경험이 있다면, 이러한 공개키와 개인키가 비대칭키 암호화의 일부임을 파악할 수 있을 것이다.

그래서 주소가 뭐라고?

타인에게 공개하는 주소가 왜 이렇게 길고, 비밀스러운 문자열로 구성되어 있는 것일까? 그냥 사용자 이름을 쓰면 안 되는 걸까?

실제로, 일반적인 영어로 된 사용자 이름을 생성해서 주소로 사용할 수 있는 준비는 진행되고 있다. 오늘날의 도메인 네임과 같은 방식으로 작동하게 되는데, 탈중앙화 네트워크의 도메인 대행자에게 이름을 등록하면 실제 주소로 연결되는 방식이 될 것이다. 오늘날 상위 도메인이 IP 주소로 리다이렉션되는 방식과 동일하다.

이더리움 네트워크는 오늘날 HTTP 웹이 가진 멋진 기능을 구현하기 위한 계획을 많이 가지고 있다. 이더리움 로드맵에 대한 더 자세한 정보는 11장을 참고하자.

> 계정(account)은 결국 데이터 객체이다. 즉 계정이란 블록체인 원장의 개체로써 주소 자체가 인덱스 역할을 하며, 잔액과 같은 계정 상태에 대한 데이터를 담고 있다. 계정의 **주소**(address)는 특정 사용자에 속하는 공개키이며, 사용자가 자신의 계정에 액세스하는 방법이기도 하다. 엄밀히 말하면 주소는 공개키 자체가 아니라 공개키의 해시값이지만, 이해를 단순하게 하기 위해서는 이 사실을 무시해도 무방하다.

EVM에서 비대칭 암호는 네트워크에서 유효한 이더리움 주소를 생성하고, 인식하고, 트랜잭션에 '디지털 서명'하는 데 사용된다. 보안 통신에서는 비대칭 암호화가 사설 통신을 **암호화**(encipher)하는 데 사용되므로, 공격자가 이를 가로채더라도 읽을 수 없다. 블록체인에서도 이 원칙이 동일하게 작동해서, (EVM 트랜잭션 요청의 형태의) 메시지가 자금을 탈취하려는 침입자가 아닌 실제 주소 소유자로부터 오는 것임을 보증한다.

내 이더는 어디에?

이더가 특정 컴퓨터 또는 애플리케이션에 포함되어 있는 것이 아니라는 점을 인지해야 한다. 이더리움 노드 또는 지갑을 실행할 수만 있으면, 어떤 컴퓨터에서든 이더 잔액을 조회하고 이더를 주고받을 수 있다. 미스트 지갑을 설치한 컴퓨터가 망가지더라도 두려워할 필요가 없다. 개인키만 잘 보관하고 있으면, 다른 노드를 통해 자신의 이더에 액세스할 수 있다.

하지만, 개인키를 다른 사람에게 넘겨주면 그 사람이 EVM에 액세스해 모르는 사이에 당신의 잔고를 모두 인출할 수 있다. 네트워크의 입장에서는 '개인키가 곧 당신'이기 때문이다.

EVM은 글로벌 시스템이기 때문에, 어떤 노드가 트랜잭션을 생성하게 될지 알 수 없다. 이더리움은 오늘날의 웹 애플리케이션과 달리 '신뢰할 수 있는' 컴퓨터를 찾지 않는다. 당신의 스마트폰과 다른 스마트폰을 구별하지도 못한다. 이상하게 느껴질 수 있겠지만, 은행 ATM 시스템을 생각해 보자. 직불 카드 번호와 네 자리 핀을 가지고 있는 사람이면 누구나 액세스 권한을 가지지 않던가?

1장에서 언급했듯이, 휴대 전화나 컴퓨터를 도난이나 파괴로 잃어버렸다고 해도 아래의 조건만 만족하면 돈을 잃어버리지 않을 수 있다.

> 개인키를 백업했고,
>
> 다른 사람에게 개인키를 공개하지 않았다.

개인키를 백업하는 방법은 간단하다. 텍스트 파일에 복사해서 붙여넣어도 되고, 이를 USB 스틱에 저장해도 된다. 심지어는 종이에 적어 두는 방법도 있다. 이번 장의 뒷부분에서 더 많은 개인키 백업 방법을 다룰 것이다.

출납원의 비유

지갑이나 노드의 사용은, 어떤 면에서는 사용자가 직접 은행 출납원이 되어 돈을 관리하는 것과 같다. 종잇돈을 만진다는 의미가 아니라, 출납원으로서 '은행 컴퓨터 시스템 내의 노드가 글로벌 트랜잭션 데이터베이스에서 트랜잭션을 실행할 수 있도록 제어한다'는 의미이다. 출납원은 다른 은행 데이터베이스에 연결되는 데이터베이스를 제어한다.

종래의 은행 업무에서, 종이 수표는 은행 계좌가 은행의 컴퓨터 시스템을 사용해 거래를 수행하도록 하는 서면 지시서이다. 수표에는 계좌번호와 은행 식별번호가 있다(기존의 은행 시스템에 대해서는 다음 장에서 자세히 다룰 예정이다).

지금의 은행은 사람들로 가득 찬 건물(방대한 컴퓨팅 리소스 포함)에서 종이 수표를 받아 전자 거래로 바꾸고, 거래를 다른 사람에게 보내고, 양쪽 당사자의 잔액을 업데이트해야 한다. 반면 암호화폐는 P2P 컴퓨터 네트워크에서 실행되는 합의 알고리즘 엔진을 사용해서 기존의 복잡한 은행 시스템을 완전히 제거할 수 있다. 트랜잭션의 정산 및 삭제는 네트워크 자체에서 이루어지며, 노드가 트랜잭션에 디지털 서명하고 이를 전파시키는 몇 초 내에(비트코인의 경우 몇 분) 완료된다. 따라서 암호화폐의 트랜잭션에 있어서는, '거래가 곧 정산'이라고 할 수 있다.

암호화폐의 잔고는 각자의 손에 있다

암호화폐는 중앙집중화된 전통 은행에서 사용하는 화폐 통화와 다르다. 당신의 토큰은 가상의 물건이며, 그 잔액(다른 모든 사람들의 이더 잔고와 함께)은 블록체인 네트워크에 의해 기록된다. 일부 제3자가 암호화폐를 미리 충전한 '소장품'형 실물 동전을 만들기도 했지만, 그러한 예외를 제외하고는 비트코인과 이더는 손에 잡히는 실물이 아니다.

이더, 비트코인 또는 기타 암호화폐를 관리자로서 보유하고, 저장 또는 운영하는 온라인 서비스 또는 조직은 조심할 필요가 있다. 분산형 퍼블릭 시스템의 장점은 거래에 있어서 중간자의 역할을 제거하고 각 개체가 P2P 방식으로 거래하도록 허용한다는 점이다. 즉, 이 시스템에서는 관리인 없이 이러한 자산을 직접, 안전하게 보관할 수 있다.

그렇기는 하지만, 우리는 아직 법정화폐의 세계에 살고 있다. 암호화폐가 실제로 미래의 대세일지라도(그에 대한 증거는 충분하며, 이 책 전반에 설명되어 있다), 아마 몇 년 또는 그 이상의 기간 동안은 사람들이 암호화폐 지갑과 전통적인 은행 계좌를 모두 가지는 과도기적 기간이 될 것이다.

개인키를 사용자에게 노출시키지 않고 자체적으로 보관하는 지갑이나 온라인 서비스를 사용해서는 안 된다. 장치에 개인키를 저장하는 애플리케이션만 사용하자. 이 장의 뒷부분에서 데스크탑 및 모바일 지갑에 대한 권장 사항을 소개할 것이다. 일단은, EVM의 첫 번째 관문인 미스트에 대한 설명으로 돌아가자.

이더리움 트랜잭션의 시각화

이더리움 프로그래밍 입문자가 블록체인의 개념을 시각화하는 가장 좋은 방법은, 전세계의 다른 종이 거래 원장과 동기화할 수 있는 종이 거래 원장을 상상하는 방법이다.

지갑 애플리케이션이 데이터베이스를 변경하려고 하면 가장 가까운 이더리움 노드에서 변경 사항을 감지한 다음, 변경 사항을 네트워크를 통해 전파한다. 결국 모든 거래는 모든 원장에 기록된다.

추상적 측면에서, 이는 사실 1803년 존 아이작 호킨스(John Isaac Hawkins)가 낸 폴리그래프(polygraph) 특허와 같은 방식이다. 오늘날 폴리그래프는 소위 거짓말 탐지기를 지칭하는 말로 쓰이지만, 사실 폴리그래프는 최초의 '복사기'였다. 토마스 제퍼슨(Thomas Jefferson)이 당대 최고의 발명품으로 칭찬한 이 복사기는 그림 2-1과 같은 모습이었다. 거짓말 탐지기와 마찬가지로, 블록체인은 많은 '기계'가 거의 동시에 같은 방법으로 원장 상태를 변경할 수 있게 해 주는 장치이다.

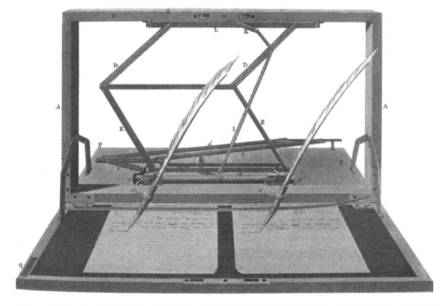

그림 2-1 폴리그래프 장치의 원리는 블록체인과 비슷하다. 많은 기계가 함께 협업해 비슷한 데이터를 비슷한 로컬 데이터베이스에 작성하는 방식이기 때문이다. 비트코인과 이더리움의 기술 혁신은 네트워크 지연으로 인한 상태 변화 순서의 불일치를 네트워크가 조정하고, 하나의 단일 원장으로 통일할 수 있다는 점에 있다.

공개키(public key)라고도 불리우는 당신의 주소는 고유한 일련 번호를 가진 일종의 잠금 상자이다. 개인키는 이 시스템에서 계정의 잠금 상태를 해제하고 이더를 이동시킬 수 있는 수단이다.

이더(ether)는 결국 무엇인가? 이더는 계정의 잔고일 뿐이다. 이더를 보내거나 받을 때 실제로 이동하는 것은 없다.

EVM에서 하나의 계정 잔고가 증가하면, 시스템은 다른 계정이 잔고를 지불하고 동일한 금액을 감소시켰는지 확인한다. 이는 닫힌 시스템이다. 하나의 계정에 아무 대가 없이 무료로 이더를 제공하는 것은 사실상 불가능하다. 가능하다 해도, 원장을 위조하기 위해 쓰이는 비용이 훨씬 클 수밖에 없다. 7장에서 자세히 알아보겠지만, 이더리움은 보안을 위해 재정적 인센티브와 불이익을 활용하기 때문이다.

은행의 역사를 파괴한다

이더리움 프로토콜의 가장 흥미로운 측면 중 하나는 발행 계획(issuance scheme)으로, 이에 대해서는 뒤에 다룰 예정이다. 중요한 것은, 어떤 개인도 이더를 만들어낼 힘이 없다는 점이다(이는 비트코인도 마찬가지이다). 이 특성은 대규모 사기꾼의 역사나 다름없는 지난 400년 동안의 금융 시장, 그리고 중앙 은행과는 완전한 대조를 이룬다.

17세기 후반에 런던 거래소에서 주식 투기의 역사가 시작된 이후로, 기업가와 사기꾼들은 합법적 수단과 불법적 수단을 모두 동원해서 주식을 팔고 있다. 종종 그들은 주가가 상승할 때 물타기, 즉 비밀리에 자신의 세력에게 주식을 추가 발행하는 방법을 사용하기도 한다.

시간이 지남에 따라 주식 거래는 대서양 양쪽의 많은 대중이 참여할 수 있는 일종의 여가 활동이 되었으며, 거래 과정과 더불어 신뢰할 수 있는 거래를 보장하는 중개자 역할을 하는 거래 상대가 포함된, 현대 주식 시장이 탄생했다. 그러나 대공황 이후에 통과된 은행 규제에도 불구하고 부정직한 기업가들은 비밀스런 주식 풀을 분할 공개하거나, 대중이 알지 못하게 주식을 처분하는 방법을 찾아냈다. 그들이 현금화를 하는 순간 시장이 망가지는 것이다.

미국의 근대 역사에 1929년의 폭락과 같이 투기 거품이 많은 부를 없애고 인류를 퇴보시킨 사례가 많지는 않다. 그러나 미국과 유럽의 양쪽에서 찾을 수 있는 공황의 사례들(1873-1879년을 포함)은 중앙 은행이나 투자자가 대규모 시장에서 유동성, 주식 또는 채권을 엉망으로 만들면서 발생했다는 공통점이 있다.

암호화를 통한 신뢰

1장에서는 암호에 대한 실제적인 논의를 생략하고, 대신 암호화 네트워크의 영향에 초점을 맞추었다. 하지만 낯선 사람들이 함께 운용하는 네트워크의 보안을 그대로 믿기에는 석연찮은 구석이 많을 것이다. 악의적인 사용자 한 명이 네트워크를 해킹해 모든 사람의 이더를 훔치지 않는다고 어떻게 보장할 수 있을까? 이 질문에 답하기 위해 블록체인은 아래와 같은 방법론을 사용한다.

- 비대칭 암호화
- 암호화 해싱
- P2P 분산 컴퓨팅

위의 방법론 중 첫 번째 항목, 비대칭 암호화(공개키 암호화라고도 함)를 간단히 알아보자. 간략하게 개념만 훑어보고 나면 퍼블릭 네트워크의 보안을 보장하는 방법을 더 잘 이해할 수 있을 것이다. 그 밖의 두 방법론에 대해서는 6장에서 다룰 것이다.

비대칭 암호화(asymmetric cryptography)는 네트워크상에서 발신자와 수신자가 신뢰할 수 없는 통신 채널을 통해 보안 메시지를 주고받는 방법을 말한다. EVM의 경우 트랜잭션이 이 메시지에 해당하며, 트랜잭션은 계정의 상태를 변경하기 위해 서명되고 네트워크로 전송된다. 이 방법이 '비대칭'이라고 불리우는 이유는, 메시지를 주고받는 두 당사자가 서로 다르지만 수학적으로 연관된 한 쌍의 키를 각각 가지고 있기 때문이다.

공개키 암호화는 전시 통신을 위해 개발되었으며, 제대로 사용되면 매우 안전한 기술이다. 대칭키(symmetric-key) 암호화와 달리 공개키 암호화 통신은 당사자 사이에 보안 채널을 필요로 하지 않는다. 비트코인 및 이더리움에서는 프로토콜을 실행하는 모든 컴퓨터가 아무런 검토 없이 네트워크에 참여할 수 있기 때문에 공개키 암호화가 필수적이다. 그러나 데이터를 암호화하는 데 필요한 계산상의 복잡성으로 인해 작은 크기의 데이터 객체에만 활용할 수 있으며, 그 대표적인 예가 영문 및 숫자의 조합으로 이루어진 개인키이다. 이것이 암호화를 선별적으로 사용해야 하는 이유이다.

개념적으로, 이더리움은 암호화를 사용해 EVM의 계정 잔액에 대한 모든 변경 사항의 합법성을 검증하고 계정 잔액이 잘못된 방법으로 증가(또는 감소)하지 않았는지 확인한다고 말할 수 있다.

컴퓨터 과학에 익숙하지 않다면 암호화 메커니즘 자체가 어렵게 느껴질 수 있지만, 지금 당장은 아래와 같은 몇 가지 정의만 숙지하면 이어지는 내용을 이해할 수 있을 것이다.

- **대칭 암호화**(symmetric encryption): 문서에 포함된 텍스트 조각을 키(key)라는 더 짧은 데이터 문자열과 함께 분쇄해 암호화된 텍스트로 출력하는 프로세스를 말한다. 이 출력은 수신자가 동일한 키를 가지고 있는 한 **복호화**(decryption), 즉 해석이 가능하다. 키 없이 메시지를 해독하는 데는 방대한 계산 시간과 비용이 소요되며, 일부 암호화 방법은 엄청난 양의 컴퓨팅 리소스가 있다 해도 사실상 뚫을 수 없는 것으로 간주된다.

- **비대칭 암호화**(asymmetric encryption): 이 방법 역시 정보를 암호화하는 방법이며, 대칭 암호화와 차이가 있다면 프로그램이 공개키와 비공개키라는 두 키를 동시에 발행해야 한다는 점이다. 공개키는 웹사이트 또는 전자 메일 주소와 같이 사회적으로 공개해도 되는 키이기에 '공개'라는 수식이 붙는다(통신 당사자는 아래에 설명된 것처럼 서로의 공개키를 사용해 정보를 암호화할 수 있다).

- **보안 메시징**(secure messaging): 앨리스는 밥의 공개키를 사용해 메시지를 암호화한다. 밥은 암호화된 텍스트를 받은 후, 이와 일치하는 개인키를 사용해 암호화된 텍스트를 해석하기에 이 텍스트는 밥만이 읽을 수 있다. 이와 같은 방식을 '보안 메시징'이라고 한다. 하지만 이 방식에는 위험한 가능성이 있다. 누구든지 밥에게 스스로가 앨리스라고 주장하는 메시지를 보낼 수 있다는 점이다. 앨리스가 메시지의 진정한 발신자라는 것을 어떻게 알 수 있을까?

- **보안 및 서명 메시징**(secure and signed messaging): 앨리스가 밥에게 자신이 진정한 발신자임을 보장하고자 한다면, 다른 방법을 취해야 한다. 먼저, 앨리스는 그녀의 개인키를 사용해 메

시지를 암호화한다. 다음으로 밥의 공개키를 사용해 다시 암호화한다. 밥은 메시지를 받으면 자신의 개인키를 사용해 먼저 암호화를 해석하지만, 그 결과는 아직 암호화 상태일 것이다. 이를 앨리스의 공개키를 사용해 다시 해석해야 한다. 이 두 번째 암호화 계층을 통해 앨리스가 실제 발신자임을 보장할 수 있다. 앨리스의 개인키를 가진 사람은 앨리스 뿐이기 때문이다. 이와 같은 방식을 '보안 및 서명 메시징'이라고 부른다.

앨리스가 자신의 개인키를 사용해 텍스트를 암호화하기만 했다면, 앨리스의 공개키를 가진 사람은 누구나 이를 해석할 수 있다. 이것은 발신자의 신원을 증명하는 동시에 누구나 해석 가능한 메시지이기 때문에 '열린 메시지 형식(open message format)'으로 알려져 있다.

- 디지털 서명(digital signature): 보안을 더욱 강화하기 위해, 앨리스는 자신의 메시지를 해시하고 메시지에 함께 첨부한다. 다음으로 자신의 개인키로 이를 암호화한 뒤, 밥의 공개키로 다시 암호화한다. 밥은 암호화된 텍스트를 수신하고 해석할 때 앨리스가 사용한 동일한 해시 알고리즘을 통해 앨리스가 보낸 텍스트 메시지를 해시할 수 있다. 메시지의 해시가 다르게 나왔다면, 실제 메시지 텍스트가 전송 중에 손상되거나 변경되었음을 의미한다.

채굴에 대해서는 6장에서 자세히 살펴보겠지만, 개별 트랜잭션이 EVM으로 브로드캐스팅되는 방식은 위의 디지털 서명 방식과 유사하다. 트랜잭션의 내용이 전체 피어로 브로드캐스팅되기 전에 해시되고 암호화되기 때문이다. 여기까지 이더리움 네트워크의 보안에 대해 알아보았으니, 다시 미스트 설치에 대한 내용으로 돌아가자.

시스템 요구 사양

대부분의 사용자는 미스트 브라우저를 선택하지만, 이번 절에서는 개발자가 흥미를 느낄 수 있는 다른 도구도 함께 나열할 것이다. 미스트를 사용하면 이더를 쉽게 주고받을 수 있으며, 스마트 계약을 빠르고 쉽게 실행하기 위한 인터페이스가 포함되어 있다. 미스트에서 스마트 계약을 실행하는 방법에 대해서는 4장에서 자세히 다룰 것이다.

미스트는 2GB 이상의 RAM, 30GB 이상의 하드 디스크 공간을 가진 최신 컴퓨터에서 원활하게 구동시킬 수 있다. 만약 컴퓨터의 성능이 떨어지는 편이라면 크롬 브라우저의 확장 앱인 메타마스크(MetaMask)를 추천한다(뒤에서 자세히 설명 예정).

미스트 브라우저의 최신 버전은 이더리움 프로젝트의 깃허브 사이트 (https://github.com/ethereum/)에서 내려받을 수 있다.

Eth.guide와 이 책에 대해

이더리움은 빠르게 변화하는 최신 프로젝트이기 때문에, 이 책을 출판한 이후에 일부 프로젝트 및 문서 링크가 변경될 수 있다. 이런 이유로, 이 책을 위해 일반적으로 필요한 링크와 참고 자료는 http://eth.guide에 나열되어 있고 새로운 자료로 정기적으로 업데이트될 것이다. 마찬가지로, 모든 각주 링크는 이 페이지에서 장별로 색인이 매겨지며, 변경될 경우 업데이트될 것이다.

유용한 사이트로서 활용되기 위해, 인기 있는 주제에 대한 하위 도메인도 만들어져 있다. 사이트 본문 전체에 걸쳐 바로가기 링크를 확인할 수 있을 것이다.

Eth.guide 사이트는 본서의 깃허브 프로젝트와 연결되어 있으므로, 본서의 샘플 코드 프로젝트도 같은 URL에서 찾을 수 있다. 본서의 GitHub 프로젝트에 대한 전체 URL은 https://github.com/chrisdannen/Introducing-Ethereum-and-Solidity이다.

기본 개념만 익히고 싶은 독자라면, 이 시점에서 '마침내 미스트 속으로!'라는 제목의 절로 건너뛰어도 좋다. 개발자라면, 이어지는 절을 통해 이더리움 생태계의 다양한 도구에 대해 확인하기를 추천한다.

개발자를 위한 도구

개발자는 미스트 이외에도 아래의 세 가지 도구를 확인해야 한다.

- 메타마스크(MetaMask): 누구나 사용할 수 있는 크롬 확장 앱
- 게쓰(Geth): 중급 개발자에게 적합
- 패리티(Parity): 고급 개발자에게 적합

크롬 브라우저의 확장 앱인 메타마스크는 이더리움을 시작하고 실행하기 위한 가장 간단한 도구이다. 이더리움 풀 노드 없이도 브라우저 상에서 스마트 계약과 트랜잭션을 모두 실행할 수 있다. 메타마스크로 계정을 생성하고 이더를 주고받는 것도 가능하다. 메타마스크는 구글 크롬의 애드온(Add-on) 메뉴에서 내려받을 수 있으며, 프로젝트 URL인 https://metamask.io/ 에서 직접 받을 수도 있다.

메타마스크는 편의성을 위해 전체 블록체인을 컴퓨터에 내려받지 않으며, 트랜잭션 검증을 통해 이더를 채굴하지도 않는다. 하지만, 이더리움을 빨리 시작해서 적응하고자 하는 사용자에게 이러한 단점은 큰 문제가 되지 않는다. 메타마스크는 이더리움 개발 및 컨설팅 기업인 컨센시스(ConsenSys)의 아론 데이비스(Aaron Davis, a.k.a. Kumavis)가 개발했으며 이더리움 블록체인 커뮤니티에서 자주 볼 수 있는 도구이다. 컨센시스는 이더리움 프로젝트의 공동 창립자인 조셉 루빈(Joseph Lubin)이 이끄는 60인 규모 벤처 기업으로, 뉴욕 브루클린에 소재하고 있다.

메타마스크는 이더리움 재단으로부터 개발 보조금(DEVgrants)을 부분적으로 조달했다. 이 보조금은 이더리움 프로젝트에서 일하는 누구에게나 공개되며, 프로젝트 생성자가 지분을 포기할 필요도 없다. DEVgrants에 대한 자세한 내용을 보려면 프로그램의 Gitter 채널(https://gitter.im/devgrants/public)을 방문하거나 트위터 핸들 @devgrants를 팔로우하면 된다.

CLI 노드

솔리디티를 사용해 바로 개발을 시작하고 싶다면, 완전한 커맨드 라인 노드를 내려받자. 이더리움 네트워크에서 가장 많이 사용되는 커맨드 라인 인터페이스(Command-Line Interface, CLI) 노드는 Go와 C++로 작성되었으며, 각각 Geth와 Eth(또는 go-ethereum과 cpp-ethereum)라고 불리운다.

다양한 운영체제를 위한 많은 종류의 클라이언트가 있지만, 이 책은 가장 직관적인 개발 환경인 우분투 14.04 Geth를 기준으로 할 것이다. 맥OS 또는 윈도우 사용자는 우분투 인스턴스를 실행할 수 있는 버추얼박스(VirtualBox)와 같은 가상 컴퓨터를 설치해서 사용할 수 있다.

고급 개발자는 Rust 프로그래밍 언어로 작성된 초고속 이더리움 클라이언트인 패리티를 Geth와 연결해서 사용할 수도 있다. 6장에서는 기본적인 Geth 명령에 대해 설명할 것이다.

패리티와 Geth의 혼용

Ethcore.io는 독자적으로 운영되는 이더리움 개발사로, 솔리디티 언어를 개발하고 『이더리움 황서(Ethereum Yellow Paper)』[18]를 저술한 개빈 우드(Gavin Wood)를 포함해 이더리움 프로젝트를 공동으로 설립한 구성원이 함께하고 있다.

개빈 우드의 팀은 Rust 프로그래밍 언어로 강력한 노드를 개발했다. 패리티는 맥OS, 윈도우, 우분투 및 도커(Docker) 인스턴스에서 실행 가능하다. 자세한 내용은 https://github.com/ethcore/ parity의 깃허브 프로젝트를 확인하자.

> 패리티 노드를 통해 미스트 지갑을 사용하려는 경우, 미스트를 열기 전에 수동으로 패리티를 시작해야 한다. 그렇지 않으면 미스트가 자체 노드를 통해 블록체인에 연결된다. 미스트 브라우저는 내부적으로 Geth 노드를 실행하기 때문이다.

패리티를 백그라운드에서 실행하면서 미스트 지갑을 설정하는 자세한 단계별 지침은 Ethcore 팀의 유투브 영상(www.youtube.com/watch?v=sta-p5d1blQ)으로 확인할 수 있다.

마침내 미스트 속으로!

이제 이더리움 클라이언트의 역할을 이해하게 되었으므로, 실제로 컴퓨터에서 이더리움 클라이언트를 가동시켜 보자. 미스트 브라우저는 32비트 및 64비트 아키텍처를 갖춘 리눅스, 맥OS 및 윈도우 컴퓨터와 호환된다. 컴퓨터가 32비트인지 64비트인지 여부를 모르겠다면 시스템의 하드웨어 프로필을 확인하자. 대부분의 최신 시스템은 64비트일 것이다.

---

18 개빈 우드, 깃허브, "이더리움 황서", https://github.com/ethereum/yellowpaper, 2014.

미스트를 내려받아 설치하기

먼저 그림 2-2와 같이 https://github.com/ethereum/mist/releases에서 미스트 브라우
저를 내려받자.

Downloads

Ethereum-Wallet-linux32-0-8-4.deb	42.3 MB
Ethereum-Wallet-linux32-0-8-4.zip	61.8 MB
Ethereum-Wallet-linux64-0-8-4.deb	41.7 MB
Ethereum-Wallet-linux64-0-8-4.zip	61 MB
Ethereum-Wallet-macosx-0-8-4.dmg	59.9 MB
Ethereum-Wallet-win32-0-8-4.exe	60.7 MB
Ethereum-Wallet-win64-0-8-4.exe	85.7 MB
Mist-linux32-0-8-4.deb	41.7 MB
Mist-linux32-0-8-4.zip	59.6 MB
Mist-linux64-0-8-4.deb	41.2 MB
Mist-linux64-0-8-4.zip	58.8 MB
Mist-macosx-0-8-4.dmg	58.6 MB
Mist-win32-0-8-4.exe	58.8 MB
Mist-win64-0-8-4.exe	83.8 MB
Source code (zip)	
Source code (tar.gz)	

그림 2-2 깃허브의 이더리움 프로젝트에서 위와 같은 파일을 클릭하면 각자의 OS에 해당하는 실행 파일을 내려받을 수
있고, 직접 컴파일하려면 소스코드를 내려받아야 한다.

아래 웹사이트에서 미스트를 비롯한 여러 클라이언트를 내려받기 위한 링크를 찾을 수 있다.

    http://clients.eth.guide

윈도우에서는 다운로드한 실행 파일을 더블클릭하면 된다. 맥OS에서는 이더리움 지갑을 다
운로드해 응용프로그램 폴더로 드래그한 후 디스크 이미지를 열면 된다. 우분투에서는 데비
안 패키지를 다운로드하거나, 압축파일의 압축을 풀고 파일을 열어 설치하자.

한 번에 둘 이상의 노드를 실행하는 것은 불가능하며, 가능하더라도 이점이 전혀 없다. 예를 들어, 미스트가 이미 실행 중일 때 Geth를 열려고 하면 노드가 이미 시스템에서 작동 중임을 알리는 오류가 발생한다.

미스트 설정

설치 프로그램을 다운로드해 열면 그림 2-3과 같은 시작 화면이 표시된다.

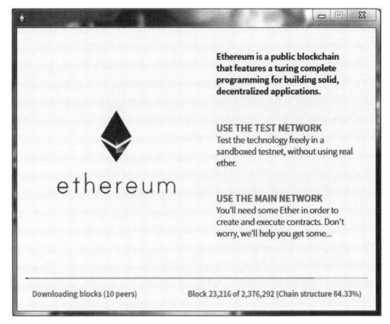

그림 2-3 메인 네트워크는 메인 체인이라고도 불린다. 테스트 네트워크는 가짜 이더 및 디버깅 전용 스마트 계약을 가지고 놀 수 있는 샌드박스 환경이다.

연결하려는 체인 또는 네트워크를 묻는 메시지가 나타날 것이다. 이 단계에서는 어느 쪽을 선택하든 상관없다. 추후에도 네트워크를 전환할 수 있기 때문이다. 지금은 소기의 목적을 달성하기 위해 실제 지갑 주소를 만들어 보도록 하자. USE THE MAIN NETWORK(메인 네트워크 사용)를 클릭하자.

창 아래쪽에 표시되는 Downloading blocks(블록 다운로드 상태)를 확인해 보자. 미스트 브라우저는 이더리움 네트워크상에서 풀 노드를 실행한다. 즉, 블록체인의 사본을 보유하게 되는 것이다. 블록체인 다운로드는 실제로 미스트를 사용하기 전에 먼저 진행해야 한다. 블록체인에는 이더리움 체인상의 모든 트랜잭션 기록이 포함되어 있기 때문에 내려받는 시간이 오래 걸릴 것이다.

다음으로 그림 2-4와 같은 화면이 나타나는데, 2014년 이더리움 ICO에 참여한 당사자가 아니라면 그냥 건너뛰어도 된다. 만약 이더리움 ICO에 참여했다면 화면의 지침에 따라 이더를 청구할 수 있다.

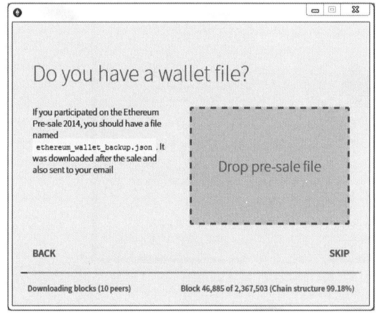

그림 2-4 2014년의 이더리움 ICO 참여자는 이더를 청구할 수 있는 파일을 지급받아 이 화면에서 사용할 수 있다. 이더리움 ICO 참여자가 아니라면 SKIP(건너뛰기)을 클릭하자.

그림 2-5에서와 같이 암호를 선택하고 나면(암호는 잘 적어두거나 암기하자) 알 수 없는 프롬프트가 나타날 것이다.

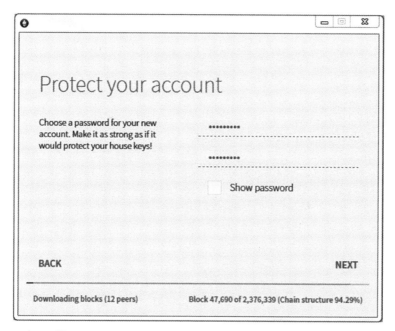

그림 2-5 다음으로 암호를 선택하자.

 이더리움 네트워크에는 비밀번호 찾기 기능이 없다. 이는 사용자의 비밀번호가 미스트 지갑의 로컬 인스턴스에만 해당되고, 이더리움 블록체인에는 저장되지 않기 때문이다. 사실, 지갑의 개인키를 가지고 있으면 미스트를 실행하는 다른 컴퓨터에서 얼마든지 해당 지갑을 다시 열 수 있다. 사용자가 작성한 암호는, 다른 사람이 사용자의 컴퓨터에서 미스트 인터페이스를 열고 돈을 빼내어 갈 수 없도록 보호하는 기능만을 가지고 있다. 개인키를 별도로 보호하지 않으면, 사용자 암호만으로는 누군가가 컴퓨터의 파일 시스템에서 개인키를 탈취하는 행위를 막을 수 없을 것이다. 그러므로 맥, 리눅스, 윈도우 PC의 시작 기능에서 자동 로그인 끄기와 같은 예방 조치를 취하도록 하자.

그림 2-6의 다음 화면에서 **이더베이스(etherbase)** 주소를 처음 보게 될 것이다. 해당 노드와 해당 데이터가 손상되지 않는 한, 이 노드는 이 컴퓨터의 Ur 주소와 같다. 미스트 응용프로그램과 해당 데이터를 시스템 라이브러리에서 삭제하면 이 공개키와 개인키 쌍(etherbase)이 삭제되기 때문에, 계정을 백업하는 것이 필수적이다. 계정 백업에 대해서는 이번 장의 마지막 부분에서 살펴볼 것이다.

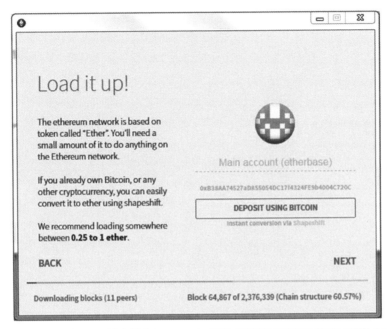

그림 2-6 새로운 주소를 볼 수 있다. Shapeshift.io API를 사용하면 비트코인을 이더로 변환할 수도 있다.

마지막으로 블록체인이 컴퓨터와 동기화되면서 그림 2-7의 화면을 볼 수 있다. LAUNCH APPLICATION(애플리케이션 시작)을 클릭하면 미스트 인터페이스가 나타난다. 새 계정이 아직 나타나지 않아도 걱정할 것 없다. 노드가 완전히 동기화되면 나타날 것이다.

그림 2-7 이 작업에는 다소 시간이 걸린다. 완료되면 새 계정이 표시된다.

새 주소 찾기

주소를 여러 개 생성할 수도 있는데, 이렇게 만드는 주소도 모두 이더베이스(etherbase) 주소 내에 할당되므로 쉽게 백업할 수 있다.

다음 화면을 클릭하면 블록체인을 다운로드하는 동안 이더리움에 대한 더 많은 것을 배울 수 있다. 호기심이 생기면 이 화면의 예를 클릭해 스마트 계약 코드를 확인하자.

이더 주고받기

이더를 보내기 위해서는 우선 이더를 확보해야 한다. 메인 네트워크에서 이더를 확보하려면 돈을 주고 구입하거나 채굴해서 확보해야 한다. 하지만 대부분의 이더리움 입문자에게는 둘 다 어려운 방법이다.

앞에서 메인 네트워크상의 계정을 만든 것은, 실제 이더를 보유하고 있거나 이더 거래에 관심이 있는 독자를 위한 선택이었다. 하지만 대부분의 독자에게는 메인 네트워크에서 현금을 주고 이더를 구입하기보다는 테스트 이더(Ropsten 테스트넷에서 무료로 생성할 수 있는 이더)를 사용하는 방식이 현실적일 것이다. 롭슨(Ropsten)에 연결하기 위한 지침은 5장에서 소개할 것이다.

지금 당장은, 기본 시스템의 작동 방식을 명확히 이해하기 위해 실습 없이 이더를 주고받는 방법에 대해 설명하고자 한다. 미스트에서 이더를 보내기 위한 인터페이스는 그림 2-8과 같다.

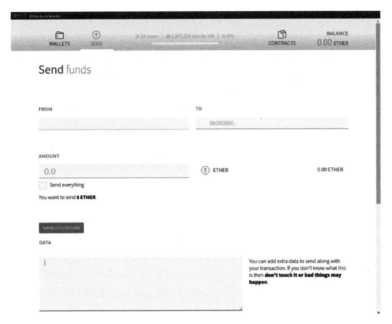

그림 2-8 미스트의 Send(보내기) 대화 상자를 사용하면 커맨드 라인 인터페이스를 사용하지 않고도 이더 잔액을 보내고, 받고, 확인할 수 있다.

이더를 보내기 위한 절차는 아래와 같다.

1. 이더를 받을 사람의 실제 이더리움 주소를 확인한다.

2. 미스트 브라우저를 열고, 상단의 Send(보내기)를 클릭한다. 보내기 대화 상자가 열린다.

3. 이더를 보낼 송신 지갑 주소를 선택한다.

4. 이더를 받을 사람의 주소를 붙여넣는다.

5. 보낼 이더의 수량을 입력한다.

6. Send를 클릭한다.

선택적으로 사용 가능한 옵션도 두 가지가 있다. 즉, 추가 텍스트(예를 들면, 주문 번호 또는 감사 노트)를 입력하기 위한 데이터 필드(data field)와 거래 수수료 선택을 위한 슬라이더 바가 있다. 트랜잭션 수수료의 목적은 6장에서 명확하게 설명할 것이다. 지금은 슬라이더를 기본 위치에 두어도 트랜잭션이 처리된다고 이해하면 된다.

실제로 이더를 보낼 때는 미스트 지갑을 완전히 동기화하는 것이 좋다. 즉, 트랜잭션이 오류
없이 처리되게 하려면 먼저 미스트가 블록체인을 모두 다운로드할 때까지 기다려야 할 수도
있다. 뒤에서 확인하겠지만 이는 기술적으로 필수 사항은 아니다. 최근에 오프라인 노드는 실
제로 트랜잭션을 시작할 수 있지만, 사용자가 커맨드 라인에 트랜잭션을 생성하고 사용중인
계정에 대한 최신 정보를 제공해야만 이것이 가능하다.[19]

이더를 받을 때에는 노드를 동기화할 필요가 없다. 잔액을 확인하는 경우에는 미스트를 실행
한 후 동기화 프로세스를 건너뛰고 애플리케이션 시작(Launch Application)을 클릭해도
된다.

이더리움 계정 종류 이해하기

사용자는 계정을 통해 이더리움 블록체인과 상호작용한다. 이더리움 용어로, 사람이 만들고
사용하는 계정을 **외부 계정**(externally owned accounts)이라고 한다. 이와 대조적으로,
스마트 계약이 점유하는 주소는 **계약 계정**(contract accounts)이라 불린다.

 외부 계정을 항상 사람이 제어하는 것은 아니다. 경우에 따라 신뢰 가능한 별도의 종단점이
제어할 때도 있는데, 요점은 외부 계정이 EVM 외부에 있다는 점이다.

이러한 구분이 어렵다면, 스마트 계약이 이더리움 네트워크상에서 사람 대신 행동을 취할 수
있다는 점을 상기하면 된다. 사람에게 가치(이더)를 보내기 위해 직접 보내는 방법도 있지
만, 스마트 계약을 통해 송금을 자동화할 수도 있다. 예를 들어, 송금 스마트 계약으로 송금
자의 예금을 3등분해 3명의 타인에게 송금할 수 있다. 스마트 계약은 이러한 방식으로 분산
형 조직 내의 업무를 자동화하거나, 거래 상대방이 필요한 개인 간의 거래를 중재하기 위해
인간 대신 역할을 할 수 있다.

19 StackExchange, "When Transferring Ether, Who Needs to be in Sync with the Blockchain," https://ethereum.
stackexchange.com/questions/2273/when-transferring-ether-who-needs-to-be-in-sync-with-the-blockchain, 2016.

계약 계정과 외부 계정은 모두 상태 개체이다. 계약 계정에는 계정 잔액 상태와 계약 저장소
가 모두 포함된다. 반면 외부 계정에는 잔액 상태만이 있다. 하지만, EVM의 추상화를 더 높
이기 위해 이더리움 개발 커뮤니티가 검토중인 방안도 있으며, 이 방안은 모든 계정을 스마트
계약 계정으로 바꾸어 오늘날 이더리움 계정이 가지고 있는 이중성을 추상화하는 것을 목적
으로 한다. 이렇게 하면 사용자는 자신의 보안 모델을 자유롭게 정의할 수 있게 될 것이다.

계정에 대해 이해해야 하는 기본 사항은 아래와 같다.

- 새로운 계정을 등록하면 키 쌍이 발행된다.
- 원하는 만큼 많은 계정을 등록할 수 있다.
- 계정 생성(키 쌍 발급)은 어떤 이더리움 노드에서든지 할 수 있다(심지어 오프라인에서도 가능).
- 모든 키 쌍과 계정을 관리하는 목록 같은 것은 지구상에 없다.
- 계정 주소는 사용자나 사용자의 컴퓨터, 사용자의 신원과 연관성을 가지지 않는다.
- 이더리움 노드를 실행하는 컴퓨터에서 개인키를 통해 이더리움 네트워크에 접속할 수 있다.

키 백업 및 복구

미스트 브라우저에서 블록체인 동기화를 완료한 후, 미스트의 'File(파일)' 메뉴로 이동해
'Accounts(계정)' 메뉴를 선택한 다음 'Backup Accounts(계정 백업)'을 선택하자. 폴더가
하나 열릴 것이다. 이 폴더에는 UTC--2016-09-01 (…)과 같이 생성 날짜로 시작하는 긴
이름을 가진 텍스트 파일이 있다. 이러한 텍스트 파일은 각기 계정 한 개에 해당한다. 이 키
저장소 폴더를 압축하고, USB 키 또는 암호화된 하드 드라이브 등에 안전하게 보관하자. 이
텍스트 파일 중 하나를 열면 특정 표기법으로 정규화된 개인키와 공개키 쌍을 찾을 수 있다.
계정을 생성했던 노드가 아닌 다른 노드에서 계정을 복원하려면, 이전에 설명한 것과 같은
방법으로 키 저장소 폴더를 찾아내자. 미스트에서 이더리움 계정을 복원할 때에는 이미 존
재하는 파일을 복제하는 대신, 단순히 키 저장소 폴더 안에 개인키가 들어있는 텍스트 파일
을 복사하고 미스트를 다시 시작하기만 하면 된다. 전체 튜토리얼을 보려면 http://backup.
eth.guide 및 http://restore.eth.guide에 접속해 보자. 터미널을 통해 하드 드라이브의 키
저장소 폴더를 찾으려면 아래 디렉터리를 찾아보자.

- 맥OS: ~/Library/Ethereum/keystore

- 리눅스: ~/.ethereum/keystore

- 윈도우: %APPDATA%/Ethereum/keystore

지금까지 설명한 절차로는 일반적인 외부 계정만 백업할 수 있다. 지갑의 계약 계정은 데이터 폴더에 보관되므로, 아래와 같은 디렉터리에서 찾아야 한다.

- 맥OS: ~/Library/Application Support/Mist/

- 리눅스: ~/.config/Mist or, in earlier versions, ~/.config/ Chromium/Mist (folder is hidden)

- 윈도우: C:\Users\〈Your Username〉\AppData\Roamingor~\AppData\Roaming\ Ethereum\keystore

미스트에서 새 계정을 만들 때마다 반드시 키 파일을 찾아서 백업하자!

종이 지갑 사용

앞 절에서 이더리움 노드가 계정을 만들 때 온라인 상태일 필요는 없다는 점을 언급했다. 이 것은 이더리움 네트워크가 주소를 생성하는 방식과 관련이 있는데, 키 쌍이 이미 존재할 가 능성이 거의 없는 새롭고 유효한 키 쌍을 언제나 만들 수 있기 때문이다. 시스템의 이러한 특 징 덕분에, 대부분의 웹 응용프로그램에서 제공할 수 없는 기능인 '종이' 계정의 생성이 가능 하다. 마이이더월렛(MyEtherWallet, www.myetherwallet.com)과 같은 사이트에서는 사용자가 브라우저에서 바로 키 쌍을 만들고 컴퓨터에 로컬로 저장할 수 있다. 또한 이 사이 트에서는 보관을 위해 키 쌍을 종이에 쉽게 인쇄할 수 있다. 종이 지갑에는 QR 코드가 포함 되어 있어서, 이를 스마트폰 등의 스캐너로 읽어서 바로 입금 계정으로 사용할 수 있다. 이 방법으로 이더를 받는 것이 가능하기는 하지만, 이를 보낼 때는 결국 개인키를 미스트 등의 클라이언트 인스턴스에 넣어서 계정에 접속해야 한다.

모바일 지갑 사용

모바일 장치 자체에 비공개 키를 저장하는 iOS 및 안드로이드용 모바일 지갑 앱도 점점 늘
어나는 추세이다. 현재까지 가장 인기 있고 믿을 만한 지갑은 잭스(Jaxx, 그림 2-9)로, 디센
트릴(Decentral)이라는 캐나다의 소프트웨어 회사에서 개발했다. 잭스 지갑은 맥OS, 리눅
스, 윈도우, 파이어폭스, 크롬을 포함한 몇 가지 다른 플랫폼에서 실행 가능하다. 디센트럴
은 이더리움 프로젝트의 공동 창립자인 안소니 디 이오리오(Anthony Di Iorio)가 운영하
고 있다.

그림 2-9 잭스는 현재 iOS 및 안드로이드에서 실행할 수 있는 최선의 지갑 앱 중 하나로써, 비트코인, 이더 및 다수의 암
호화폐를 담을 수 있다.

그림 2-9에서 볼 수 있는 기본 인터페이스 레이아웃은 지갑 앱의 표준 UI가 되었다. 사용자
에게는 지갑 주소가 표시되며 QR 코드와 동일한 주소를 볼 수 있다. QR 코드를 사용하면

스냅챗(Snapchat)처럼 직접 비트코인이나 이더를 전송할 수 있다. 믿을 만한 지갑 앱 목록
은 http://wallets.eth.guide에서 확인할 수 있다.

QR 코드에 대한 이해는 암호경제학에 있어서 절대적으로 중요하다. 모바일 지갑을 통해 다
른 사람에게 이더 또는 비트코인을 보내려면, 보내기를 클릭하고 상대방의 QR 코드를 스캔
(또는 공개키 붙여넣기)한 다음 금액을 입력하면 된다. 이렇게 보낸 이더를 상대방이 받는 데
에는 몇 초 정도만이 소요된다.

메시지와 트랜잭션

이더리움에서 **트랜잭션**은 분산 데이터베이스(즉, 블록체인)의 상태 변화 그 자체를 가리킨
다. 트랜잭션은 EVM 내의 계정 잔액을 변경시킨다. 메시지는 네트워크를 통해 스마트 계약
간에 주고받는 데이터 개체이므로, 체인 상의 변화를 반드시 초래하지는 않는다. 예를 들어, 어
떤 스마트 계약이 특정 계정의 잔고를 확인하는 것은 체인 상의 변화를 일으키지 않을 것이다.

트랜잭션과 상태 변화

이더리움의 **트랜잭션**은 암호화 서명이 담긴 데이터 조각을 말하며, 이는 블록체인에 담기기
때문에 네트워크의 모든 노드에 기록된다. 모든 트랜잭션은 상태 변경을 수행하는 메시지를
발동시키지만, 메시지 자체도 EVM 코드에 의해 전송된다. 이 메시지는 당사자에게 공개되
지 않으며, 블록체인에 표시되지 않는다.

글로벌 데이터베이스의 편집

이더리움과 같은 블록체인 네트워크가 불변성을 가진다고 알려진 이유는, 트랜잭션이 글로
벌 공유 데이터베이스에 한 번 쓰여지면 다른 트랜잭션에 의해 되돌릴 수 없기 때문이다. 이
를 지불 거절(chargeback)이 없는 시스템이라고도 표현한다.

북미 지역 결제 채널에서 **지불 거절**(chargeback)이라는 용어의 정의는, 계좌를 발행하는
은행이 계좌 보유자에게 강제로 자금을 반환하는 것을 의미한다. 이더리움에는 중앙 발행 권
한이 없기 때문에 거래를 잘못 입력하면 이의를 제기할 사람이 없다. 현재 트랜잭션을 되돌
리는 유일한 방법은 상태 포크(state fork)로, 네트워크의 모든 노드가 수동으로 트랜잭션을

되돌리기 위해 동의해야 한다. 이는 실현하기 굉장히 어려운 시나리오로써, 전체 네트워크에 대한 공격이 이루어졌을 경우에 대비해 만들어진 계획이다.

트랜잭션 모델을 이렇게 설계한 이유는 보안 때문이다. 한 계정에서 다른 계정으로의 암호화폐 전송을 기존의 수표 방식과 비교해 보자. 기존 방식에서 은행은 계좌에서 출금이 이루어지는 거래에 대한 정보를 받는다. 은행은 먼저 잔액을 확인해 수표에 보증한 금액을 지불할 수 있는 자금이 있는지 확인한다. 자금이 없으면, 예금자의 은행은 예금 계좌를 늘리지 않는다. 그리고 사용자는 부도 수표를 쓴 데 대한 수수료를 물게 된다.

이더리움 네트워크의 트랜잭션도 비슷하게 작동한다. 시스템은 한 계정에서 송금한 금액이 항상 수신자의 계정에 추가되도록 보장한다. 특정한 이유로 암호화된 서명이 유효하지 않아서 대상 계정에 접속할 수 없는 경우에는, 송금 계정의 잔액이 감소하지 않으므로 자금이 손실되지 않는다. 이더리움에서 외부 계정이 생성한 트랜잭션은 항상 암호화 서명되므로 악의를 가진 누군가가 트랜잭션을 생성할 수 없으며, 계정 주소를 잘못 입력해서 돈이 손실되지 않도록 보장할 수 있다.

그래서 결론적으로, 블록체인이 뭔데?

지금까지는 블록 개념을 다루지 않고 트랜잭션의 생성에만 중점을 두었다. 이제부터 이러한 트랜잭션이 어떻게 네트워크에 의해 정산되어 처리되는지를 알아보자. 블록이란, 특정 거래 횟수를 포괄하는 시간 단위를 말한다. 일정한 양의 혈액이 동물의 몸을 순환하는 시간에 비유할 수 있다. 이 블록에는 트랜잭션 데이터가 기록되며, 단위 시간이 경과하면 다음 블록이 시작된다. 블록체인은 EVM의 네트워크 데이터베이스 내에서의 상태 변경 내역을 포괄한다. 이더리움 문서는 아래와 같이 기술하고 있다.

> 블록체인의 블록은 시간 단위를 나타낸다. 블록체인 자체는 시간 차원이며, 체인 상에 블록으로 지정된 이산 시점의 집합에 담긴 상태의 전체 기록을 나타낸다.[20]

---

20 Ethdocs.org, "Account Types, Gas, and Transactions," http://ethdocs.org/en/latest/contracts-and-transactions/account-types-gas-and-transactions.html, 2016.

스마트 계약은 특정 블록의 네트워크에 업로드될 수도 있지만, 조건에 따라 실제로는 훨씬 나중의 블록에 도달할 때까지 메시지나 트랜잭션을 보내지 않을 수도 있다.

트랜잭션 비용의 지불

사람이 트랜잭션을 보낼 때에는 EVM에서 트랜잭션을 처리하기 위한 약간의 수수료가 부과된다. 스마트 계약의 업로드도 이와 유사하게 작동한다. 사용자는 EVM이 각 계약을 실행하는 데 소요되는 연산량의 대가를 지불해야 한다. 사용자가 EVM에서 트랜잭션에 대한 대가를 지불하게 함으로써, 끝없이 소모적으로 실행되는 프로그램의 구동 가능성을 이론적으로 줄일 수 있다. 이 비용은 가스(gas)라는 단위로 책정된다.

가스는 트랜잭션의 각 단계를 완료하기 위해 EVM이 수행해야 하는 작업의 수를 나타내는 지표로 생각할 수 있다. 한 사람이 다른 사람에게 돈을 보내는 단순한 사례라면 그 거래 수수료가 저렴할 것이다. 필요한 계산 단계의 수가 적기 때문이다. 그러나 복잡한 스마트 계약의 경우 EVM이 글로벌 리소스를 사용해 스마트 계약의 솔리디티 코드를 실행하고, 그 결과로 어떤 트랜잭션을 실행할지 결정해야 하기 때문에 수수료가 더 높다.

트랜잭션 송신자는 트랜잭션이 실행되기 위해 지불할 금액을 기재하는 **가스 한도**(gas limit)를 명시해야 한다. 채굴을 통해 지불 네트워크의 보안을 관장하는 풀 노드는 수많은 트랜잭션을 대조하고, 유효성을 검사하고, 청산하고, 블록체인에 저장하기 위한 하드웨어를 제공하는 대가로 송금이나 스마트 계약을 실행하는 사용자로부터 수수료를 받는다. 트랜잭션을 실행하는 채굴자는 수수료를 징수하므로, 암시적으로 시장 경제 시스템이 작동한다. 트랜잭션의 실행 여부는 송금자가 지불하고자 하는 수수료에 따라 결정된다. 필요한 연산량이 거래의 예산을 초과하면 모든 단계가 롤백되고, 트랜잭션의 일부가 실행되지 않게 된다. 사용자가 너무 낮은 수수료로 트랜잭션을 보내면 이는 상대적으로 늦게 처리되거나 전혀 처리되지 않게 된다.

결국, 모든 작업에 약간의 가스가 소요되는 것이 현실이다. 대부분의 작업은 1 단위의 가스를 소비한다. 복잡한 거래는 수백 개의 가스를 소비할 수 있다. 사실 달러로 환산하면 거의 없는 비용이나 마찬가지이다.

단위의 이해

법정 화폐와 마찬가지로, 이더 잔고와 가치는 단위별로 서로 다른 명칭을 가진다. 모든 이더 잔량은 보통 이더로 표시되며, 1이더보다 작은 잉여액은 위(wei)로 표시된다. 예를 들면, 아래와 같은 식이다.

```
10.234 ether = 10,234,000,000,000,000,000 wei.
```

이더를 달러 단위라고 여긴다면, 위는 그것보다 더 작은 단위들인 다임, 쿼터, 페니 등에 빗댈 수 있다. 표 2-1에는 위의 세부 단위가 자세히 설명되어 있다.

표 2-1 이더의 단위. 왼쪽 열의 각 단위에 괄호로 각각에 상응하는 비트코인에서의 단위가 기재되어 있다.

단위	위 값	위 개수
Wei	1 wei	1
Kwei (babbage)	1^3 wei	1,000
Mwei (lovelace)	1^6 wei	1,000,000
Gwei (shannon)	1^9 wei	1,000,000,000
Microether (szabo)	1^{12} wei	1,000,000,000,000
Milliether (finney)	1^{15} wei	1,000,000,000,000,000
Ether	1^{18} wei	1,000,000,000,000,000,000

http://ether.fund/tool/converter 에 방문하면 이더 단위 변환기를 사용할 수 있다.

이더 확보하기

이더를 확보하는 가장 쉬운 방법은, 이 장의 앞부분에서 설명한대로 미스트 지갑 내에서 비트코인을 이더로 변환하는 방법이다. 채굴을 통해 이더를 얻을 수는 있지만, 앞에서 언급했듯 초기 설정이 필요하다. 그리고 미스트는 테스트넷이 아닌 한 채굴이 불가능하다(5장에서 다루겠지만, 스마트 계약을 테스트하고 실행하는 방법과도 연관되어 있다).

미국 달러와 같은 법정 화폐로 이더를 구입하려면 거래소를 방문하거나, 인가를 받은 송금기를 사용해야 한다. 이더를 구입할 수 있는 온라인 플랫폼 목록을 보려면 http://vendors.eth.guide를 참조하자.

테스트넷에서는 이더를 무료로 확보할 수 있다. '수도꼭지(faucet)'에서 테스트용 이더를 가져오는 방법은 5장에서 확인할 수 있으며, 트랜잭션 생성에 대한 자세한 내용도 소개될 것이다.

암호화폐의 익명성

비트코인과 이더는 익명성이 있는 지불 수단이 아니다. 공개키만 알면, 블록체인 상의 계정에 들어오고 나가는 트랜잭션의 날짜와 금액을 조회할 수 있다. 이 데이터를 통해 사용자는 자신의 활동 정보가 담긴 트랜잭션의 패턴을 조합할 수 있다. 미국 연방 당국은 알파베이(AlphaBay)와 같은 암시장 사이트에서 지출 패턴을 해석하기 위해 이미 트랜잭션 데이터에 기계학습을 적용하고 있다.[21]

암호화폐의 익명성, 기밀성, 개인보호는 잘못 이해되는 측면이 있고 그로 인해 부정적인 결과가 초래되기도 한다. 비트코인과 이더리움 주소는 사실상 가명이다. 이러한 계정 주소는 개인의 실제 이름이나 정보와 연결되어 있는 것이 아니다. 그러나 모든 트랜잭션을 누구나 공개적으로 볼 수 있으므로, 누구나 금전의 이동을 확인할 수 있다. 이것이 퍼블릭 블록체인의 투명성을 홍보하는 이유이다. 다른 사람의 공개키를 알고 있으면 모든 트랜잭션을 조회할 수 있기 때문이다.

스마트 계약 자체의 데이터는 부호화(encoding)되지만, 암호화(encryption)되지는 않는다. 암호화는 대규모 데이터 집합을 해시하고, 트랜잭션을 보낸 사람과 받는 사람을 확인하는 데만 사용된다. 하지만 데이터를 이더리움 스마트 계약에 넣기 전에 직접 암호화하는 방식을 통해 퍼블릭 이더리움 체인을 프라이빗에 가까운 방식으로 사용하는 것도 가능하다.

---

21 Science Magazine, "Why Criminals Can't Hide Behind Bitcoin," www.sciencemag.org/ news/2016/03/why-criminals-cant-hide-behind-bitcoin, 2016.

나중에 보게 되겠지만, 모든 이더리움 트랜잭션은 여분의 페이로드 공간을 남겨두고 있다. 하지만, 암호화를 위해서가 아니라면 이 공간에 무엇인가 저장하려는 생각은 하지 않는 편이 좋다. 계정의 핀 번호나 암호와 같은 정보를 이더리움 블록체인에 저장하면 완전히 공개적으로 모든 사람에게 노출하게 될 것이며, 삭제 또한 불가능하다. **블록체인 탐색기**(blockchain explorer)라 불리는 웹 애플리케이션을 사용하면 누구든지 이더리움과 같은 블록체인을 탐색할 수 있다는 사실을 유념하자.

블록체인 탐색기

비트코인과 마찬가지로, EVM 안팎의 모든 트랜잭션은 공개적으로 기록된다. 그림 2-10의 트랜잭션은 이더리움 블록체인의 일반적인 트랜잭션이다. 보낸 사람, 또는 받는 사람의 주소를 클릭하면 해당 주소가 생성된 이후의 트랜잭션 기록을 조회할 수 있다. 이 화면은 이더스캔(Etherscan, https://etherscan.io)에서 캡쳐한 것이지만, 퍼블릭 이더리움 체인을 조회하기 위한 블록체인 탐색기는 누구나 자유롭게 만들 수 있다.

> 블록체인 탐색기는 네트워크의 모든 트랜잭션을 기록하며, 기록을 모아서 함께 표시할 수도 있다. 그러므로, 거래 내역을 수동으로 기록할 필요가 없는 것이다!

그림 2-10에서 볼 수 있듯이, 트랜잭션에는 꽤 많은 속성이 있다. 각 속성의 의미를 3장에서 자세히 설명하겠지만, 한 가지 시사하는 바를 짚고 넘어가자. 공개키는 본질적으로 가명에 해당하기 때문에 이더를 주고받은 기록은 개인에게만 공개된다. 그러나 엄밀한 관점에서 이 트랜잭션은 비밀이 아니다. 모든 트랜잭션은 블록체인 상에서 공개적으로 조회가 가능하기 때문이다. 하나의 계정에서 다른 계정으로 자금이 이동하는 것을 추적하기가 쉽다.

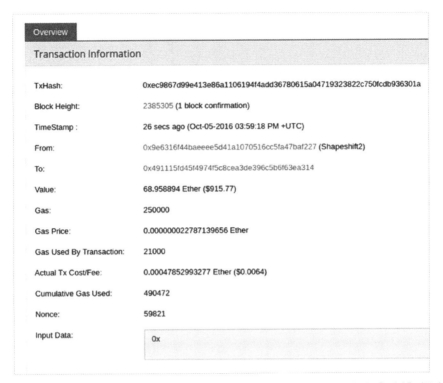

```
Overview

Transaction Information

TxHash:                    0xec9867d99e413e86a1106194f4add36780615a04719323822c750fcdb936301a

Block Height:              2385305 (1 block confirmation)

TimeStamp :                26 secs ago (Oct-05-2016 03:59:18 PM +UTC)

From:                      0x9e6316f44baeeee5d41a1070516cc5fa47baf227 (Shapeshift2)

To:                        0x491115fd45f4974f5c8cea3de396c5b6f63ea314

Value:                     68.958894 Ether ($915.77)

Gas:                       250000

Gas Price:                 0.000000022787139656 Ether

Gas Used By Transaction:   21000

Actual Tx Cost/Fee:        0.00047852993277 Ether ($0.0064)

Cumulative Gas Used:       490472

Nonce:                     59821

Input Data:                0x
```

그림 2-10 모든 비트코인과 이더의 트랜잭션 내역은 공개되어 있다. 그래서 거래할 때마다 새로운 계정을 만들어서 자신의 신분과 공개키를 분리하는 사용자도 있다. 반면 어떤 다른 사람들은 수 년간 동일한 공개 키를 유지하며 공공 기금이나 기부금을 보관하는 용도로 사용한다.

요약

지금까지 진도를 빠르게 나갔다. 이번 장에서는 지갑과 이더리움 클라이언트에 대한 많은 것을 학습했다. 이 장 초반부에서 미스트를 열고 블록체인 동기화를 시작했다면, 아직 동기화가 완료되지 않았을 수도 있다.

그러니, 기다리는 시간에 스마트 계약의 배포를 준비해 보자.

다음 장에서 우분투 콘솔을 바로 열 필요는 없지만, 4장, 5장, 8장, 9장의 진도를 나가려면 미리 준비하는 것도 좋을 것이다. 일단 3장에서는 이더리움 가상 머신, EVM을 중점적으로 알아보자.

03장

EVM

이더리움 가상 머신(EVM)은 누구나 사용할 수 있는 전세계적인 컴퓨터
이며, 이더를 통해 적은 비용으로 이용할 수 있다.

EVM은 네트워크의 각 노드에서 로컬인 모든 트랜잭션이 상대적으로 동기화되어 실행되는 단일 글로벌 256비트 '컴퓨터'이다. 이는 또한 세계 어디에서나 접속 가능하며, 수많은 소형 컴퓨터로 구성된 가상 머신이기도 하다.

노드 또는 지갑 응용프로그램을 가지고 있는 사람이면 누구나 쉽게 액세스할 수 있는 이 거대한 컴퓨터로, 많은 가치(돈)를 거의 즉시 이동시킬 수 있다. 누구나 이 글로벌 가상 머신을 사용할 수 있지만, 아무도 그 안에서 가짜 돈을 만들거나 무단으로 자금을 이동할 수 없다.

동일한 트랜잭션을 복제하고 수천 대의 개별 컴퓨터 상에서 동일한 상태를 유지해서 전체 EVM, 즉 모든 노드를 유지하는 것이 자원의 낭비로 보일 수도 있다. 그렇다면, 오늘날 기존의 금융 서비스 IT가 어떻게 작동하는지 비교하는 작업이 필요할 것이다. 사실 이 둘을 비교하면, EVM이야말로 단순성과 효율성의 모범이다! 더욱이 중요한 것은, 이 모든 것이 대가 없이 일어나지 않는다는 것이다. 실제로, 이 장에서 보게 되겠지만 동기화 작업 자체가 이 네트워크를 보호하는 역할을 한다.

기존의 중앙 은행 네트워크

오늘날 기업, 보험 회사, 대학 및 기타 대형 기관은 직원 및 모든 사업 부서에 소프트웨어 서비스 및 IT를 구축하고 유지보수하는 데 많은 돈을 투자한다. 다양한 자금의 유입과 유출을 중재하는 곳은 보통 대형 상업 은행으로 고유의 아키텍처, 정책, 코드베이스, 데이터베이스 및 인프라 계층을 갖추고 있다. 물론 이러한 은행 시스템의 기저에는 연방 준비은행(Federal Reserve)의 실시간 총체 정산 시스템(real-time gross settlement system, RTGS)인 페드와이어(Fedwire)가 있다.

연방 준비은행은 미국 중앙 은행이다. 페드와이어는 모든 연방 준비은행 회원 은행이 최종 지불 금액을 전자 미국 달러로 결제하는 데 사용된다. 공인된 주 정부 공인 은행은 주식을 사는 방법으로 이 시스템의 회원이 될 수 있다. 페드와이어는 12개 연방 준비은행이 자체 소유하고 운영하며, 수수료를 부과하기는 하지만 이익을 위해 운영되지는 않는다.

이 시스템은 매일 수 조 달러에 이르는 엄청난 금액의 미국 달러를 매일 처리한다. 여기에는 기존 계정과 승인된 계정을 모두 포함하는 당좌 대월 시스템이 있으며, 해외 송금도 처리할 수 있어 시스템의 안정성은 매우 뛰어난 편이다. 그리고 그 형식은 달라졌지만, 약 100년째 계속 운영되어 오고 있다.

상상할 수 있겠지만, 페드와이어 소프트웨어의 보안 및 안정성을 유지하는 데는 극도로 높은 비용이 투입된다. 그리고 보안 요구 사항 때문에 RTGS 상단에 레이어를 만들고 유지하는 데 드는 비용 역시 여전히 높다. 궁극적으로, 이러한 비용 부담은 수수료의 형태로 시중 은행을 이용하는 기업에 전가된다. 이러한 회사는 자체 IT 인프라 비용으로 이러한 비용을 할당한다. 궁극적으로 이러한 비용은 소비자가 치루게 되는 가격 및 수수료를 상승시킨다.

가상 머신이란?

여기까지 읽은 독자들이라면, 이더리움 세계에서 가상 머신(VM)이 수많은 노드(그 자체가 컴퓨터)로 구성된 하나의 거대한 글로벌 컴퓨터라는 사실을 인지했을 것이다.

일반적으로, 가상 머신은 다른 컴퓨터 시스템에 의해 **에뮬레이션**된 컴퓨터 시스템을 말한다. 이러한 에뮬레이션은 대개 에뮬레이션 대상의 기반 하드웨어와 다른 하드웨어에서 해당 아키텍처를 재현하는 용도로 쓰인다. 가상 머신은 하드웨어, 소프트웨어 또는 둘 다를 사용해 만들 수 있으며, 이더리움 가상 머신의 경우 두 가지를 모두 사용하였다. 페드와이어처럼 수천 대의 개별 컴퓨터를 안전하게 네트워크로 연결하는 대신, 이더리움은 전체 지구를 포괄할 수 있는 하나의 초대형 시스템을 안전하게 작동시키는 접근 방식을 취하고 있다.

다양한 운영체제용으로 수많은 이더리움 클라이언트가 있다는 점에서 알 수 있듯, EVM은 수십 가지 버전의 컴퓨터에서 실행되는 총체적 에뮬레이션으로서 윈도우, 리눅스, 맥OS , ethOS 등 여러 버전이 있다(ethOS에 대해서는 6장에서 자세히 설명한다).

은행에서 이더리움 프로토콜의 역할

블록체인 기반 시스템이 주권 중앙은행에서 사용하기에 적합한지, 또는 실제로 주권 중앙은행을 대체하는지 여부를 판단하는 것은 이 책의 범위를 벗어난다. 객관적으로 중앙은행들이 이 기술을 채택할 가능성은 상당히 높다. 상업 은행은 분명 관심이 있다. 이더리움 개발에 관련된 은행과 기업에 관한 더 많은 정보는 11장에서 찾을 수 있다.

페드와이어 시스템은 주 정부의 은행 및 운영자를 위한 사용자 경험을 담은 맞춤형 결제 시스템이다. 다시 말하면, 이 시스템은 소매 은행의 최종 사용자는 거의 신경 쓰지 않는다. 소매 은행의 결제는 소매 은행이 알아서 해결해야 한다.

소프트웨어 개발자는 페드와이어를 '은행을 위한 플랫폼'으로 인식할 것이다. 이러한 관점에서, 은행이 가질 수 있는 차별점은 각 은행이 페드와이어의 맨 위(고객 경험, 온라인 뱅킹 도구, 오프라인 연동, 금융 상품, 교차 판매)에 레이어를 어떻게 구축하였는가일 것이다.

누구나 은행 플랫폼을 만들 수 있다

이더리움은 훨씬 일반화된 용도를 가지고 있다. 이더리움상에서는 누구나 페드와이어보다 좋거나, 더 나은 보안과 안정성을 갖춘 네트워크를 구축하고 거의 즉시 가치를 전송할 수 있다. 그러나 이것은 이더리움의 시작일 뿐이다. 개발자는 자동화되고 불변성을 가진 스크립트를 사용해, 기존의 중앙 집중식 호스팅 및 은행 인프라 구조에 필요한 비용을 지불할 필요 없이 안전한 이더리움 원장에 원하는 금융 상품이나 비즈니스 논리를 구축할 수 있다.

하지만, 이더리움이 페드와이어와 같은 시스템의 속도와 크기에 맞춰 확장되는 것이 가능할까? 가능하다. 가능하지만 여기에는 몇 년이 걸릴 것이다. 트랜잭션 크기나 블록 크기에 대한 직접적이고 고정된 제한은 없다. 비트코인의 블록 크기는 1MB로 제한되어 있으며 초당 약 7건의 트랜잭션이 처리된다. 이더리움에서는 이러한 제한이 수요 및 네트워크 용량에 따라 유동적으로 증가하고 감소한다.

그러나 이것이 블록이 크기가 무제한이라는 것을 의미하지는 않는다. 이더리움 네트워크의 작업 단위에는 가스 비용이 책정된다. 따라서 크고 복잡한 스마트 계약일수록 저장과 실행에 더 많은 비용이 소요된다. 블록당 소비할 수 있는 최대 가스량은 가변적이지만, 최대치가 있다. 이론적으로, 하나의 큰 트랜잭션은 단일 블록의 전체 가스 제한을 소모할 수 있다. 그러나 높은 가스 한도에 대한 지속적인 요구가 있을 경우, 시스템은 0.09%씩 블록당 가스 한도를 증가시킬 것이다(이 작동 원리에 대한 더 자세한 정보는 이더리움 황서의 식 40-42를 참조). 이 글을 쓰는 시점에서 가스 한도는 블록당 4,041,325개이다.

금융 서비스 업계에서 이것이 무엇을 의미할까? 물론 은행 업계의 파멸을 의미하는 것은 아니지만, 예기치 않은 경쟁이 일어날 것임은 분명하다. 이러한 구조의 영향으로 인해, 은행 서비스는 일부 해체되어 퍼블릭 이더리움 체인 규모와 같이 더 작은 브랜드로 흡수되어 더 많은 거래를 빠르게 처리할 수 있게 된다. 작가이자, 블록체인 팟캐스트인 언체인드 (Unchained)의 호스트인 로치 신(Laura Shin)은 2016년 샌프란시스코의 블록체인 스타트업 체인(Chain)의 애덤 루드윈(Adam Ludwin)과 인터뷰를 통해 아래와 같은 글을 썼다.

> 현재 네트워크에서 누가 네트워크를 소유하고 있는지에 관해 말하자면, 50달러의 현금을 예치하기 위해 체이스 은행(Chase)을 찾아가면, 연방 준비은행이 발행한 현금을 체이스가 자체 네트워크에 보관한다. 하지만 루드윈은 말한다. 은행이 네트워크를 운영하는 대신에, 회원 은행 간 전자 지불 결제 시스템인 페드와이어를 블록체인으로 재구성한다면? 은행이 가치 이전의 열쇠를 쥐게 될 것이다.
>
> 이는, 비금융 기관이 통화를 관리할 수 있다는 의미를 가진다. 루드윈은 말한다. "소액에 있어서는 굳이 은행이 필요하지 않습니다. 구글, 애플, 페이스북이 디지털 현금을 소액 보유할 수 있을까요? 통화 관리자의 자격에 대한 모델을 바꿀 수 있을까요? 모두 가능합니다." 또한 은행 간 대부에 대한 소비자의 의존도를 줄여 P2P 대출을 위한 더 많은 통로를 열 수 있다.[22]

EVM의 역할

이제부터는 EVM에 초점을 맞춰 보자. 일반화되고 안전하며 소유자가 없는 가상 머신은 저렴한 페드와이어와 유사한 역할을 할 수 있다. 그런데 이것이 정확히 어떻게 가능할까?

EVM은 솔리디티 언어로 작성된 임의의 컴퓨터 프로그램(1장에서 언급한 스마트 계약)을 실행할 수 있다. 이러한 프로그램은 특정 입력이 주어지면 상태 변경과 함께 출력을 생성한다.

---

22 포브스, "Central Banks Explore Blockchains: Why Digital Dollars, Pounds Or Yuan Could Be A Reality In 5 Years," www.forbes.com/sites/laurashin/2016/10/12/central-banks-explore- blockchains-why-digital-dollars-pounds-or-yuan-could-be-a-reality-in- 5-years/#5ef54e7176d8, 2016.

즉, 솔리디티 프로그램은 완전히 결정론적이며, 그 실행을 보증할 수 있다. 단, 트랜잭션에 대한 충분한 비용을 지불해야 한다. 가스 지불에 대해서는 이번 장의 뒷부분에서 자세히 논할 것이다.

솔리디티 프로그램은 컴퓨터로 달성할 수 있는 모든 작업을 표현할 수 있으므로, 튜링 완전성(Turing complete)을 지닌다. 즉, 전체 분산 네트워크의 모든 노드가 플랫폼에서 실행되는 모든 프로그램을 수행하게 된다. 한 사용자가 이더리움 노드를 통해 스마트 계약을 업로드하면 이 스마트 계약은 최신 블록에 포함되어 네트워크를 통해 전파되며, 네트워크의 다른 모든 노드에 저장된다.

앞에서 설명한 것처럼 블록 처리 프로토콜의 일환으로, EVM의 모든 노드는 동일한 코드를 실행해야 한다. 노드는 처리 중인 블록을 거쳐 트랜잭션 내에 포함된 코드를 실행한다. 각 노드는 이 작업을 독립적으로 수행한다. 고도로 병렬화된 작업일 뿐 아니라, 고도로 중복된 작업이기도 하다.

이는 글로벌 장부를 신뢰할 수 있는 방식으로 잔고를 유지하는 효율적인 방법이다. 각 은행이 각자의 고유한 IT 시스템 또는 각 사업부별 시스템의 조합을 운영하기 위해 비용, 권력 및 인적 자원이 얼마나 많이 소비되는지 상기하면 더욱 그렇다. 이더리움 기반의 은행 시스템에서는 모든 사용자(기업 또는 고객)가 무료로 페드와이어와 유사한 시스템에 직접 액세스할 수 있으며, 트랜잭션을 프로그래밍할 수 있다. 프로토콜은 무료이며 오픈소스이기 때문에 누구나 노드를 시작해 연결할 수 있다. 불행하게도 페드와이어 시스템에 대한 앞의 설명은 대용량 퍼블릭 블록 체인의 이점을 이해하는 데 필요한 내용임에도 불구하고 암호화폐에 대한 논의에서 제외되고는 한다. 이더리움 커뮤니티에서 작성한 이더리움 프로젝트의 최신 정보 문서를 'Homestead Documentation Initiative(www.ethdocs.org/en/latest)'에서 찾을 수 있다. 이 문서는 이더리움 재단에서 직접 관여하는 것은 아니지만, 복잡한 기술 개념을 대한 어렵지 않은 언어로 설명한다는 점에서 인기가 있다.

더 기술적인 논의가 필요하거나 이더리움 개선 제안(Ethereum Improvement Proposals, EIP)를 보려면 https://github.com/ethereum/wiki/wiki에서 이더리움 위키를 참조하자. 위키에서 이더리움 백서도 찾을 수 있다. 이 책을 읽은 후에도 이더리움의 작동 방식에 대해 질문이 남아 있다면, 백서 또는 이더리움 위키에 링크된 황서에서 답을 찾아보기를 권장한다.

11장에서는 이더리움 프로젝트와 관련된 학술 논문의 추가 색인을 제공한다. 이 자료는 프로젝트의 미래에 관련된 것으로, 이더리움 퍼블릭 체인의 확장성, 상호 운용성을 포함해서 프라이빗 및 기업용 체인과 그 밖의 주제를 담고 있다.

글로벌 싱글톤 머신

EVM은 공유 상태(shared state)를 담은 트랜잭션 싱글톤 머신(transaction singleton machine)이다. 이는 곧 EVM 전체가 하나의 거대한 데이터 객체처럼 작동한다는 것을 의미한다. 끊임없이 의사 소통하는 개별 시스템의 네트워크, 그 자체도 싱글톤 개체이다(프로그래머가 아닌 사람이라면, 1장에서 배운 '객체'가 일종의 형식화된 정보이고, 속성을 가지고 있으며 그 속성을 읽거나 변경하는 메소드도 가지고 있다는 점을 상기하자).

스마트 계약은 곧 EVM 애플리케이션

소프트웨어 개발자의 관점에서, EVM은 네트워크에서 실행할 수 있는 작은 프로그램을 위한 런타임 환경이기도 하다.

'스마트 계약'이라는 이름

단어의 어원을 지루하게 설명하려는 것은 아니니, 걱정하지 말자. '스마트 계약'에서 **계약**(contract)이란 특정 종류의 계약을 말한다. 금융 계약, 또는 **파생 상품**이나 **옵션**이라고도 불리는 계약이다. 금융 계약은 미래의 특정 시점에 일어나는 매매 계약을 말하며, 대개 특정 가격으로 체결된다. 이더리움 관점에서 스마트 계약은 계정 간의 합의로써 특정 조건이 충족될 때 이더를 이동하는(즉, 지불하는) 것을 말한다.

스마트 계약이 '스마트'한 이유는, 그 실행과 자산(이더 또는 기타 토큰) 이동이 시스템에 의해 자동으로 실행된다는 점이다. 이러한 스마트 계약은 네트워크만 운영되고 있다면, 작성된 지 수백 년이 지나도 시행이 가능하다. 악의를 가진 누군가가 간섭하려고 하더라도 이 계약은 계속 시행될 수 있다. EVM은 완전한 샌드박스이며, 간섭으로부터 자유롭다. 또한 다른 네트워크와도 분리되어 있어서, 연관된 계정이 스마트 계약에서 벗어나는 것이 불가능하다. 실용적인 측면에서, 스마트 계약은 에스크로(escrow)[23]에 자산(이더 또는 기타 토큰)을 보유하고 계약 기간이 만료될 때 이를 이동시킬 수 있는 권한이 부여되기 때문이다.

EVM과 바이트코드

EVM에는 스마트 계약을 컴파일한 결과로 그 자체 언어인 EVM 바이트코드가 있다. 고수준 언어인 솔리디티 소스는 바이트코드로 컴파일되고, 미스트 브라우저 또는 풀 노드와 같은 클라이언트 응용프로그램을 통해 이더리움 블록체인에 업로드된다.

상태 기계의 이해

지금까지 여러 번 논의한 바와 같이, EVM은 **상태 기계**(state machine)이다. 단순히 이 개념을 정의하고 계속 진행하는 **컴퓨터**란 무엇인지를 논의함으로써 이더리움이 이 개념을 어떻게 발전시켜 왔는지 알아보자.

디지털과 아날로그

상태 저장 컴퓨터 개념의 기초는, 켜고 끌 수 있는 스위치의 개념이라고 할 수 있다. 1과 0은 언제나 기계들 간의 '소통을 위한 제3의 언어(lingua franca)', 즉 기계들의 **링구아 프랑카**라는 이름으로 불리며, 추상적인 스위치의 배열을 가리키는 개념이다. 말하자면 특정 문자, 숫자 또는 기타 키보드 기호를 부호화하기 위해 스위치의 배열을 특정한 구성에 맞춰 나열한다. 키보드의 모든 기호는 8개의 스위치로 표시할 수 있으므로, 계산을 위한 메모리가 8의 배수로 누적된다. 예를 들어, 쉼표의 문자 코드는 0010 1100이다.

---

23 (옮긴이) 에스크로란 결제 대금을 예치해 두는 서비스를 일컫는 용어로, 본문에서의 '에스크로'는 이 서비스를 집행하는 곳을 지칭한다.

컴퓨터 프로그래밍에서 문자와 숫자는 흔히 **코드**(code)라고 부르는, 기계 명령어 작성에 쓰인다. 미국의 연구원이자 퇴역한 미 해군 소장인 그레이스 호퍼(Grace Hopper)는 인간이 읽을 수 있는 코드를 자동으로 (EVM의 바이트 코드와 같은) 기계 코드로 바꾸는 최초의 컴파일러를 발명했다(그림 3-1). 이 코드는 덜 추상화되어 있어서 0과 1로 구성된 2진 부호에 더 가까웠다.[24]

그림 3-1 그레이스 호퍼 미 해군 소장은 1944년에 하버드의 마크 1(Mark I) 컴퓨터용 코드를 작성한 최초의 프로그래머 중 한 사람이었다(사진: 위키피디아 제공).

상태 언급(state-ments), 즉 문장

코드의 개별 토막은 **문장**(statements)과 **표현식**(expressions)이라는 두 가지 종류로 분류된다. 표현식은 특정 조건을 평가하는 데 사용된다. 문장(이 문장의 어원이 '상태 언급'이라는 점에 주목할 것)은 컴퓨터의 메모리에 정보를 쓰는 데 사용된다. 문장과 표현식(式)을 함께 사용하면 특정 조건이 충족될 때 컴퓨터가 예측 가능한 방식으로 데이터베이스를 수정할 수 있다. 이것이 바로 자동화의 요점이며, 우리가 컴퓨터를 유용하게 사용하는 이유이기도 하다.

---

24 위키피디아, "Grace Hopper," https://en.wikipedia.org/wiki/Grace_Hopper, 2016.

문장(보통 '문'이라고 부름)은 참 또는 거짓으로 평가될 수 있으며, 평가 결과를 바탕으로 컴퓨터의 많은 메모리 주소 중 하나에서 정보를 추가, 제거 또는 변경하는 코드를 작성할 수 있다(솔리디티 언어는 데이터 유형의 일치가 요구되는(strongly typed) 강 자료형 언어여서, 자바스크립트의 truthy(참 같은 값)나 falsy(거짓 같은 값) 같은 문이 없다). 참과 거짓에 대한 명확한 구분 덕택에 컴퓨터는 사람 대신 안전하게 결정을 내릴 수 있다.

상태에 대한 데이터의 역할

컴퓨터의 메모리에서 데이터를 변경할 때마다 내부에 있는 무수히 많은 스위치(이번 장 앞부분에서 설명한 것과 같이, 대부분 가상화되어 있다)가 조금씩 구성을 바꾸게 된다. 상태(state)는 일반적으로 시스템의 현재 상태를 의미한다. 컴퓨터의 수많은 메모리 주소에서 일어나는 일련의 정보 변화가 현재의 메모리 내용으로 이어지게 된다.

여기에서 속성(attribute)과 상태(state)를 구별하는 것이 중요하다. 상태는 쉽게, 예측 가능한 방식으로 바뀔 수 있다. 자동차의 예를 들어 보자.

차를 다시 칠하는 것은 힘든 노동이지만, 어쨌든 할 수 있는 일이다. 차량을 칠하는 페인트 색상은 속성의 한 예에 해당한다. 의사코드(pseudocode)로 자동차를 표현하면 아래와 같이 색상을 표현할 수 있을 것이다.

```
bodyColor = red
```

컴퓨터 프로그래밍에서는 위와 같은 구조를 키/값 쌍(key/value pair)이라고 부른다. 키에 해당하는 bodyColor(본체색상)에는 red(빨간색)로 지정된 값이 할당되어 있다. 이 키의 값을 변경하려면, 값을 변경하기 위한 새로운 문에 해당하는 코드가 필요하다.

```
bodyColor = green
```

이제 차가 다시 칠해졌다. 새로운 색상 값이 할당된 것이다.

자동차의 색상이 자주 바뀌도록 컴퓨터에 지시한다고 가정해 보자. 이는, 자동차의 색상을 변수(variable)로 만드는 것에 다름 아니다. 변수(이 예에서는 색상)는 상태를 가질 수 있으며, 이 상태가 곧 값이고 변경될 수 있다. 그러나 각 값, 즉 green(초록색) 등은 상태를 가지지 않는다. 초록색은 초록색일 뿐이다.

주행 거리계는 상태 변경이 가능한 변수의 또 다른 예이다. 주행 거리계의 값은 1,000이 될 수 있다. 1,000은 상태를 가지지 않는 숫자일 뿐이다. 잠시 후 주행 거리계의 상태가 바뀌어 새로운 값인 1,001을 가지게 되겠지만, 이는 어디까지나 자동차 운전석에서 명령을 **표현**(express)해서 모터와 변속기를 중립에서 1단 기어 등으로 상태를 변경하도록 했기 때문에 일어나는 현상이다.

상태 전이(state transition)라는 개념을 잘 알고 있으면, 프로그래머가 아닐지라도 탈중앙화 시스템 설계에 현존하는, 진정으로 어려운 문제에 대한 통찰력을 얻을 수 있다. 이어지는 절에서 여기에 대해 집중적으로 알아보자.

EVM 내부의 작동 원리

컴퓨터의 내부 구조 및 원리를 처음 접하는 독자라면, 전원이 켜져 있는 한 컴퓨터가 절대로 '휴식'하지 않는다는 점을 기억하자. 컴퓨터는 자체적으로 상태 기능(state function)을 실행하며, 상태의 변경 사항을 지속적으로 확인한다. 비유하자면, 컴퓨터가 일하는 방식은 의욕 충만한 인턴이 책상 위에 새로운 일거리가 들어오지 않았는지 1초에 수천 번씩 확인하는 모습과 유사하다.

새로운 명령어가 실행되면, 컴퓨터는 코드를 실행하고 새로운 데이터를 메모리에 쓸 수 있다. 각 상태 변경은 마지막 상태 변경을 기반으로 해야 한다는 점에 유의해야 한다. 컴퓨터가 정보를 아무렇게나 메모리 주소에 던지지 않는다.

오작동이 일어날 경우(예를 들어, 수학적으로 불가능한 명령을 내려받은 경우) 컴퓨터 상태가 **유효하지 않은**(invalid) 상태가 되고, 프로그램이 종료되거나 중지된다. 실제로 상황에 따라 전체 시스템이 중단될 수 있다.

프로그래밍에서 일정한 조건을 지속적으로 확인하는 프로그램은 **반복문**(loops)이라고 불린다. 지정된 조건이 충족될 때까지 계속 실행되기 때문이다. EVM은 반복문을 계속 실행해 현재 프로그램 카운터에 있는 모든 명령을 실행하려고 시도한다. 프로그램 카운터는 큐(queue) 방식으로 작동한다. 즉, 각 프로그램이 번호를 받고 차례를 기다린다.

이 반복문에는 몇 가지 작업이 포함된다. 우선 각 명령에 대한 가스 비용을 계산하며, 그리고 프리앰블(preamble) 계산에 문제가 없으면, 필요한 경우 메모리를 사용해 트랜잭션을 실행한다. 이 반복문은 VM이 대기 중인 모든 코드를 실행하거나 예외 또는 오류를 던져서 해당 트랜잭션이 롤백(roll back)될 때까지 반복된다.

자, 지금까지 EVM을 따라 잡기 위해 지난 1세기 동안 발달해 온 컴퓨터 과학을 대충 훑어보았다. 이제부터는 속도를 늦춰서 각 작업이 어떻게 작동하는지 살펴보자.

EVM의 지속적인 트랜잭션 확인

기억장치(memory)가 있는 기계, 즉 **상태 기계**(state machines)는 절대로 잠들지 않는다. EVM 역시 상태 기계이기에, EVM은 메모리 뱅크 내에 모든 트랜잭션에 대한 고정된 이력을 보관하고 모든 트랜잭션을 최초의 트랜잭션으로 추적할 수 있다. 기억이 불완전한 인간과는 달리, 컴퓨터가 가지는 상태는 최초에 스위치가 켜진 이후에 컴퓨터 내부에서 일어난 모든 단일 상태 변화들이 모여 이루어진 결과이다.

상태 기계가 가지는 가장 최신의 상태는, 해당 상태 기계가 현실 속에서 가지는 진정한 '진실'이라고 할 수 있다. 이더리움은 이 '진실'을 통해 각 계정의 잔고, 그리고 이러한 잔고 상태를 만들어낸 일련의 트랜잭션을 담는다.

상태 기계의 진술

그러므로, 트랜잭션은 상태 기계의 입장에서 볼 때 일종의 진술(narrative)이다. 한 상태와 다른 상태를 연결하는, **계산적으로 유효한**(computationally valid) 연결 고리인 것이다. "이더리움 황서"에서 개빈 우드는 아래와 같이 서술한다.

유효한 상태 변경보다 유효하지 않은 상태 변경이 훨씬 더 많이 존재한다. 유효하지 않은 상태 변경의 예로, 특정 계정의 잔액을 줄이면서 다른 계정의 잔액을 그만큼 늘리지 않는 상태 변경을 들 수 있다. 유효한 상태 변경은 트랜잭션을 통해 발생한다.[25]

시간이 지날수록 (비트코인과 같은) 시스템은 신뢰할 수 있는 기록을 만들어 나가며, 이러한 기록은 모든 상태 변경이 유효하고 악의를 가진 누군가가 삽입한 명령이 없음을 보장할 수 있어야 한다.

암호화 해싱

다음 절에서는 블록을 설명하고 블록의 기능, 작동 방식 및 체인을 만드는 방법에 대해 설명할 것이다. 하지만 이를 제대로 이해하려면 먼저 암호화 해싱 알고리즘과 그 용도에 대해 파악해야 한다.

해시 함수(해시 알고리즘)의 역할

일반적으로 블록체인 관점에서 해시 함수의 목적은 대용량 데이터 집합을 빠르게 비교하고, 그 내용이 유사한지 평가하는 것이다. 단방향 알고리즘은 전체 블록의 트랜잭션을 32바이트 단위의 데이터로 처리한다. 이 데이터는 문자와 숫자로 이루어진 해시, 즉 문자열로써 그 내부에 담고 있는 정보만으로는 트랜잭션을 식별할 수 없다. 해시는 블록에 대해 틀림없는 서명을 생성해, 다음 블록이 그 위에 구축되도록 한다. 암호문(ciphertext)은 암호화의 결과로써 복호화가 가능한 반면, 해시의 결과는 '역해시'가 불가능하다.

주어진 데이터셋의 해시는 항상 동일하다. 두 데이터 집합이 비슷한 해시를 가지게 하는 것은 계산적으로 불가능하다. 데이터 집합의 한 문자라도 변경하면 해시가 완전히 달라진다.

25 Gavwood.com, "Ethereum: A Secure Decentralised Generalised Transaction Ledger", http:// gavwood.com/paper.pdf, 2016.

블록: 상태 변화의 기록

이더리움 네트워크의 트랜잭션과 상태 변경은 블록으로 분할된 다음 해시된다. 각 블록은 그 위에 다음 정식 블록이 올라오기 전에 그 유효성이 검사되고 확인된다. 이러한 방식 덕에, 네트워크의 노드는 단순히 네트워크상에 있는 계정의 현재 잔액을 계산하기 위해 이더리움 네트워크의 기록에서 모든 단일 블록의 신뢰성을 개별적으로 평가할 필요가 없다. 그저 해당 블록의 '부모 블록'이 정식 블록임을 확인하기만 하면 되고, 이를 위해서는 새로운 블록이 부모 블록의 트랜잭션과 상태를 해시한 값을 올바르게 포함하고 있는지 확인하기만 하면 된다.

네트워크가 온라인 상태가 된 후 채굴된 첫 번째 블록인 제너시스 블록(genesis block)을 포함해, 함께 연결된 모든 블록을 블록체인(blockchain)이라고 부른다. 일부 커뮤니티에서는 블록체인을 분산 원장(distributed ledger) 또는 분산 원장 기술(distributed ledger technology, DLT)이라고 통칭하기도 한다.

체인은 네트워크의 역사 내에 있는 모든 트랜잭션을 포함해 모든 계정의 잔고를 기록하는 거대한 장부이므로, 원장은 분명 정확한 설명이라고 볼 수 있다. 그러나 대부분의 소위 디지털 원장은, 비트코인이나 이더리움이 그러는 것처럼, 네트워크 보안을 위한 작업 증명을 사용하지 않는다.

블록 시간의 이해

비트코인에서 한 블록은 10분이다. 블록 시간(block time)이라 불리는 이 개념은 비트코인의 발행 계획에 하드 코딩된 상수에서 파생된 것으로, 총 2100만 개의 비트코인이 2009년에서 2024년까지 채굴되며 그 채굴 보상은 4년마다 반으로 줄어든다.[26]

반면 이더리움에서는 블록 시간이 이더 발행 계획과 무관하다. 신속한 트랜잭션 확인을 위해 이더리움의 블록 시간은 가능한 한 짧게 유지되며, 고정된 값이 아닌 변수이다. 이 글을 쓰는 시점에서 이더리움의 평균 블록 시간은 약 15초이다. 이렇게 짧은 블록 시간은 비트코인 출

---

26 Bitcoin Wiki, "Controlled Supply," https://en.bitcoin.it/wiki/Controlled_supply, 2016.

시 이후에 이루어진 블록체인 연구의 결과물이기도 하다. 연구를 통해 기술적으로 짧은 블록 시간이 가능할 뿐만 아니라, 여러 가지 면에서 바람직하다는 것이 드러났기 때문이다. 그러나 블록 시간이 짧을수록 발생하는 몇 가지 단점이 존재하는 것이 사실이며, 여기에 대해서는 6장에서 더 자세히 알아볼 것이다.

짧은 블록 주기의 문제점

비트코인의 긴 트랜잭션 확인 시간은 상거래 및 기타 실용적인 응용을 어렵게 만든다. 블록 시간이 짧아지고 트랜잭션이 더 빨리 이루어지면 사용자 경험은 향상된다. 반면, 블록이 짧고 트랜잭션이 빠를수록 주어진 노드가 트랜잭션의 순서를 잘못 잡을 가능성이 커진다. 멀리 떨어진 위치에서 생성된 트랜잭션을 수신하지 못하거나 늦게 수신할 수 있기 때문이다.

이를 보상하기 위해, 유효함에도 불구하고 승자 블록(winning block)으로 인정되지 못하는 블록을 찾아낸 채굴자도 낮은 수준의 채굴 보상을 받을 수 있다. 이더리움에서는 이러한 블록들을 엉클(uncle) 블록이라고 부른다.

유효 블록과 승자 블록의 구분에 대해서는 6장에서 자세히 알아볼 것이다.

이더리움 블록 프로토콜 전문을 보려면 https://github.com/ethereum/wiki/wiki/Block-Protocol-2.0을 방문하자.

이제 다시 EVM의 개요에 대한 설명을 이어 나가자.

'단일 노드' 블록체인

이론적으로는, 여러 노드의 변경 사항을 하나의 컴퓨터, 즉 트랜잭션 순서를 처리하는 중앙 서버로 조정할 수 있다. 실제로 구글 문서 도구와 같은 웹 애플리케이션은 정교한 실시간 엔진을 사용해 접속 속도가 다른 여러 사용자와 오프라인으로 문서를 편집하는 사용자 사이에 충돌하는 변경 사항을 중재하고 처리한다.

9장에서 자신만의 블록체인을 만들면서 알게 되겠지만, 하나의 컴퓨터에서도 이더리움 프로토콜을 사용할 수 있다. 하나 이상의 노드가 체인에서 채굴 중이면 트랜잭션을 올바르게 처리할 수 있다. 그러나 누군가가 그 컴퓨터를 오프라인 상태로 만들면 체인에 대한 접근이 불가능해지고, 모든 트랜잭션은 중단될 것이다.

이더리움이 오픈소스 소프트웨어임에도 불구하고 대부분의 개발자가 하나의 커뮤니티를 형성하고 소수의 퍼블릭 체인으로 모여드는 것은 이러한 이유 때문인 것이다.

분산된 보안

이더리움 가상 머신은 전 세계의 많은 노드로 구성되어 있고, 분산된 특성을 지니기 때문에, 같은 데이터베이스에서 전 세계의 수많은 사용자가 거의 동시에 상태를 변화시킬 때 이를 조율하는 것이 근본적인 설계 기조가 되어야 한다.[27]

사실 이 문제를 검증 가능하고 신뢰할 수 있는 방법으로 해결하는 것이 바로 EVM과 비트코인 가상 머신의 목적이다. EVM의 탄력성과 보안성은 네트워크의 많은 채굴자 컴퓨터로부터 기인하며, 이러한 채굴자를 위한 보상이 바로 이더 또는 비트코인으로 지급되는 수수료이다. 6장에서 이를 전체적으로 설명하기 전에 다음 절에서 간략하게 살펴보자.

상태 전이 함수에서 채굴의 위치

채굴(mining)은 채굴자가 계산적인 방법을 사용해서 채굴자 입장에서 가장 최근의 트랜잭션 이력인 블록을 체인 입장에서의 최신 블록으로 만드는 작업이다. 그 정확한 원리는 6장의 주제이지만, 이번 절에서 간단히 이에 대해 알아봄으로써 채굴 보상이 상태 전이 함수의 일부라는 점을 확인하도록 하자. 채굴은 유효한 상태 변경을 위해 필요한 합의를 달성하고, 채굴자는 합의를 이루어 내는 과정에 대한 비용을 받게 된다. 그리고 이는 이더와 비트코인이 '생성'되는 방식이기도 하다.

새로운 블록이 생성될 때마다 이러한 블록은 네트워크상의 노드에 의해 다운로드되고, 처리되고, 검증된다. 블록을 처리하는 중에 각 노드는 블록에 포함된 모든 트랜잭션을 실행한다.

---

27 Google Code, "Diff-Match Patch," https://code.google.com/p/google-diff-match-patch/, 2016.

여기에는 수많은 단계가 포함되어 있지만, 여기에서는 요약해서 알아보자. 이더리움의 상태 전이 함수는 아래의 여섯 단계로 정의할 수 있다.[28] 각 단계는 블록의 각 트랜잭션에 대해 EVM이 수행하는 절차이다.

1. 트랜잭션이 올바른 형식인지 확인한다. 올바른 값이 포함되어 있는가? 서명이 유효한가? 트랜잭션의 **논스(nonce, 일종의 트랜잭션 카운터)**가 계정의 논스와 일치하는가? 이들 중 하나라도 잘못되어 있으면 오류를 반환한다.

2. 필요한 작업량(STARTGAS로 표시, 표 3–1에서 확인 가능)에 가스 가격을 곱해 거래 수수료를 계산한다. 그런 다음 사용자 계정 잔액에서 수수료를 차감하고, 발신자의 논스를 증가시킨다. 계정에 이더가 충분하지 않으면 오류를 반환한다.

3. 가스 지불을 초기화한다. 이 시점부터는, 트랜잭션에서 처리된 바이트만큼 특정 양의 가스를 차감한다.

4. 트랜잭션 금액을 수신 계정으로 보낸다. 수신자 계정이 아직 존재하지 않으면 새로 생성한다(오프라인 이더리움 노드도 계정을 생성할 수 있으므로, 트랜잭션이 완전히 끝날 때까지 네트워크가 해당 계정을 인지하지 못할 수 있다). 수신 계정이 계약 계정이면 계약 코드를 실행한다. 이것은 코드 실행이 끝나거나 가스 지불이 끝날 때까지 계속된다.

5. 송신 계정에 트랜잭션을 완료할 수 있을 만큼 이더가 충분하지 않거나 가스가 소진되면 이 트랜잭션의 모든 변경 사항이 롤백된다. 단, 채굴자에게 이미 지불된 수수료는 환불되지 않으므로 주의하자.

6. 다른 이유로 트랜잭션이 오류를 던지면 송신 계정에게 가스를 환불하고, 채굴자가 사용한 가스와 관련된 비용만 채굴자에게 보낸다.

 위에서 언급했듯이 상태 전이 함수의 4단계에서 스마트 계약 데이터가 실행된다.

---

28 이더리움 백서, "Ethereum State Transition Function," https://github.com/ethereum/wiki/wiki/White–Paper#ethereum–state–transition–function, 2016.

EVM상의 시간 대여

EVM은 섬세한 시스템이며, 현재 우리가 가지고 있는 네트워크보다 신뢰성이 더 높다. EVM이 실행하는 모든 명령에 있어서, 시스템이 쓸모없는 스팸성 계약으로 인해 얽매이지 않게 하려면 비용과 관련된 정책이 엮여 있어야 한다.

시스템의 내부 카운터는 명령이 실행될 때마다 발생된 수수료를 추적해 사용자에게 청구한다. 사용자가 트랜잭션을 시작할 때마다 해당 사용자의 지갑은 이러한 비용에 해당하는 부분을 미리 확보한다.

트랜잭션이 주어진 노드에서 네트워크로 브로드캐스트되고 나면, 네트워크는 트랜잭션을 주위로 전파시켜서 결과적으로 모든 노드가 최신 블록에 해당 트랜잭션을 포함시킬 수 있게 한다.

믿거나 말거나, 지금까지의 설명은 EVM의 내부에 대한 겉핥기에 불과하다. 5장과 6장에서는 더 심화된 내용을 배울 수 있을 것이다. 이번 장에서는 수수료의 구조, 트랜잭션 실행에서 수수료의 역할 및 개발 패턴에 미치는 영향을 세분화하는 정도를 목표로 다룰 것이다.

가스

가스(Gas)는 이더리움 네트워크의 연산 비용을 측정하는 데 사용되는 작업 단위이다. 가스의 값은 소량의 이더로 지급된다.

가스의 목적은 두 가지이다. 첫째, 어떤 이유로든 코드의 실행이 실패하더라도 코드를 실행하고 네트워크를 보호하는 채굴자에 대해 선불 보상을 보장한다. 둘째, 중단 문제(halting problem)를 해결하고, 선불로 지불한 비용 이상으로 실행이 오래 지속될 수 없도록 한다.

가스는 일의 단위이다. 가스는 화폐 단위가 아니며, 보유하거나 저장할 수 없다. 가스는 단순히 계산의 각 단계가 얼마나 많은 일을 필요로 하는지를 측정하는 단위일 뿐이다. 가스 비용을 지불하기 위해서는 계정에 이더를 보유하기만 하면 되며, 별도로 취득할 필요는 없다. 가스만을 위한 토큰은 없다. EVM에서 가능한 모든 작업에는 가스 비용이 관련되어 있다.

주어진 트랜잭션의 총 수수료를 계산하기 위해서는, 사용된 총 가스에 사용자가 선택한 가스 가격을 곱하면 된다.

가스가 중요한 이유는?

가스 비용은 네트워크의 계산 시간이 적절하게 책정되도록 보장한다. 트랜잭션의 크기(KB 단위)를 기준으로 수수료를 책정하는 비트코인과는 다른 체계라고 할 수 있다. 솔리디티 코드의 복잡도는 다양하기 때문에, 짧은 명령으로 많은 계산량을 생성할 수도 있는 반면 긴 코드가 적은 계산량을 생성할 수도 있다. 그렇기 때문에 EVM의 수수료는 거래 규모가 아닌 일의 양을 기준으로 한다.

왜 이더 대신에 가스를 쓰는가?

이더는 암호화폐 거래소 상에서 공개적으로 거래되기 때문에 투기적 인플레이션과 디플레이션을 겪게 된다. 연산 작업에 가스 단위를 사용하는 것은 변동성이 매우 큰 이더의 가격으로부터 계산량에 대한 가격을 분리하기 위한 수단이다.

규제를 위한 수수료

7장에서 보게 되겠지만, 비트코인, 이더리움과 같은 네트워크는 경제적 인센티브와 불이익을 사용해 특정 공격 경로를 약화시킨다. 수수료는 불이익의 범주에 속한다.

우선 이더리움 노드의 동작에는 위험성이 포함되어 있음을 인식하는 것이 중요하다. 하드웨어 비용, 운영자의 시간과 에너지, 블록 헤더를 다운로드하고 작업 증명을 확인하는 데 드는 네트워크 비용 등이 소모된다. 따라서 악의를 지닌 누군가가 네트워크 용량을 낭비하지 않도록 거래 수수료를 부과하는 것이 합리적인 방안이다.

과량의 가스를 소비하는 블록은 이더리움에서 큰 위험 요소이다. 이러한 블록은 크기가 크기 때문에 전파하는 데 오랜 시간이 걸릴 수 있다. 시스템이 대규모 스마트 계약을 합법적으로 사용하기 위한 사용자의 수요에 어떻게 적응하는지는 이 장 후반부와 6장에서 명확해질 것이다. 이 프로토콜은 6장에서 다룰 다양한 방법론을 사용해 늦은 블록을 차단하는 데 도움을 주며, 연산 작업에 플로팅 캡을 씌우는 효과가 있다(현재 블록당 65,536 정도).[29]

가스 다루기

이번 절에서는 가스를 다루는 데에 있어서의 세부적인 정보를 살펴본 다음 가스가 시스템의 확장성과 어떻게 연관되는지 살펴보자.

가스의 특성

가스를 다루기 위해 가스의 몇 가지 특성을 알아보자.

- 불행하게도 **가스(gas)**라는 용어는 혼란을 불러일으킨다. 모든 트랜잭션에는 STARTGAS 값이 필요하다. 황서에서는 이 값을 gasLimit라 표현하며 Geth 및 web3.js에서는 보통 그냥 gas라고 표현한다.

- 모든 트랜잭션은 또한 사용자가 가스 가격을 지정하도록 요구한다.

- STARTGAS로 명시된 금액에 가스 가격을 곱한 금액은 트랜잭션이 실행되는 동안 에스크로에 보관된다.

- 트랜잭션을 위한 가스 가격이 너무 낮으면 노드는 트랜잭션을 처리하지 않으며, 트랜잭션은 네트워크에서 처리되지 않은 상태로 유지된다.

- 네트워크에서 가스 가격을 받아들일 수 있지만 가스 비용이 지갑 잔고에서 사용 가능한 양보다 많으면 트랜잭션이 실패하고 롤백된다. 이렇게 실패한 트랜잭션은 블록체인에 기록되며, 트랜잭션에 사용되지 않은 STARTGAS는 환불된다.

- 과도한 STARTGAS를 사용한다고 해서 트랜잭션이 더 빨리 처리되는 것은 아니며, 경우에 따라 트랜잭션이 채굴자에게 덜 매력적으로 보일 수도 있다.[30]

---

29 깃허브, "이더리움 백서", https://github.com/ethereum/wiki/wiki/White-Paper, 2016.

30 ConsenSys Media, "Ethereum, Gas, Fuel and Fees," https://media.consensys.net/ethereum-gas-fuel-and-fees-3333e17fe1dc#.ozbhydyz6, 2016.

시스템의 확장성과 가스

계산적으로 복잡한 명령 집합을 EVM에 보내는 행위는 스스로에게 해를 끼치는 행위이다. 이 작업은 이더를 소비하며, 트랜잭션에 할당한 이더를 모두 소모할 때까지 계속될 것이기 때문이다. 다른 사람의 트랜잭션에는 아무런 영향을 미치지 않는다. EVM에 트랜잭션 비용을 많이 지불하지 않으면서 EVM에 과부하를 거는 방법은 없다.

사실상 가스 수수료 시스템이 그 자체로 확장성을 처리하는 방법이다. 채굴자는 가장 높은 요금을 지불하는 트랜잭션을 자유롭게 선택할 수 있으며, 가스 한도를 집합으로 선택할 수도 있다. 가스 한도는 블록당 얼마나 많은 계산이 발생할 수 있는지(그리고 얼마나 많은 저장 공간이 할당될 수 있는지)를 결정한다.

이러한 방식으로 EVM의 연산 비용은 시스템 사용자의 요구에 유연하게 대응할 뿐만 아니라 채굴자가 트랜잭션 처리, 하드웨어 유지 보수 및 전기 요금 지불 등에 지출해야 하는 비용을 보상하기도 한다.

계정, 트랜잭션, 메시지

2장에서 살펴보았듯, 이더리움에는 두 가지 종류의 계정이 있다.

- 외부 계정
- 계약 계정

이제부터 각 계정의 역할을 깊게 알아보자.

외부 소유 계정

외부 계정(externally owned account, EOA)은 사람 또는 외부 서버가 보유할 수 있는 키 쌍으로 제어되는 계정이다. 이 계정에는 EVM 코드를 저장할 수 없다. EOA의 특징은 아래와 같다.

- 이더 잔고를 보관

- 트랜잭션 전송 가능

- 계정의 개인 키로 제어

- 관련된 코드가 없음

- 키와 값이 모두 32바이트 문자열로 각 계정에 보관됨

계약 계정

계약 계정(contract accounts)은 사람이 제어하는 계정이 아니다. 계약 계정은 명령을 저장하고, 외부 계정이나 다른 계약 계좌를 통해 활성화될 수 있다. 계약 계정에는 아래와 같은 특징이 있다.

- 이더 잔고를 보관

- 스마트 계약 코드 일부를 메모리에 보유

- 사람(트랜잭션을 보내는 사람) 또는 메시지를 보내는 다른 계약에 의해 활성화될 수 있음

- 실행되면 복잡한 작업을 수행할 수 있음

- 자신의 영구적인 상태를 유지하고 다른 계약을 호출할 수 있음

- EVM에 배포되고 나면 소유자가 없음

- 키와 값이 모두 32바이트 문자열로 각 계정에 보관됨

트랜잭션과 메시지

트랜잭션은 일반적으로 인간 사용자가 제어하는 외부 계정에서 이루어진다. 이는 외부 계정이 EVM에 지시를 제출해 작업을 수행하는 방법, 즉 외부 계정이 메시지를 시스템에 전달하는 방법이기도 하다. 컴퓨팅 용어로서의 메시지(message)는 명령을 포함하는 데이터 덩어리이다. 프로그래머는 메시지를 함수 호출로 간주할 수도 있다.

EVM의 **트랜잭션**(transaction)은 앞에서 설명한 것처럼 암호화 서명된 데이터 패키지로써 메시지를 저장한다. 트랜잭션은 EVM에 이더 전송, 신규 계약 생성, 기존 계약 활성화 또는 특정 계산 수행을 알린다. 계약 계정은 외부 계정을 보유한 사용자와 마찬가지로 트랜잭션의 수신자가 될 수 있다. 2장의 다룬 암호화 통신에 빗대어 설명하자면, 트랜잭션은 보안되지 않은 네트워크상에서 두 사용자 간의 사적인 통신과 비슷하지만 서로 가치를 '송신할' 수 있는 것이다.

트랜잭션의 특성

트랜잭션에는 아래와 같은 내용이 포함된다.

- 수신자 주소. 받는 사람을 지정하지 않고 스마트 계약 데이터를 첨부하는 것은 새로운 스마트 계약을 업로드하기 위한 방법이다. 이는 계약 주소를 반환하므로 사용자가 나중에 해당 계약에 액세스하기 위한 위치를 알 수 있다.
- 발신자를 식별하는 서명
- 전송되는 금액을 나타내는 값 필드
- 메시지의 선택적 데이터 필드(계약 계정으로 전송되는 경우)
- 트랜잭션이 선불 처리되는 최대 계산 단계 수를 나타내는 STARTGAS 값
- GASPRICE 값. 발신자가 가스비로 지불할 의사가 있는 수수료를 나타냄

메시지의 특성

메시지는 하나의 스마트 계약에서 다른 스마트 계약으로 전달되는 데이터의 덩어리이다. 메시지는 직렬화되지 않는 가상의 객체로, EVM에만 존재한다. 이더리움 네트워크에서 채굴자가 수수료를 지불받는 동작 또한 채굴자의 계정 잔액을 증가시키는 메시지를 통해 이루어지며, 이는 트랜잭션을 구성하지 않는다. EVM에서 스마트 계약을 실행하면 메시지가 전송되고, 연산 코드 CALL 또는 DELEGATECALL이 실행된다. 연산 코드에 대해서는 이번 장의 다음 절에서 다룰 것이다.

이더리움 네트워크는 HTTP 웹에 연결되어 있지 않기 때문에 HTTP 메소드를 사용하지 않는
다. 대신, 같은 로컬 호스트 내에서 메시지를 전달하기 위해 전통적으로 사용되는 명령 코드
를 사용한다. 이것이 '하나의 글로벌 시스템'과 같은 수식어가 의미하는 바이기도 하다. 비트
코인도 유사하게 작동한다.

메시지는 다른 계약 계정으로 전달되며, 이는 계약 계정이 메시지에 포함된 코드를 차례로
실행하게 한다. 따라서 계약은 서로 관계를 맺을 수 있다.

메시지에는 아래와 같은 내용이 포함된다.

- 메시지의 송신자 주소
- 메시지의 수신자 주소
- 값 필드(즉, 이더의 양. 선택 사항.)
- 선택적 데이터 필드(계약의 입력 데이터 포함)
- 메시지가 사용할 수 있는 가스의 양을 제한하는 STARTGAS 값

가스 수수료 계산하기

트랜잭션은 모든 계산 및 저장을 처리할 수 있는 충분한 STARTGAS를 필요로 한다. 그러나
EVM에는 수많은 작업이 있으며, 각 작업의 비용을 기억하기는 어렵다.

표 3-1은 일반적인 EVM 작업에 드는 비용을 보여주고 있다.

표 3-1 일반적인 EVM 연산 작업 비용

연산명	가스 비용	설명
step	1	실행 주기당 기본 비용
stop	0	무료
suicide	0	무료
sha3	20	SHA-3 해시 함수

연산명	가스 비용	설명
sload	20	영구 저장소에서 가져옴
sstore	100	영구 저장소에 저장
balance	20	잔고 확인 요청
create	100	스마트 계약 초기화
call	20	읽기 전용 호출
memory	1	메모리 확장시 워드 당의 추가 비용
txdata	5	트랜잭션 데이터 또는 코드에 소요되는 바이트 당 비용
transaction	500	기본 트랜잭션 비용
contract creation	53,000	스마트 계약 생성 비용으로, 홈스테드(Homestead) 업데이트와 함께 기존의 21,000에서 상향 조정됨.

다양한 EVM 작업의 비용이 포함된 최신 구글 문서는 http://gas.eth.guide에서 찾을 수 있다.

EVM의 연산 코드

이러한 EVM 작업 중 일부는 메소드로 호출할 수 있다. 블록체인 패러다임이 어려운 이유 중 하나는 컴퓨터 과학 및 네트워킹의 여러 영역에서 제공되는 기술 용어가 결합되어 있다는 점이다. 그 중 한 예가 이더리움(및 비트코인)의 연산 코드(opcode)이다. 표 3-2는 EVM에서 사용할 수 있는 모든 연산 코드와 각각에 해당하는 기능을 보여주고 있다.

전통적인 웹 개발에서, 연산 코드에 대응되는 것은 HTTP 메소드로도 알려진 HTTP 어휘(verb)이다. 여기에는 GET, POST, HEAD, OPTIONS, PUT, DELETE, TRACE 및 CONNECT가 포함된다. 이러한 문법 체계는 신뢰성이 높고 잘 알려져 있다.

이더리움 및 비트코인에서는 상황이 다르다. 네트워크가 글로벌 시스템이기 때문에, 네트워크를 통한 호출에 쓰이는 '메소드'는 개별 컴퓨터 내부에서 사용되는 종류의 기계어 코드일 뿐이다.

다음은 EVM 연산 코드의 전체 목록이다.

표 3-2 EVM 연산 코드의 전체 목록(아주 길다).

0번대: 정지 및 산술 연산		
0x00	STOP	중지
0x01	ADD	덧셈 연산
0x02	MUL	곱셈 연산
0x03	SUB	뺄셈 연산
0x04	DIV	정수 나눗셈 연산
0x05	SDIV	부호 있는 정수 나눗셈
0x06	MOD	나머지
0x07	SMOD	부호 있는 나머지
0x08	ADDMOD	나머지
0x09	MULMOD	나머지
0x0a	EXP	지수 연산
0x0b	SIGNEXTEND	부호 확장(부호 있는 정수 보수)
10번대: 비교 및 비트 연산		
0x10	LT	〈 비교 연산
0x11	GT	〉 비교 연산
0x12	SLT	부호 있는 〈 비교 연산
0x13	SGT	부호 있는 〉 비교 연산
0x14	EQ	= 비교 연산
0x15	ISZERO	단순 NOT 연산
0x16	AND	AND 비트 연산
0x17	OR	OR 비트 연산
0x18	XOR	XOR 비트 연산
0x19	NOT	NOT 비트 연산
0x1a	BYTE	워드에서 단일 바이트 추출
20번대: SHA3		
0x20	SHA3	Keccak-256 해시 계산

30번대: 환경 정보

0x30	ADDRESS	현재 실행 계정의 주소 확인
0x31	BALANCE	주어진 주소의 잔고 확인
0x32	ORIGIN	원래의 실행 주소 확인
0x33	CALLER	호출자 주소 확인 (직접적인 실행을 호출한 계정의 주소)
0x34	CALLVALUE	현재 실행되는 트랜잭션/명령에 의한 입금액을 확인
0x35	CALLDATALOAD	현재 환경의 입력 데이터 확인
0x36	CALLDATASIZE	현재 환경에서 주어진 데이터의 크기 확인
0x37	CALLDATACOPY	현재 환경의 입력 데이터를 메모리로 복사 (트랜잭션, 또는 메시지 호출 명령과 함께 전달된 입력 데이터와 연관됨)
0x38	CODESIZE	현재 환경에서 구동되는 코드의 크기를 확인
0x39	CODECOPY	현재 환경에서 구동되는 코드를 메모리로 복사
0x3a	GASPRICE	현재 환경의 가스 비용 확인
0x3b	EXTCODESIZE	한 계정의 코드 크기를 확인
0x3c	EXTCODECOPY	한 계정의 코드를 메모리로 복사

40번대: 블록 정보

0x40	BLOCKHASH	최근 완성된 256개 블록 중 하나의 해시 확인
0x41	COINBASE	블록의 채굴자 주소 확인
0x42	TIMESTAMP	블록의 타임스탬프 확인
0x43	NUMBER	블록 번호 확인
0x44	DIFFICULTY	블록 난이도 확인
0x45	GASLIMIT	블록 가스 한도 확인

50번대: 스택, 메모리, 저장소, 흐름 제어

0x50	POP	스택에서 항목 제거
0x51	MLOAD	메모리에서 워드 인출
0x52	MSTORE	메모리에 워드 저장
0x53	MSTORE8	메모리에 바이트 저장
0x54	SLOAD	저장소에서 워드 인출
0x55	SSTORE	저장소에 워드 저장
0x56	JUMP	프로그램 카운터 변경

0x57	JUMPI	조건부로 프로그램 카운터 변경
0x58	PC	증가 이전에 프로그램 카운터 값 확인
0x59	MSIZE	활성화된 메모리의 크기를 바이트 단위로 확인
0x5a	GAS	이미 차감된 가스를 감안해 가용한 가스 확인
0x5b	JUMPDEST	점프 가능한 위치 표시

60번대 및 70번대: 푸시 연산

0x60	PUSH1	스택에 1바이트 항목 푸시
0x61	PUSH2	스택에 2바이트 항목 푸시
0x7f	PUSH32	스택에 32바이트(1워드) 항목 푸시

80번대: 복사 연산

0x80	DUP1	첫 번째 스택 항목 복사
0x81	DUP2	두 번째 스택 항목 복사
0x8f	DUP16	16번째 스택 항목 복사

90번대: 교환 연산

0x90	SWAP1	첫 번째와 두 번째 스택 항목 교환
0x91	SWAP2	첫 번째와 세 번째 스택 항목 교환
0x9f	SWAP16	첫 번째와 17번째 스택 항목 교환

a0번대: 로그

0xa0	LOG0	토픽 없이 로그 기록 추가
0xa1	LOG1	1개 토픽과 함께 로그 기록 추가
0xa4	LOG4	4개 토픽과 함께 로그 기록 추가

f0번대: 시스템 연산

0xf0	CREATE	코드와 연관된 새로운 계정 생성
0xf1	CALL	계정에 대한 메시지 호출
0xf2	CALLCODE	다른 계정의 코드로 현재 계정에 대해 메시지 호출
0xf3	RETURN	출력 데이터 반환과 함께 실행 정지
0xf4	DELEGATECALL	다른 계정의 코드로 현재 계정에 대해 메시지 호출하되, 양쪽 계정의 값은 그대로 유지. 실행 정지 및 삭제 대상 등록.
0xff	SUICIDE	실행을 정지하고 현재 계정을 삭제 대상으로 등록

요약

이번 장에서는 데이터베이스 역할을 하는 EVM이 가지고 있는 비전, EVM의 상태가 바뀌는 방식을 알아보았다. EVM의 설계가 가지는 이론적 근거는 어느 정도 이해했겠지만, 여전히 많은 논쟁거리가 남아 있을 것이다. EVM에서 프로그램을 실행하는 방법에 대한 추가 문서는 http://evm.eth.guide에 있는 리소스 목록에서 찾을 수 있다.

이제 다음 질문이 떠오를 것이다. EVM에서 '프로그램을 실행'한다는 것은 무엇을 의미할까? 그 답은 스마트 계약의 작성과 배포, 그리고 **분산 애플리케이션**(distributed application)의 실행이다.

이번 장에서 설명한 것처럼 각 계약에는 임의의 코드를 저장할 수 있는 자체 주소가 있다. 트랜잭션이 이 주소에 도달하거나 계약이 다른 계약에 의해 호출되면 코드가 EVM의 모든 노드 내부에서 실행되며, 메시지가 전달되거나 이더를 보내는 트랜잭션이 발생한다.

스마트 계약을 구성하는 명령은 EVM 바이트코드에 저장된다. 그러나 바이트코드로 컴파일되기 전에 이를 작성하는 것은 역시 사람이며, 그 일에 쓰이는 언어가 바로 솔리디티 프로그래밍 언어이다. 다음 장에서는 솔리디티 언어에 대해 알아볼 것이다.

04장

솔리디티 프로그래밍

솔리디티는 스마트 계약을 작성하는 데 쓰이는 새로운 프로그래밍 언어로, EVM을 통해 실행할 수 있다. 이 언어는 네트워킹, 어셈블리 언어와 웹 개발이 결합된 복잡한 규칙을 가지고 있다.

외국의 해변으로 휴양을 왔다고 상상해 보자. 즉흥적인 여행을 떠난 당신은 신용카드나 직불카드를 사용할 생각으로 공항의 환전소를 그대로 지나쳤다. 그런데 서두르다 보니 선글라스를 가져 오는 것을 잊었다. 해변의 가판대에 꽤나 괜찮은 선글라스가 보인다. 심지어 공항 면세점에서 본 선글라스보다도 나아 보인다. 아, 그런데 이 가판대를 지키는 상인에게는 신용 카드 결제 장치가 없다! 환전을 하지 않은 당신에게는 외화가 없다. 이 상인은 당신이 혹시 나중에라도 선글라스를 사지 않을까 싶어 이메일 주소와 전화번호가 적힌 작은 명함을 건넨다.

이 시나리오를 잠시 생각해 보면, 프로토콜 기반 디지털 통화의 힘을 알 수 있다. 스마트폰만 있으면 다른 사람에게 문자나 이메일을 보내고 전화를 할 수 있는데, 왜 돈을 이런 식으로 보낼 수는 없는 것일까?

들어가며

이전 장에서는 EVM의 상태 전환에 대해 설명했으며, 이번 장에서는 EVM이 상태 전환과 함께 어떤 명령을 처리할 수 있는지를 살펴볼 것이다.

일반적으로, 컴퓨터 환경은 시스템의 프로그램 카운터에서 대기 중인 작업을 가져와서 반복적으로 수행하는 무한 루프이다(물론 프로그램 카운터에서 큐를 뛰어넘을 수도 있다. 여기에서 파생된 연산 코드가 바로 JUMP이다). 프로그램 카운터는 특정 프로그램의 끝에 도달할 때까지 작업을 하나씩 반복한다. 이 반복적인 작업이 중지되기 위해서는 오류가 발생하거나(throw), 결과 또는 값을 반환(RETURN)하는 명령에 도달하거나, 정지(STOP)에 해당하는 명령에 도달해야 한다.

이러한 연산들은 데이터를 저장하는 세 가지 유형의 공간에 접근한다.

> **스택(stack)**은 값을 얹어 놓거나(push) 끄집어 낼 수 있는(pop) 일종의 그릇(container)에 비유할 수 있는 자료형이다. 스택의 값은 메소드 내에서 정의된다.
> **동적 메모리(dynamic memory)**는 힙(heap)이라는 이름으로도 불리우며, 무한히 확장 가능한 바이트 배열을 말한다. 동적 메모리는 프로그램이 끝나면 리셋된다.

키/값 저장소(key/value store)는 계정 잔고를 보관하며, 스마트 계약 계정의 경우 솔리디티 코드도 보관한다.

솔리디티 스마트 계약은 들어오는 들어오는 메시지의 값, 발신자 및 데이터뿐만 아니라, 블록 헤더의 데이터와 같은 메시지의 특정 속성에 접근할 수 있다.

글로벌 은행의 현실화

전 세계의 은행이 컴퓨터 시스템을 가지고 있으며, 이러한 은행 컴퓨터 시스템은 많이 개량되어 왔지만 여전히 인터넷과 월드 와이드 웹 이전 시대의 산물이다. 이러한 은행 시스템은 사일로(silos)로 설계되어 있다. 단일한 글로벌 뱅킹 네트워크는 존재하지 않고, 각국의 시스템과 개별 사설 은행의 은행 소프트웨어 스택이 각자의 특징을 가지고 이리저리 어지럽게 연결되어 있는 것이다.

초대형 인프라

이더리움과 같은 시스템은 전세계에 노드가 있으며, 이더라고 불리우는 채굴 비용을 받는 개인들에 의해 운영된다. 이 시스템이 어떻게 작동할 수 있는지는 6장에서 설명할 예정이다. 이러한 시스템은 고도로 탈중앙화되어 있다.

결과적으로, 암호화폐 프로토콜은 금융 거래를, 우리가 현재 즐기는 편리한 통신의 수준으로 끌어올릴 수 있는 힘을 가지고 있다. 그러면 탈중앙화된 P2P 노드 시스템이 대체 어떻게 '프로그램'을 구동시킬 수 있는 것일까?

세계적 통화?

보다시피, 범용 암호화폐라는 개념은 궁극적으로 지구상의 모든 인간이 휴대전화에 암호화폐 지갑을 내려받아 사용한다고 가정하고 있다. 하지만 이러한 몽상은 이더리움의 로드맵과는 관련이 없다. 대신 이더리움 핵심 개발팀은 제3자가 특별한 목적으로 브랜딩해 사용할 수 있는 **대안 화폐**(complementary currencies), 또는 **맞춤형 토큰**(custom token)을 쉽게 만들 수 있게 하는 방식을 선택했다(오늘날의 신용카드 포인트가 이 용도에 부합한다). 이러한 제3자(기존 기업, 스타트업, 지방 자치 단체, 대학 또는 비정부 기구)는 퍼블릭 체인 또는 대규모 허가형 체인을 통해 다양한 유형의 토큰을 사용할 수 있으며, 이는 진짜 글로벌 은행 시스템이 다양한 통화를 처리하는 방식과 유사하다.

이러한 의도가 이루어지면, 대부분의 사람들은 이더를 처음 써 볼 때 암호화폐로 사용하게 되지는 않을 것으로 보인다. 그보다는 오히려 특정 브랜드나 대학 프로그램 등의 사이버 적립금(digital token)이나 포인트 점수(point)로 접하게 될 가능성이 높다. 스포츠 경기장, 테마파크, 여름 캠프, 쇼핑몰, 대형 사무 단지 등의 돈을 주고받는 지역 공동체라면 어디서든지 대안 화폐가 응용될 수 있을 것이다.

대안 화폐

한 나라에서 두 가지 이상의 돈이 왜 필요할까? 현시대 미국의 중앙 은행인 연방 준비 이사회(Federal Reserve)의 설립 이래 수십 년 동안 많은 지역 통화가 유통되었다. 이러한 종이 지폐는 대체로 어딘가에 예치되어 있을 금을 대신했기에, 본질적으로 지역적 특징을 가질 수밖에 없었다. 상환 기관이 수천 킬로미터 떨어져 있다면 금 증명서가 거의 의미가 없기 때문이다. 미국 역사상 다양한 사설 지폐를 찍어내던 시기인 '살쾡이 은행(wildcat banking)' 시대 이전에는, 많은 지폐 인쇄소가 다른 인쇄소와 경쟁하기 위해 다양한 위조 방지 기능을 가진 돈을 인쇄해 수입을 창출했다.

벤자민 프랭클린(Benjamin Franklin)은 대안 화폐의 인쇄에 힘을 쏟은 인쇄업자 중 하나였다. 실제로도 그는 당시의 표준을 넘어서는 위조 방지 기법을 고안했다. 스미소니언 연구소(Smithsonian Institution)에 따르면 프랭클린은 펜실베이니아 현지 통화를 공식적으로 발행한 적이 있는데, 위조 지폐 제작자들을 속이기 위해 고의적으로 지폐상의 국가 이름에 오탈자를 삽입했다.[31] 또한 프랭클린이 만든 지역 화폐 중 다수가 위조는 곧 죽음(to counterfeit is death)이라는 문구를 차용했다.[32]

---

31 Smithsonian Education, "Revolutionary Money," http://www.smithsonianeducation.org/ educators/lesson_plans/ revolutionary_money/introduction.html, 2016.

32 위키피디아, "Counterfeit Money," https://en.wikipedia.org/wiki/Counterfeit_money, 2016.

대안 화폐라는 용어는 법정 화폐가 충족할 수 없는 수요를 충족시키며, 법정 화폐와 함께 사용할 수 있는 교환 매체를 의미한다. 이러한 대안 화폐에는 일반적으로 아래와 같은 네 가지 목적을 지닌다.[33]

- 소규모 공동체 내에서 지역 경제 발전을 촉진
- 소규모 공동체에 사회적 자본 구축
- 지속 가능한 생활 양식의 양성
- 주류 화폐가 충족시키지 못하는 수요를 충족

솔리디티 프로그래밍을 사용하면 누구나 간단한 토큰 계약 작성을 통해 대안 화폐를 만들 수 있다. 5장에서 토큰 계약을 배포하면서 살펴보겠지만, 이러한 토큰은 상황에 필요한 매개 변수를 가질 수 있다.

솔리디티의 장점

솔리디티는 자바스크립트 및 C 언어와 유사한 고수준의 스마트 계약용 언어로써 스마트 계약을 개발하고 EVM 바이트코드로 컴파일할 수 있다. 현재 이더리움의 주된 언어이기도 하다. EVM 용으로 가장 많이 쓰이는 언어 라이브러리이지만 유일한 언어는 아니다.

이더리움 프로토콜에는 동일한 추상화 수준을 가진 네 가지 언어가 있는데, 이더리움 커뮤니티의 동향은 천천히 솔리디티로 수렴하고 있다. 솔리디티 외에는 파이썬과 유사한 서펀트(Serpent), 리스프와 유사한 LLL, 뮤탄(Mutan)이 있으며 뮤탄은 더 이상 쓰이지 않고 있다.

솔리디티를 사용하면 이더리움 기반 시스템에서 가치를 갖게 된 토큰을 이동시킬 수 있다. 이더리움과 솔리디티 자체는 무료이며 오픈소스 기술이기 때문에, 똑똑한 사람들 중에는 이를 변경해서 다시 공개하거나 개인적으로 배포할 수도 있으며 이미 이러한 움직임이 있었다. 이러한 제3자 접근법에 대해서는 나중에 11장에서 자세히 알아볼 것이다.

---

33 Investopedia, "Complementary Currency," www.investopedia.com/articles/economics/11/ introduction--complementary-currencies.asp, 2016.

솔리디티의 공식 문서는 http://solidity.readthedocs.io/en/develop/index.html에서 찾을 수 있다. 하지만 다른 사이트에서도 유용한 솔리디티 문서를 제공한다. 편의상 가장 많이 사용되는 솔리디티 설명서를 모아 http://solidity.eth.guide의 하위 도메인에 링크했다.

브라우저 컴파일러

솔리디티를 테스트하는 가장 일반적인 방법은 브라우저 기반 컴파일러를 사용하는 방법으로, http://ethereum.github.io/browser-solidity 및 http://compiler.eth.guide에서 자세한 방법을 찾을 수 있다.

여기까지 읽고 나면 솔리디티를 어떻게 독학할 수 있을지 궁금할 것이다. 이미 다른 프로그래밍 언어를 알고 있다면 솔리디티 프로그래밍을 시작하는 것이 더 쉽지만, 프로그래머가 아닌 사람이라 해도 좌절할 필요가 없다.

EVM 프로그래밍 배우기

때로는, 오래된 습관을 깨기보다 새로운 습관을 배우는 것이 더 쉬울 때가 있다. 분산 애플리케이션 프로그래밍의 많은 규약은 오늘날의 웹 및 네이티브 애플리케이션 프로그래머를 당혹스럽게 할 것이다. 기존 프로그래머는 이미 다른 언어나 분야에 전문적으로, 또는 개인적으로 시간을 투자했을 것이다. 그러니 처음 시작하는 입장이라 해도 온 세상이 자신을 앞서 간다는 느낌을 받지 않아도 된다. 이더리움의 세계는 아직 초창기이다.

 핵심 프로그래밍 용어에 대한 정의를 본문에서 명시할 것이며, 전후 맥락을 통해 의미를 어렵지 않게 추정할 수 있을 것이다. 초보자를 대상으로 한 자바스크립트 책 (http://www.apress.com/us/book/9781484217863)을 살펴보면 이번 장에 나오는 핵심 개념들을 더 자세히 알 수 있다.

프로그래밍 입문자는 기존의 선입견 없이 이더리움에 접근할 수 있다. 심지어는, (물론 시간이 필요하겠지만) 시스템을 탑다운 방식으로 이해할 수 있기 때문에 장점이 더 많다고도 볼 수 있다. 기존의 해커나 소프트웨어 엔지니어도 애플리케이션 호스팅 공급자 아래의 계층에 있는 기본 네트워크의 복잡성을 모두 알지는 못한다.

기존의 웹 애플리케이션에서는 네트워크를 통해 데이터를 주고받고 공유하는 데이터베이스를 지닌 많은 개별 서버가 있다. 이 데이터는 다른 서버에 있는 애플리케이션에서 조작이 가능하다. 트래픽 수요를 감당하기 위해 더 많은 서버가 필요해지는 경우도 많다.

서버(server)는 웹을 통해 사람들에게 제공하려는 특정 종류의 서비스의 일부로 지정된 역할을 수행하는 컴퓨터를 가리킨다. 일부 서버는 데이터베이스라고도 불리우는 데이터(고객 이름 및 주소로 이루어진 스프레드시트와 유사)를 포함하며, 일부 서버는 다른 컴퓨터가 네트워크를 통해 액세스할 수 있는 애플리케이션을 실행한다.

이더리움에서는 **네트워크가 곧 데이터베이스**이며, 이 네트워크는 모든 사용자가 사용할 수 있는 애플리케이션을 실행한다. 그러므로, 이더리움을 배우면 세 가지를 모두 꽤 많이 알 수 있게 된다.

블록체인 탐색기가 새로운 트랜잭션을 표시하는 기저에서 어떤 동작이 일어나는지 알면 놀라움을 금치 못할 것이다. 이더리움이 학습하기에 방대해 보일 수는 있지만, 오늘날의 웹을 비슷한 폭과 깊이로 이해하는 데에 드는 시간이 훨씬 많이 들 것임은 분명하다.

이어지는 절에서는 솔리디티를 배워야 하는 몇 가지 다른 이유를 다룰 것이다.

손쉬운 배포

이더리움에서는 일반 웹 애플리케이션을 배포하고 확장하는 번거로움이 거의 없다. 댑(dapp)이라고도 불리우는 분산 애플리케이션(distributed app)의 백엔드에 필요한 모든 스마트 계약을 몇 가지 문서로 깔끔하게 묶어서 EVM으로 전송할 수 있으며 곧바로 실행할 수 있다. 이더리움 지갑 또는 커맨드 라인 노드 프로그램을 설치할 수 있는 지구의 모든 사용자가 즉시 사용할 수 있는 것이다. 최근에는 일반 웹 브라우저를 통해 접근할 수 있는 '하이브리드' 이더리움 댑을 개발하는 사례도 있는데, 이 경우 이더 지불을 추가하는 작업은 그리 많은 손을 필요로 하지 않는다. 그러나 2~3년 안에 네트워크가 완전히 완성되기 전까지는, 이더리움 프로토콜을 사용해 애플리케이션의 모든 구성 요소를 호스팅하는 것이 훨씬 쉬울 것이다.

이더리움 상에서는 불변성을 가지고 언제나 가동되는, 심지어 검열도 불가능한 애플리케이션을 낮은 비용으로 빠르게 개발해서 배포할 수 있으며, 이러한 애플리케이션을 통해 임의의 거리 사이에서 실제 가치를 이동시킬 수 있다. 프로그램이 생성하는 가스 비용과 개발자의 시간(및 컴퓨터)을 제외하면 모든 것이 무료이기도 하다. 소프트웨어 엔지니어, 서비스 제공자, 시스템 관리자 및 제품 관리자에게 이더리움 생태계는 장기적으로 많은 영향을 줄 수 있는데, 여기에는 안정된 시스템, 신속한 제품 개발 주기 및 새로운 애플리케이션 또는 서비스를 지원하는 인프라를 훨씬 빠르게 개발한 수 있다는 점이 포함된다. 즉, 기업과 기업용 소프트웨어 공급 업체의 TTV가 크게 감소할 수 있게 된다.

업계 용어인 'time to value', 즉 TTV는 고객이 무언가를 요청한 순간부터 고객이 얻은 순간까지의 시간 간격을 말한다. 이 무언가는 유형일 수도, 무형일 수도 있다. TTV가 낮다는 것은 제품이나 서비스를 기획해서 사용자에게 전달할 때까지의 과정이 쉽고 신속하게 이루어진다는 뜻이다.

솔리디티에서의 비즈니스 논리 구축

이더리움의 독자적인 특성 덕에, 2017년 이후 이더리움의 운명은 현재의 이더리움 사용자에 대한 보급률과 인기 자체를 초월하게 되었다. 오히려 개발자, 브랜드, 기업, 조직, 정부 등 지역 사회를 위한 이더리움 토큰을 만들 수 있는 다른 기관으로부터 엄청난 지지를 받고 있다.

이더리움은 거의 오버헤드 없이 신속하고 안전하게 멋진 신제품 및 서비스를 출시할 수 있는 가능성을 열어준다. 이것은 인터넷 마케팅 문화의 속도를 따라잡기 위해 빠르게 배포되어야 하는 대규모 마케팅 캠페인에도 잘 적용된다. 암호화 네트워크가 가지는 지불의 유연성은, 지불 기능의 내장을 통한 원활한 영업 및 마케팅 경험을 그 어느 때보다 쉽게 구축할 수 있게 해 준다.

대안 화폐 또한 고객 보상 프로그램, 멤버십 클럽 및 소매점 네트워크에서 사용하기에 매우 유용한 도구이다. 브랜드화된 동전의 형태로 돈을 갖고 있는 고객은 해당 브랜드에 더 정기적으로 돈을 소비할 가능성이 높다. 오늘날 항공사 마일리지 및 신용카드 포인트 제도에 의해 고객 충성도가 높아지는 것과 마찬가지이다.

오늘날의 고객 보상 프로그램은 애매 모호하고 심지어는 사기 성격도 일부 있을 수 있다. 그러나 블록체인 기반 멤버십 코인의 투명성은 다른 형태의 암호화폐(cryptocurrency)와 마찬가지의 장점을 가질 수 있을 것이다. 즉, 거래가 가능하며, 지불 용도로의 응용이 가능하게 되는 것이다.

코드, 배포, 휴식

이더리움 애플리케이션은 미스트 지갑, 또는 노드를 구동하는 그 밖의 이더리움 네이티브 애플리케이션을 통해 사용할 수 있다. 클라이언트 애플리케이션 개발자에게 있어서, 새로운 이더리움 기반 토큰과의 호환성을 추가하는 것은 어렵지 않다. 현존하는 IMAP 및 POP 호환 전자 메일 클라이언트와 마찬가지로, 이더리움 지갑과 토큰 간에는 많은 교차점과 상호 호환성이 존재한다.

심지어는 구식 웹을 통해 접속할 수 있는 이더리움 프로그램을 만들 수도 있다. 하지만 이 방법보다는, 8장에서 소개할 새로운 서드파티 프레임워크를 사용하면 더 쉽게 배포가 가능할 것이다.

그렇다고 기존의 웹 앱이 사라지지는 않을 것이다. 많은 조직과 개인이 기존의 웹 앱에 막대한 자원을 투자하고 있다. 그렇기는 하지만, 이더리움 네트워크를 사용하면 대규모 애플리케이션의 배포와 운영을 훨씬 쉽고 저렴하게 할 수 있기 때문에 점점 많은 사람들이 애플리케이션의 탈중앙화를 고려하게 될 것이다.

이론적 설계

솔리디티 프로그래밍 언어는 자바스크립트와 유사한 문법을 가지고 있지만, 코드를 이더리움 가상 머신 전용 바이트코드로 컴파일하도록 특별히 설계된 언어이다. 3장에서 언급했듯이 EVM은 완전히 결정론적인 코드를 실행한다. 동일한 입력을 가진 동일한 알고리즘은 항상 동일한 결과를 산출한다. 이 장의 뒷부분에서 다루겠지만 이는 수학적으로도 증명이 가능하다.

솔리디티는 정적 자료형 언어이며, 상속, 라이브러리 및 복잡한 사용자 정의 자료형을 지원한다. 자료형을 세심하게 사용하면 프로그램의 실행 결과를 이해할 수 있다. 이번 장 마지막 부분에서 솔리디티의 자료형 목록을 소개할 것이다.

> **자료형(data type)**이란 말 그대로 자료의 형태이다. 프로그래머는 어떤 자료형을 사용할지를 컴퓨터에 미리 알려줄 수 있다. 예를 들어, 어떤 변수가 숫자일 것인가, 또는 문자열일 것인가에 대한 정보를 명시할 수 있다. 자료형이 느슨한(약 자료형) 언어에서는 프로그래머가 구체적인 자료형을 명시할 필요가 없는 반면, 자료형이 철저한(강 자료형) 언어에서는 프로그래머가 이를 명시해야 한다.

솔리디티의 흥미로운 점 중 하나는, 어셈블리 코드를 인라인으로 작성할 수 있다는 점이다. 3장에 나열된 EVM의 연산 코드 중 하나를 사용해 스마트 계약 코드에 인라인 코드를 삽입하는 것이 가능하다. 솔리티티 코드 내에 {…} 로 어셈블리를 묶어서 작성하면 된다.

솔리디티의 반복문

반복문은 if-then문, do-while문 등과 함께 프로그래밍에서의 흐름 제어를 위한 기본 토대 중 하나이다. 대부분의 프로그래밍 언어에서 반복문은 유사한 문법으로 시작된다. 솔리디티는 자바스크립트 및 C와 같은 문법으로 반복문을 구현한다.

반복문에서 **반복자(iterator)**는 프로그래머가 컨테이너나 목록을 통해 이동할 수 있게 해주는 객체이다. 경우에 따라 반복자는 컴퓨터에 특정 횟수만큼 동일한 작업을 수행하도록 지시하거나 코드의 특정 개수만큼의 원소에 작업을 수행하도록 지시하는 데 사용된다.

일반적인 반복문의 문법은 자바스크립트, C 및 솔리디티에서 모두 같다. 0에서 10까지를 합산하는 코드는 아래와 같은 형태를 띈다.

```
for (i = 0; i < 10; i++) {...}
```

이전 장에서 연산 코드 목록을 주의 깊게 살펴봤다면, EVM이 두 가지 방법으로 반복문을 구현한다는 것을 알 수 있을 것이다. 솔리디티 문법에 따라 반복문을 작성해도 되고, JUMP 및 JUMPI 명령어를 사용해 반복문을 구현해도 된다. 이 명령어는 프로그램 카운터의 지정된 단계 수만큼 앞으로 이동하는 명령어이다. 프로그램 카운터는 EVM에서 실행될 때 주어진 프로그램에서 계산 단계의 수와 순서를 추적한다.

이것은 솔리디티 및 EVM 연산 코드를 함께 사용해 가독성이 좋으면서도 비용이 저렴한 스마트 계약을 작성하는 방법 중 하나일 뿐이다. 가스 가격을 계산하는 방법을 이해하면 일부 연산 코드로 작성한 코드가 더 적은 비용을 쓴다는 점을 알 수 있을 것이다. 이는 자신만의 언어 라이브러리를 작성하는 경우 특히 유용할 수 있다.

프로그래밍이 아직 낯설고 반복문의 개념을 이해하기 어렵다 해도 당황할 것 없다. 다음 절에서 더 많은 것을 이해할 수 있을 것이다.

표현성과 보안

표현성(expressiveness)이란 컴퓨터 과학 분야에서 사용하는 용어로, 프로그래머가 작성한 코드가 쉽게 이해할 수 있는 코드인지를 가리키는 척도이다. 표현적 언어(expressive language)는 인간의 사고 패턴과 기계 실행 패턴 사이의 다리이다. 언어를 표현하기 위해서는 다양한 구조가 직관적으로 읽힐 수 있어야 하며 키워드, 특수 변수 및 연산 코드와 같은 상용구 코드에 사람이 읽을 수 있는 단어를 사용해야 한다.

표현적 언어는 실행하기 전에 기계에 더 익숙한 언어로 **컴파일되어야** 하며, 이는 컴퓨터의 역할이기도 하다. 어쨌든 기계 입장에서 표현적 언어는 그 의미를 추론하기가 더 어려운(예측하기 어려워지는 경향이 있다) 반면에, 더 제한되고 더 저수준이며 덜 추상화된 언어는 추론하기가 더 쉽다.

가장 도전적인 영역은, 형식 검증(formal verification)이 용이하면서도 솔리디티와 같은 고수준의 표현적 언어로 작성되는 스마트 계약일 것이다. 이 문제는 자동화를 필요로 하고, 실제로 자동화된 형식적 증명은 이제 목전에 다가왔다. 컴퓨터 과학자들은 흥분을 느낄 주제이기도 하고, 이더리움 개발자에게는 혜택이기도 하다.

형식 검증의 중요성

솔리디티 프로그래밍을 배우면 다른 개발자들과 마찬가지의 호기심에 직면하게 될 것이다. 바로 이 질문이다. '누군가가 무한 루프를 작성해서 기계를 마비시키는 것을 어떻게 막을 수 있을까?'

이는 불필요한 논쟁이 아니며, 오늘날의 세계에서 소프트웨어 공학의 역할과 밀접하게 관련된 문제이다. 인간이 자유롭고 공개적으로 접근할 수 있는 가상 컴퓨터를 만들어 다른 인간이 방해하지 못하게 할 수 있을까? 그 대답이 '예'라면, 이 대답은 '공유지의 비극' 이론을 정면으로 반박하게 될 것이다.

전역 공유 자원의 역사적 효과

경제학에서 공유지의 비극(tragedy of the commons)은 공유 자원이 지속될 수 없다는 개념을 가리킨다. 자신의 이익을 위해 행동하는 사용자는 자원을 고갈시킬 것이기 때문이다. 그 이유는 단순하다. 자원을 사용하는 데 비용이 들지 않기 때문이다. 이와 같이 누군가가 다른 사람들에게 비용을 전가하면서 자신의 배를 불리는 시나리오를 도덕적 해이(moral hazard)라고 한다.

하나의 예를 들어 보자. 2016년 말 뉴욕 시 당국은 맨해튼 남부 거리에 컴퓨터 단말기를 설치했다. 이 터미널은 보행자에게 무료 와이파이를 제공했고, 또한 작은 터치 스크린이 있어 인터넷 접속이 가능했다. 단말기가 설치되자마자, 사람들이 의자를 들고 와서 유튜브나 음란물을 보기 시작했다.[34] 단말기 관리자는 재빨리 인터넷에 접속해 화면을 보는 일을 제한할

---

34 New York Times, "Internet Browsers to Be Disabled on New York's Free Wi-Fi Kiosks," www. nytimes.com/2016/09/15/nyregion/internet-browsers-to-be-disabled-on-new-yorks- free-wi-fi-kiosks.html?_r=0, 2016.

수밖에 없었고, 이제 단말기는 대부분 와이파이 핫스팟 용도로만 쓰이고 있다.

따라서 EVM과 같은 매우 저렴한 공공 컴퓨터의 개념은 환상에 가깝다. 누구나 어느 컴퓨터에서든 접근할 수 있으며, 프로그램을 먼 미래에도 실행할 수 있고, 아무도 그것을 소유하지 않으며 아무도 그것을 함부로 변경할 수 없으며, 심지어 사용자의 금전을 저장할 수도 있다니!

공격자가 커뮤니티를 무너뜨리는 방법

탈중앙화된 경제는 전 세계, 특히 개발 도상국의 민간 기득권에 대한 위협이 될 수 있으며, 권력을 가진 사람은 세계가 공유지의 비극을 해결하지 않고 상황이 계속되기를 바랄 것이다 (독재자의 권력 유지를 통해 알 수 있다). 이더리움 네트워크의 보안은 7장의 주제이지만, 이더리움의 방어 논리는 프로그래밍 언어 자체의 일부이기도 하기에 여기서 짚고 넘어가도록 하자.

지금부터 네트워크를 '컴퓨터를 통해 서로 연결하는 사람들로 구성된 커뮤니티'로 간주하도록 하자. 공격자(attacker)는 이 네트워크를 싫어하고, 어떤 희생을 치르더라도 피해를 끼치기 위해 노력하는 사람을 말한다.

솔리디티 코드에 대한 가상 공격

공격자가 메모리를 집중적으로 소모시키는 스마트 계약을 솔리디티로 작성하고, 이를 통해 EVM을 마비시키려고 시도한다고 가정하자. 공격자는 가스 비용이 아무리 높아도 기꺼이 지불할 것이다(이 내용은 7장에서 볼 수 있는 실제 시나리오이다). 이러한 목적을 위한 계약서는 솔리디티뿐 아니라 EVM용으로 만들어진 서펀트나 저수준의 연산 코드만으로도 작성될 수 있다.

라이스의 정리(Rice's theorem)에 따르면, 일부 컴퓨터 프로그램들의 행동 특성은 수학적으로 보면 결정 불가능한 것이기 때문에, 솔리디티 코드가 종료될 것임을 분명히 예측할 수 있는 또 다른 컴퓨터 프로그램을 작성할 수는 없다.[35] 따라서, 이 시나리오에서 공격자가 작성한 스마트 계약을 차단하기 위한 문지기(gatekeeper) 프로그램을 작성하는 방법은 없다.

---

35 위키피디아, "Rice's Theorem," https://en.wikipedia.org/wiki/Rice%27s_theorem, 2016.

스마트 계약은 분산형과 애플리케이션의 특성을 지니고 있지만, 그럼에도 분산 애플리케이션, 즉 댑(dapp)과는 개념이 다르다. **댑**은 기존 데이터베이스와 웹 애플리케이션 호스팅 제공업체 대신 백엔드에서 이더리움 스마트 계약을 사용하는 GUI 애플리케이션이다. 댑에는 미스트 브라우저 또는 웹을 통해 접근할 수 있다.

EVM은 블록당 계산 단계 수, 결정론적 언어 및 가스 비용에 대한 엄격한 제한을 포함해 다양한 방식으로 이러한 현실적 위험 요소를 극복한다. 그럼에도 불구하고 경제적 인센티브가 있기 때문에 공격자는 중립적 영역을 항상 모색할 것이다. 이더리움의 시가 총액은 10억 달러이기에, EVM을 해킹하고 이더를 훔칠 동기는 충분하다.

중립적 영역은 한 번에 설계할 수는 없지만, 시간이 흐름과 함께 일련의 프로토콜 포크를 통해 처리할 수는 있을 것이다. 이더리움 커뮤니티는 파괴적인 프로그램에 대처하기 위해, 직접적이고 쉽게 증명할 수 있는 스마트 계약을 위한 패턴과 관행을 개발해야 한다. 5장에서는 이러한 모범 사례를 다룰 것이다.

구조를 위한 자동화된 증명?

문지기를 만들어 나쁜 프로그램을 차단할 수는 없지만, 기계를 통한 증명으로 올바른 프로그램을 만드는 것은 점점 실현 가능해지는 추세이다. 즉, 다른 프로그램을 수학적으로 증명하는 자동화된 프로그램을 이용하는 것이다.

스마트 계약은 돈을 움직이기 때문에, 자동화된 수학적 증명을 테스트하기 위한 훌륭한 플랫폼이다. 자동화 증명은 컴퓨터 과학 및 수학 연구 영역의 한 분야이기도 한데, 그 목표는 소스 코드가 특정 형식 사양을 충족하는지 체계적인 방법으로 확인하는 것이다. 즉, 독립적인 감시자가 들어와서 프로그램이 실제로 해야 할 일을 하는지를 수학적으로 검증하는 방법이다.

증명 과정을 자동화하는 것은 기업에 도움이 되지만, 솔리디티를 배우는 일반 프로그래머에게는 그리 많은 도움이 되지 않는다. 증명을 통해 알 수 있는 것은, 단순히 프로그램에서 실제로 **의도했던 것**이 실제로 **발생했는지** 여부이다. 프로그램이 증명되지 않으면, 자동화된 시스템이 이를 개선할 방법을 알려줄 수 없다.

그럼에도 불구하고, 이더리움 네트워크가 언젠가는 프로그램을 통해 수 조 달러에 이르는 현금 이동을 자동화하는 역할을 한다는 점에서 이 주제는 중요하다. 이러한 프로그램의 개발은 오늘날처럼 느리고, 위험하거나 불확실하지 않아야 할 것이다.

실질적인 결정론

조금 전 다룬 내용과 앞 절에서 다룬 개념을 결합해 보면, 실세계에서 공용 시스템을 설계할 때 튜링 완전성에 대한 개념 자체가 실용성이 제한된 이상적인 개념임을 알 수 있을 것이다.

그러므로 솔리디티 스마트 계약 실행이 가지는 제한적인 성격은, EVM이 실행할 프로그램의 동작을 이론적으로 예측할 수 있기 때문에, 실질적으로 EVM은 튜링 완전성을 가지지 않는다고 말할 수도 있다.

비트코인도 마찬가지로 이러한 문제에서 자유롭지 못하다. 비트코인의 스크립트 언어는 표현적 언어와 기계어 사이에 걸쳐 있는 회색 지대에 존재하며, 런타임 시 기계 코드로 컴파일된다.

번역으로 인한 유실

증명의 문제는 이번 장의 앞 부분에서 설명한 **표현성**의 개념과도 관련이 있다. 인간은 높은 수준의 추상적인 언어, 즉 솔리디티와 같이 사람이 읽을 수 있는 프로그래밍 언어에서만 수학적 증명을 수행할 수 있다. 어셈블리 언어나 기계어 코드에 대한 증명을 수행하는 일은 아무리 고도의 수학적 사고를 거쳐도 불가능하다.

사람이 읽을 수 있는 코드를 낮은 수준의 기계어 코드로 번역하는 컴파일 프로세스는 프로그램에 대한 추론을 위한 정보 중 (사람이 해석할 수 있는) 많은 정보를 희생시킨다. 또한 자동화된 검증자에게 유용한 정보 역시 희생되기 때문에 항상 모호성이 발생하게 된다. 오늘날 솔리디티에서 작성된 스마트 계약은 수학적으로 증명 가능하지만, 컴파일 이후에 증명이 가능할지는 여전히 확실할 수 없다.

끝없는 테스트

검증되지 않은 코드로 인해 돈을 잃지 않으려면, 적극적으로 테스트하는 방법 밖에는 없다. 이더리움 네트워크에는 롭슨(Ropsten)이라 불리는 테스트넷이 포함되어 있다. 이 테스트넷에서는 가짜 이더를 사용한다. 가짜 이더를 확보하는 데에는 비용이 들지 않으며, 샌드박스와 같은 환경 내의 수도꼭지(faucet)에서 가져올 수 있다.

실제로 롭슨은 메인 체인과 그리 다르지 않다. 단지 테스트를 위해 설정된 다른 체인일 뿐이고, 이는 마치 '타이타닉'과 똑같이 만든 배인 '브리타닉'이 이름을 제외하면 모든 면에서 서로 같은 것과 비슷해서, 누군가가 돌게 해 둔 그 밖의 체인에 다름 아니다. 8장에서는 이와 같은 또 하나의 체인을 직접 만들어 볼 것이다.

커맨드 라인으로!

이더리움의 중요한 기능 중 대부분, 즉 이더의 송수신, 토큰 추적 및 계약 배포는 모두 미스트 지갑에서 사용할 수 있다. 하지만 댑 작성을 배우기 위해서는 Geth(커맨드 라인 클라이언트)가 더 좋은 선택이다. Geth에 대해서는 6장에서 더 자세히 다룰 것이다.

이번 절에서는 스마트 계약을 어떻게 사용할 수 있는지에 대한 간단한 예를 살펴보기 위해, 실제 스마트 계약을 간략하게 살펴볼 것이다.

 코드를 읽거나 쓸 줄 몰라도 걱정할 필요 없다. 이어지는 예제에서 문법과 구조를 설명하므로 이해하는 데 도움이 될 것이다. 그리고 다음 장에서는 코딩 없이 표준 이더리움 토큰을 배포하는 과정을 알아볼 것이다.

5장에서는 스마트 계약을 실제로 배포하는 방법을 배우게 될 것이다. 솔리디티에서 간단한 계약을 배포하기 위한 요구 사항은 단 3가지이다.

1. 맥OS의 TextEdit, 우분투의 Gedit 또는 윈도우의 메모장과 같은 텍스트 편집기. 모든 글꼴, 밑줄, 굵게, 하이퍼링크 및 기울임꼴을 제거하는 일반 텍스트 모드로 전환하자(코드를 작성할 때는 텍스트를 화려하게 꾸미지 말자!).

2. 2장에서 설명한 미스트 지갑.

3. 브라우저형 솔리디티 컴파일러. https://ethereum. github.io/browser-solidity/ 또는 http://compiler.eth.guide에서 내려받을 수 있다.

5장에서도 설명하겠지만, 스마트 계약을 '업로드'하려면 텍스트 편집기에 작성한 솔리디티 코드를 브라우저형 솔리디티 컴파일러에 복사해 붙여넣기만 하면 된다. 다음으로 컴파일러에서 코드를 바이트코드로 컴파일하고, 해당 바이트코드를 복사해 미스트에 붙여넣는다. 굉장히 쉽다. 하지만 당장 서둘러 시작하지는 말자. 대신, 아래 예제 스마트 계약의 동작을 검토하고 자동화된 스마트 계약의 잠재력을 파악해 보자. 아래 예제를 작성한 사람은 사이러스 앳킨슨(Cyrus Adkisson)으로, 켄터키안(Kentuckian)의 소프트웨어 엔지니어이자 이더리움 매니아이며 뉴욕에 거주하고 있다. 예제는 이 책에 맞게 일부 수정되었다.

솔리디티는 주로 쌍봉낙타 방식(CapsCase) 표기법을 따르므로 계약의 이름을 PiggyBank로 지정하자. 솔리디티의 명명법 및 기타 스타일에 대한 가이드는 http://solidity.readthedocs.io/en/develop/style-guide.html에서 찾을 수 있다.

자, 이제 PiggyBank.sol의 내용을 살펴보자.

```
contract PiggyBank {
    address creator;
    uint deposits;
// 아래 함수를 퍼블릭으로 선언해 다른 사용자와 스마트 계약이 접근하게 한다.
    function PiggyBank() public
    {
        creator = msg.sender;
        deposits = 0;
    }
// 계좌로 예치된 이더가 있는지 확인한다.
// 예치된 이더가 있으면, 그 수를 세어서 반환한다.
    function deposit() payable returns (uint)
    {
        if(msg.value > 0)
            deposits = deposits + 1;
        return getNumberOfDeposits();
```

```
    }
    function getNumberOfDeposits() constant returns (uint)
    {
        return deposits;
    }
// 본 스마트 계약 인스턴스를 호출한 외부 계정이 이를 다시 호출하면,
// 인스턴스를 종료하고 잔고를 돌려보낸다.
    function kill()
    {
        if (msg.sender == creator)
            selfdestruct(creator);
    }
  }
```

http://solidity.eth.guide를 방문하면 다양한 난이도의 솔리디티 스크립트 예제를 찾을 수 있다.

솔리디티 파일

앞의 스마트 계약 예제에는 한 가지 주요한 세부 사항이 누락되어 있다. 모든 솔리디티 파일에는 스마트 계약을 작성한 솔리디티의 버전을 나타내는 구문, version pragma가 있어야한다. 이 구문은 최신 버전의 컴파일러가 구 버전에서 작성된 스마트 계약을 거부하는 현상을 방지한다.

이 파일의 버전 pragma는 0.4.7이므로, 아래 내용을 코드 최상단에 추가해야 한다.

```
pragma solidity ^0.4.7;
```

솔리디티 파일의 구조에 대한 자세한 내용은 http://solidity.readthedocs.io/en/develop/layout-of-source-files.html을 참조하자.

코드 해석을 위한 팁

프로그래머 입문자를 위해, 스마트 계약을 읽기 위한 일곱 가지 팁을 소개한다.

1. 컴퓨터는 한국어와 마찬가지로 위에서 아래로, 왼쪽에서 오른쪽으로 코드를 읽는다. 한 줄을 다른 줄 앞에 놓으면, 일반적으로 컴퓨터가 앞에 나온 명령을 먼저 보게 된다.

2. 일반적으로 프로그램은 입력을 받아 일종의 출력을 반환한다. 컴퓨터 처리 가능한(comutable) 함수(컴퓨터가 수행할 수 있는 수학적 기능)는 '알고리즘으로 작성될 수 있는 함수'로 정의된다.

3. 알고리즘(algorithm)은 데이터를 가져와서 연산을 수행하고 어떤 종류의 결과를 반환한다. 프로그램(program)은 여러 알고리즘이 중첩되어 있는 알고리즘이다.

4. 알고리즘은 기계와 같아서, 여러 번 재사용할 수 있다. 따라서 알고리즘 명령어를 작성하고 나면 (즉, 프로그래밍을 하고 나면), 나중에 컴퓨터(이더리움의 경우 스마트 계약)가 트랜잭션 또는 메시지 호출을 통해 정보를 자동적으로 완성하게 된다. 때로는 이 정보가 단순한 숫자가 될 수도 있다 (예: 5 이더).

5. 연산자(operators)는 등호, 더하기 부호 및 빼기 부호와 같은 수학적 기호이다. 이들은 몇 가지 예외를 제외하고는 대부분 예상대로 작동한다. 솔리디티에서 쓰이는 연산자는 표 4-1에서 볼 수 있다.

6. 자료형(type)은 컴퓨터 프로그래밍의 명사(noun)와 같다. 일반적인 프로그래밍 언어의 자료형에는 정수형, 문자열 등이 있으며, 솔리디티는 계정 주소를 일반적인 자료형으로 취급한다.

7. 컴퓨터는 원래 수학 계산을 빠르게 수행하기 위해 만들어졌다. 컴퓨터의 초창기 수십 년 동안은 수학자나 물리학자들이 아폴로 11호의 발사일, 달까지의 최단 거리와 같은 난해한 문제를 해결하기 위해 컴퓨터를 사용하였다.

EVM은 원래의 컴퓨터와 매우 비슷하지만, 정교한 회계 및 재정 작업에 더 적합하며 이는 경영대에서 마이크로소프트 엑셀로 스프레드시트를 프로그래밍하는 용도와도 유사하다. 차이가 있다면, 데이터베이스는 단지 스프레드시트 그 자체일 뿐이며 컴퓨터 프로그램은 이러한 데이터베이스를 조작한다는 점이다. 그러므로 프로그래머가 무엇인가를 선언한다는 것은, 스프레드시트에 무엇을 넣을지 컴퓨터에 지시하는 것과 같다.

컴퓨터는 계산의 값을 저장할 메모리가 얼마나 필요한지 **즉각적으로**(temporary), 또는 동적으로(dynamic) 알아낼 것이다. 예를 들어, if-then과 같이 작고 중요한 논리문에 따라 필요한 메모리가 달라질 수 있다. (메모리를 잡아먹는 프로그램의 위험성을 피하려면 스택과 힙의 정의를 알아야 한다. 즉, 컴퓨터가 여분의 것보다 더 많은 동적 메모리를 사용하도록 요청하는 상황을 파악해야 한다.)

솔리디티의 명령문과 표현식

보다시피, 솔리디티는 함수의 집합체이다. 하지만 솔리디티 함수는 조금 다른 방식으로 사용된다.

일부 함수는 숫자나, 참/거짓을 묻는 질문에 대한 답으로 값(value)을 낸다. 이 값이 어떨지는 앞에서 언급한 솔리디티의 자료형에 따라 결정된다. true/false는 **부울 값**이라고 부른다.

표현식이란?

값을 출력하는 함수를 **표현식 함수**(expression function)라고 한다. 표현식은 하나의 유형 또는 다른 값으로 평가되므로 프로그래밍에서 값 대신 사용할 수 있다.

그 밖의 함수는 **선언적**(declarative)이며, 컴퓨터 메모리에 전용 공간을 생성해 함수의 루틴을 실행할 때마다 사용하게 된다. 선언적 함수는 명령문 작성에 매우 중요하다.

문장이란?

일반적으로 **문장**(statement), 즉 문은 컴퓨터에 작업을 수행하라고 말한다. 컴퓨터는 표현식(expression)을 사용해 이 작업을 수행하는 방법과 시기를 파악한다. 그러므로 컴퓨터 프로그램은 문들로 구성되며, 문은 보통 표현식(또는 다른 문)으로 구성된다.

퍼블릭, 프라이빗 함수

자바스크립트와 솔리디티는 각 명령문 끝에 세미콜론을 사용해 명령문의 종결을 알리고, 뒤에 다른 명령문이 올 것이라고 컴퓨터에게 알릴 수 있다.

```
function first(); function second()
```

솔리디티에서는 특정 함수를 해당 프로그램 외부에서 사용 가능하게 할지 여부를 선언할 수 있다. 이를 위한 키워드는 아래와 같다.

- public: 외부 및 내부에서 볼 수 있다(저장 및 상태 변수에 대한 접근자 함수가 만들어짐).

- private: 현재의 계약에서만 볼 수 있다(기본값).

 퍼블릭하게 만들지 않은 함수는 해당 계약 외부에서 접근할 수 없게 된다.

지금까지 코드의 문법을 간략히 소개했는데, 여기까지 이해하고 나면 이어질 스마트 계약의 내용을 이해하기에 충분할 것이다.

자료형

솔리디티 코드를 통해 각 알고리즘 명령에서 예상할 수 있는 자료형을 컴퓨터에 알릴 수 있다. 이번 절에서는 EVM이 해석할 수 있는 자료형을 설명한다.

불

불(bool)은 코드 상에서 bool로 표시되며, 참 또는 거짓의 값을 가질 수 있어 비교문 등의 표현식에 쓰인다.

부호 있는 정수 및 부호 없는 정수

부호 있는 정수는 코드 상에서 int, 부호 없는 정수는 uint로 표시된다. 부호 있는 정수는 음의 값을 가질 수 있으며, 부호 없는 정수는 양의 값만 가질 수 있다.

주소

주소는 20바이트 값을 가지며, 이 값은 이더리움 주소(40자의 16진수, 또는 160비트)의 크기와 동일하다. 주소 자료형은 멤버 자료형을 가지고 있다.

주소의 멤버

아래의 두 멤버를 사용하면 계정의 잔액을 확인하거나, 계정으로 이더를 전송할 수 있다. 스마트 계약으로 이더를 전송할 때는 주의가 필요하다. 스마트 계약을 통해서만 이더를 이전하는 것보다는, 수취인이 직접 인출할 수 있는 패턴을 사용하는 것이 바람직하다.

- balance
- transfer

주소 연관 키워드

키워드는 솔리디티 언어와 함께 제공된다. 키워드는 일종의 메소드로써, 미리 정해진 방법으로 언어를 사용하는 방법이라고 할 수 있다. 코드에서 키워드를 사용하면 스마트 계약에 필요한 공통적인 작업을 수행할 수 있다. 키워드에는 아래와 같은 종류가 있다.

- `<address> .balance (uint256)`: 〈 〉 안에 있는 주소의 잔액을 wei 단위로 반환한다.
- `<address>.send (uint256 amount) returns (bool)`: uint236형으로 주어진 양의 wei를 〈 〉의 주소로 보내고, 실패 시 false를 반환한다.
- `this(현재 계약 유형)`: 계약을 명시적으로 주소로 변환한다.
- `selfdestruct(주소 수신자)`: 현재 계약을 파기하고 지정된 주소로 계약 계정의 잔액을 전송한다.

 this.balance 키워드를 사용하면 현재 계약의 잔액을 확인할 수 있다.

그 밖의 자료형

기존에 경험을 쌓은 프로그래머의 경우, 아래와 같은 여러 자료형을 유용하게 쓸 수 있다.

- 동적 바이트 배열
- 고정 소수점 수

- 유리수 리터럴 및 정수 리터럴

- 문자열 리터럴

- 16진수 리터럴

- 열거형

복합(참조) 자료형

일반적으로 솔리디티 자료형에는 EVM 스토리지의 256비트 메모리가 할당된다. 문자로는 2,048자에 해당한다. 더 많은 메모리를 점유하는 자료형은 더 많은 가스 비용을 초래할 수 있으므로, EVM의 스택에 영구 저장소를 할당할 때에는 신중한 선택이 필요하다. 256비트를 넘는 메모리를 차지하는 복합 자료형은 아래와 같다.

- 배열

- 배열 리터럴/인라인 배열

- 구조체

- 맵

배열, 구조체 및 기타 복합 유형에는 데이터 위치가 포함되어 있어, 솔리디티 프로그래머가 데이터를 메모리에 동적으로 저장할지 여부를 조절할 수 있다. 이렇게 하면 수수료를 관리하는 데 도움이 된다.

전역 특수 변수, 단위 및 함수

전역 특수 변수는 EVM의 어떤 솔리디티 스마트 계약에서든 호출할 수 있는 변수로, 언어 자체에 내장되어 있다. 이들 중 대부분은 이더리움 체인에 대한 정보를 반환하며, 시간 단위와 이더 단위도 전역적으로 이용 가능하다. 리터럴 값은 wei, finney, szabo 또는 ether의 접미사를 사용할 수 있으며, 이더의 하위 단위로 자동적으로 변환할 수 있다. 접미사가 없는 값은 wei 단위를 가진다고 가정하면 된다.

시간 관련 접미사를 리터럴 뒤에 붙이면 시간 값이 되며, 여러 단위로 자유롭게 변환할 수 있다. 기본 단위는 초 단위이다. 이러한 접미사를 사용해 시간을 계산할 때는 윤년의 존재를 주의해야 한다. 모든 해가 365일로 이루어지지 않으며, 모든 일이 24시간으로 이루어지지 않기 때문이다.

```
1 = 1초
1분 = 60초
1시 = 60분
1일 = 24시
1주 = 7일
1년 = 365일
```

블록과 트랜잭션 속성

아래의 전역 변수는 솔리디티 스마트 계약에서만 사용할 수 있으며, geth에서 만들 수 있는 자바스크립트 댑(dapp) API 호출(6장에서 다룰 예정)과는 다르다.

- `block.blockhash(uint blockNumber) returns (bytes32)`: 주어진 블록 번호(blockNumber)의 해시값. 최근 256 블록에 대해서만 적용 가능하다.
- `block.coinbase(address)`: 현재 블록의 채굴자 주소
- `block.difficulty(uint)`: 현재의 블록 난이도
- `block.gaslimit(uint)`: 현재 블록의 가스 한도
- `block.number(uint)`: 현재의 블록 번호
- `block.timestamp(uint)`: 현재 블록의 타임스탬프
- `msg.data(bytes)`: 데이터 호출
- `msg.gas(uint)`: 잔여 가스
- `msg.sender(address)`: (현재 호출에 대한) 메시지의 발신자
- `msg.sig(bytes4)`: 호출 데이터의 최초 4바이트(함수 식별자)
- `msg.value(uint)`: 메시지가 전달하는 금액(wei 단위)

- **now(uint)**: 현재 블록의 타임스탬프(block.timestamp와 동일)

- **tx.gasprice(uint)**: 트랜잭션의 가스 비용

- **tx.origin(address)**: 트랜잭션의 발신자

msg의 모든 멤버 값(msg.sender와 msg.value)은 라이브러리 함수임에도 불구하고 외부 함수 호출마다 바뀔 수 있다. msg.sender 사용에 대한 접근 제한이 있는 라이브러리 함수를 구현하고 싶다면, 수동으로 msg.sender 값을 인수로 제공해야 한다.

연산자 목록

표 4-1을 통해 솔리디티 표현식에서 사용할 수 있는 연산자 목록을 확인할 수 있다.

표 4-1

우선 순위	설명	연산자
1	후위 증가 및 감소	++, --
	함수 호출	\<func\>(\<args...\>)
	배열 원소 접근	\<array\>[\<index\>]
	멤버 접근	\<object\>.\<member\>
	괄호	(\<statement\>)
2	전위 증가 및 감소	++, --
	단항 덧셈 및 뺄셈	+, -
	단항 삭제	delete
	논리 부정	!
	비트 부정	~
3	거듭제곱	**
4	곱셈, 나눗셈, 나머지	*, /, %
5	덧셈, 뺄셈	+, -
6	비트 시프트 연산	\<\<, \>\>
7	비트 논리곱(bit AND)	&
8	비트 배타적 논리합(bit XOR)	^
9	비트 논리합(bit OR)	¦
10	부등식 연산	\<, \>, \<-, \>=

우선 순위	설명	연산자
11	등식 연산	==, !=
12	논리곱(AND)	&&
13	논리합(OR)	||
14	3항 연산	\<conditional\> ? \<if-true\> : \<if-false\>
15	대입 연산	=, |=, ^=, &=, \<\<=, \>\>=, +=, -=, *=, /=, %=
16	콤마	,

전역 함수

일반적으로 솔리디티 특수 함수는 주로 블록체인에 대한 정보를 제공하는 데 사용되지만, 아래와 같은 일부 특수 함수 수학 및 암호화 기능을 위해 준비된 것이다.

- **keccak256(...) returns (bytes32)**: 주어진 빽빽한 인수의 이더리움 SHA-3(Keccak-256) 해시를 계산한다. 여기에서 '빽빽한' 인수란 패딩(padding) 없이 연결된 인수를 말하며, http://solidity.readthedocs.io/en/develop/units-and-global-variables.html#mathematical-and-cryptographic-functions에서 관련된 내용을 확인할 수 있다.

- **sha3(...) returns (bytes32)**: keccak256( )과 동일하다.

- **sha256(...) returns (bytes32)**: 주어진 빽빽한 인수의 SHA-256 해시를 계산한다.

- **ripemd160 (...) returns (bytes20)**: 주어진 빽빽한 인수의 RIPEMD-160 해시를 계산한다.

- **ecrecover (bytes32 hash, uint8 v, bytes32 r, bytes32 s) returns (address)**: 타원 곡선 서명으로부터 공개키와 연관된 주소를 복구하고, 오류 시 0을 반환한다.

- **addmod(uint x, uint y, uint k) returns (uint)**: $(x + y) \% k$를 계산하되, 256비트의 제약 없이 임의의 정밀도로 더하기를 수행한다.

- **mulmod(uint x, uint y, uint k) returns (uint)**: $(x * y) \% k$를 계산하되, 256비트의 제약 없이 임의의 정밀도로 곱하기를 수행한다.

- **this(현재 계약 유형)**: 현재 계약을 명시적으로 주소로 변환한다.

스마트 계약과 관계된 아래의 몇몇 변수는 솔리디티 코드 작성에 유용하게 쓰일 수 있다.

- **super**: 상속 구조에서 현재 계약보다 상위에 있는 계약을 가리킨다. 상속에 대한 자세한 내용은 다음 절에서 다룰 것이다.
- **selfdestruct(address recipient)**: 현재 계약을 파기하고, 인수로 전달된 주소로 계약 계정의 잔액을 전송한다.
- **assert(bool condition)**: 조건이 충족되지 않으면 예외를 던진다.
- **revert()**: 실행을 중단하고 변경 사항을 복구한다.

예외와 상속

어떤 상황에서는 자동으로 예외가 발생한다. 예외에 대해 전체적으로 알아보려면 http://exceptions.eth.guide를 방문하자. 솔리디티 언어는 다중 상속도 지원한다. 스마트 계약이 여러 다른 계약을 상속하더라도 블록체인에는 하나의 계약만 생성되고, 기본 계약의 코드는 항상 최종 계약서로 복사된다. 솔리디티의 상속에 대한 자세한 내용은 http://solidity.readthedocs.io/en/develop/contracts.html#inheritance에서 확인할 수 있다.

요약

이번 장에서는 EVM용으로 작성한 프로그램의 영향을 이해하기 위한 첫 번째 단계를 밟았다. 또한 이러한 프로그램이 네트워크의 보안을 희생하지 않으면서도 의미 있는 튜링 완전성을 달성할 수 있는가에 대한 비판적 관점도 살펴보았다.

이러한 프로그램을 기업 정보 기술에 응용하기 위한 형식 검증에 대한 수학은 아주 일부만을 소개하였지만, 의욕이 충만한 독자라면 이더리움 백서와 황서를 더 깊이 파고들어 EVM이 입증 가능한 합의에 도달하는 방법을 직접 확인할 수 있을 것이다.

5장에서는 첫 번째 토큰 계약을 EVM에 배포할 것이다. 화폐 도구의 사회적, 문화적 역사와 이더리움의 잠재력도 다시 살펴보는 시간이 될 것이다.

05장
스마트 계약과 토큰

솔리디티로 작성한 재사용 가능한 코드 템플릿(프로그래밍 용어로는 클래스라고 부름)은 스마트 계약(Smart Contracts)이라고 부르며, 금융계약의 역할을 할 수 있다. 스마트 계약을 응용하면 파생 상품을 웹 서비스로 만들 수도 있을 것이다.

앞 장에서는 솔리디티를 사용해 이더리움 가상 머신에 명령을 내리는 방법을 배웠다. 하지만 아직 EVM에 프로그램을 업로드하는 절차를 아직 다루지 않았다. 컴퓨터 애플리케이션 개발에서 **배포(deployment)**로 알려진 절차가 남은 것이다. 이번 장에서는 솔리디티 스크립트를 EVM에 배포해 실제 제품 또는 서비스로 사용할 수 있도록 하는 과정을 살펴보자.

백엔드로써의 EVM

현재 웹, iOS, 맥OS, 윈도우, 안드로이드, 리눅스 등을 위한 소프트웨어 앱은 일반적으로 프런트엔드와 백엔드의 두 가지 측면으로 나뉜다. **백엔드(backend)**는 데이터베이스와 상호 작용하는 논리를 말하며, 3장에서 배웠듯이 프로그램이 정보를 저장하는 곳이기도 하다. 프런트엔드(frontend)는 애플리케이션에서 사용자가 시각적으로 볼 수 있는 부분, 즉 다양한 레이블 및 컨트롤로 구성된 인터페이스를 가리킨다. 소프트웨어 인터페이스 디자인에서 컨트롤은 작은 버튼, 슬라이더, 다이얼, 하트, 별, 좋아요 아이콘 등 클릭할 수 있는 작은 것들을 가리키는 일반적인 용어이다.

현대 웹 애플리케이션은 컴퓨터와 서버가 별자리처럼 연결된 구조를 가지고 있다. 이러한 서버 대부분은 리눅스로 구동되며, 스마트폰 또는 컴퓨터에 '자연스럽게 연결된(seamless)' 사용자 경험을 제공할 수 있다(일반적으로 유저들은 이런 경험을 원할 것이다).

오늘날의 EVM이나 비트코인 가상 머신은 아직 강력하지 않다. 핵심 개발팀이 블록 시간을 단축하는 과정에서 EVM은 계속해서 빨라질 것이며, 그 자세한 내용은 6장에서 다룰 것이다. 현재 EVM은 기존의 웹 또는 모바일 애플리케이션을 호스팅하는 전통적인 백엔드의 대체품과 비슷하다. EVM 자체는 완전한 컴퓨터이지만, HTML/CSS 인터페이스를 호스팅할 수 있는 완전한 종단간(end-to-end) 플랫폼은 아니다. 지금으로써 EVM의 가장 유용한 역할은 분산 애플리케이션의 백엔드 역할이다.

스마트 계약에서 댑까지

스마트 계약은 EVM에 업로드하는 기능의 단위일 뿐이다. 분산 애플리케이션(distributed application), 즉 댑(dapp)이라는 용어는 일반적으로 EVM을 백엔드로 사용하는 GUI 애플리케이션, 즉 웹 또는 스마트폰으로 접근 가능한 프런트 엔드를 말한다. 아주 단순한 댑이 아닌 한, 그 백엔드 기능은 여러 가지 스마트 계약에 의존한다.

모든 것에 의해 가격이 결정되는 자산

재무적 관점에서 자산(asset)은 미래에 이익이나 가치를 창출할 것으로 기대되는 가치 있는 자원을 말한다. 자산의 개념에는 물리적 천연 자원도 포함되고, 추상적인 금융 상품도 포함될 수 있지만 그 정의상 자산의 가격은 시간이 지남에 따라 상승해야 한다(가격이 떨어지는 자산은 감가상각 자산(depreciating asset)으로 알려져 있다).

암호화폐는 모든 것에 의해 가격이 결정되는 자산이라고 말할 수 있다. 이해하기 어려울 수 있겠지만, 이번 장을 모두 읽고 나면 그 뜻이 명확해질 것이다. 먼저 한 가지 예를 살펴보자.

법정화폐 기반 물물교환

앨리스라는 사람이 일본에 살고 있다고 가정해 보자. 앨리스의 수입은 모두 일본 엔화이며, 앨리스가 생활하기 위한 집세, 식대 및 기본적인 서비스 모두 엔화로 표기 가능하다.

앨리스가 번역 작업을 의뢰하기 위해 뉴욕에 사는 밥에게 돈을 지불해야 한다고 가정하자. 밥은 미국에 살기 때문에 미국 달러(USD)를 사용한다. 밥은 세금 역시 달러로 지불한다.

여기에서 문제가 발생한다. 대부분의 사람들에게 외화는 별로 쓸모가 없으며 환전에는 수수료가 발생하고 환차손(slippage)에 의한 손실 위험도 있다. 환차손이란 매매 거래 이전에 통화 가격이 떨어지는 현상을 말한다. 이러한 이유로, 밥은 엔화를 원하지 않으며 앨리스는 달러를 보유하지 않는다.

앨리스와 밥이 양배추, 유리구슬 등을 가지고 물물교환을 할 수도 있다. 물론 이러한 국제적인 물물교환이 가능한 가까운 창구라면 국제 공항이 될 것이다. 결코 간단한 해결책이라고 할 수 없다.

암호화폐를 사용하면 현지 통화와 암호화폐 사이의 환율(conversion rate), 또는 교환 배율(multiplier)을 설정한 다음 해당 배율을 사용해 물물 교환 가격을 변환해야 한다. 종이 돈을 사용하는지, 유리 구슬을 사용하는지 여부는 중요하지 않다. 거래가 발생하기 위해서는 어쨌든 가격에 대한 합의가 필요하다.

유리 구슬 대신 이더

위의 예제는 이더와 비트코인의 기본적인 속성 중 하나를 보여준다. 이더와 비트코인은 가치에 대한 표준 회계 단위이며, 동시에 교환의 매체이다. 화폐 또한 이러한 기능을 수행하지만, 실제로는 화폐라는 교환 매체(종이)는 은행의 원장에 존재하는 가치를 표현한 것뿐이다. 결국 이더, 비트코인, 화폐 모두 기본적인 속성이 동일하다고 볼 수 있다.

6장에서 자세히 배우겠지만, 이러한 표준 회계 단위(standard account unit)는 지불을 통해 가치가 한 곳에서 다른 곳으로 이동할 때마다 전체 원장에 기록된다. 오늘날의 화폐가 다른 시스템에서 관리되는 다른 화폐를 '인식'하지 못한다는 점에서, 표준 회계 단위는 오늘날의 화폐보다 장점이 있다고 볼 수 있다. 이 속성 덕에 스마트 계약은 자기 집행(self-executing) 금융 계약이 가능하다.

파생 계약(derivative contract)은 두 명 이상의 당사자가 기초 자산의 가치에 대해 행하는 '내기(bet)'이다. 파생 상품은 기본적으로 특정 조건 하에서 앨리스가 밥에게 특정 금액을 지불하기로 동의하는 것이다. 현재 지구상에 있는 금융 파생 상품의 규모는 1조 달러에 이른다. 굉장한 인기가 아닌가?

그럼, 암호화폐가 어떻게 파생 계약에 쓰일 수 있을까? 6장과 7장에서 이에 대한 답이 명확해질 테지만, 편의를 위해 다음 절에서 간단한 사고 실험을 통해 개념을 익혀 보자.

시간을 측정하는 암호화폐

위조가 불가능하다는 암호자산 및 암호화폐의 특성 덕에, 시간 측정이라는 흥미로운 속성도 발생한다. 이더와 같은 토큰은 나무의 나이테와 거의 비슷하다. 정교한 과정을 거쳐 만들어지기 때문에 그 생성 속도가 갑자기 가속될 수는 없다. 그러므로, 멀리 떨어진 경제권의 누군가와 거래할 때에도 암호화폐 단위는 신뢰하기가 쉽다. 거래 상대의 부와 권력에 상관없이 위조가 불가능하기 때문이다.

이 글을 쓰고있는 시점에서는 아직 암호화폐를 통해 중앙 기관에서 금 또는 통화를 환급 받을 수 없다. 그러나 소수의 국가에서는 이미 이를 재산 또는 통화로 분류하고 있다.[36]

암호화폐는 이미 시장에서 가격을 얻었다고 말할 수 있다. 누군가가 시장에서 금전을 지불하고 암호화폐를 구입할 가치가 있기 때문이다. 이것은 말하자면 지방 재무부 또는 재무부 채권에서 상환할 수 있는 금본위 통화와, 정부가 보장하는 법정 화폐와는 대조적이다.

탈중앙화된 디지털 가치 교환 매체로서, 암호화폐는 '어떤 것에 의해서든 가격이 결정되는 자산'으로 개념화될 수 있다. 소를 거래하든, 바나나를 사든, 대두 선물인지 또는 사모 펀드인지 여부는 중요하지 않다. 암호화폐로 거래가 가능하다는 것이 중요하다. 한 가지 문제가 남았다면, 가격 합의가 이루어져야 한다는 점이다.

오늘날, 구매자와 판매자가 암호화폐에 대한 거래를 완료한다고 동의하더라도, 가격 환차손을 피하기 위해 암호화폐를 빠르게 팔고 지역 화폐를 받으려고 할 가능성이 높다. 물론 이러한 현상은 암호화폐의 가격이 안정되면서 점점 줄어들고 있다. 전세계적인 거래량이 증가함에 따라 암호화폐의 가격이 안정화되고, 암호화폐를 거래하는 시장의 유동성은 더욱 늘어난다.

이러한 측면에서 이더는 비트코인과 같은 다른 암호화폐와 유사하지만, EVM에서 가스 비용을 지불하는 데 쓰인다는 점에서 본질적인 가치를 가진다. 3장에서 논의했듯, 이더는 오일이나 옥수수와 같은 일용품과 같다. 오일이나 옥수수는 각각의 고유한 가치를 연료와 음식으로 사용함으로써 얻게 된다.

자산 소유권, 그리고 문명

사회 구조의 측면에서, 돈의 발명이 문명의 기초가 된다는 점에는 의심의 여지가 없다. 인류의 위대한 아이디어를 순위로 매긴다면 기하학, 가축화, 돌 도구와 순위를 다툴 것이다.

---

36 위키피디아, "Legality of Bitcoin by Country," https://en.wikipedia.org/wiki/Legality_of_ bitcoin_by_country, 2017.

네트워크 효과(network effect)에 크게 영향을 받는 특징 때문에, 돈이 다른 기술보다 느리게 진화하는 것처럼 보일 수도 있다. 사람들은 장래의 가치를 유지하면서 장기간 구할 수 있는 돈을 선호하기 때문에 인간 사회는 새로운 교환 매체로 뛰어들기가 어렵다. 저축이 무용지물이 되어서는 안 되지 않겠는가?

네트워크 효과는, 개개의 기술이 인기가 상승하고 지리적으로 넓은 공간으로 확산되면서 그 유용성이 늘어난다는 개념이다. 비트코인을 사용해 세계 곳곳에서 상품을 구매할 수 있다는 것은 긍정적인 네트워크 효과의 한 예이다. 긍정적 네트워크의 힘이 극대화되면 4장 도입부에서 설명한 해변의 선글라스도 구입이 가능할 것이다.

저축 또는 **잉여 가치**(surplus value)는 사람들이 미래에 투자할 수 있게 해 주는 원동력이다. 5만 년 전이나 오늘이나, 식량, 연료, 노동력의 여분을 가지고 있으면 미래를 계획하며 생동을 취할 수 있고, 이를 통해 미래 세대를 위한 더 큰 잉여 가치를 생성할 수도 있다. 이를테면, 농작물을 번식시키면 인구를 늘릴 수 있고, 공동으로 밭을 관개하는 댐을 건설하면 양식량을 더욱 증가시킬 수 있다.

그렇다면 이러한 고대사가 암호화폐와 어떤 관련이 있을까?

저축이 곧 명성

돈을 저축하는 사람들은 미래를 위해 재투자하는 사람들이다. 일반적으로 사람들은 자신과 가족이 거주하는 지역에 투자한다. 이것은 경제학에서 **자국 소비 편중**(home bias)이라는 개념으로 알려져 있다. 이러한 투자는 공공 사업에의 기부, 건설적인 사회 운동 주도, 대규모 고용 등으로 이어지며, 이러한 행위는 인간이 공동체에서 지위를 얻는 한 가지 수단이기도 하다.

1장과 앞 절에서 논의했듯, 아직 비트코인과 이더는 미래의 교환 가치를 보장받을 수 없다. 그래서 가족 유산을 상속하기 위한 장기적인 수단으로 비트코인이나 이더를 고려하기는 어려울 수 있다. 자선 모금, 연금 기금, 신탁 및 기부금 단체와 같은 다른 기관도 마찬가지이다.

앞으로 50년 안에 이 네트워크가 사용될지 아닐지 누가 알 수 있을까? 이와 대조적으로 국가는 수 세기 동안 존속되리라고 사람들이 믿는 경향이 있다. 국가는 법정 화폐를 발행하는 동시에, 자신의 경제 체제를 보호하기 위해 군대를 양성한다. 반면 비트코인이나 이더의 사용을 강요하는 중앙 권력은 없다. 더구나 컴퓨터 네트워크는, 수천 년 동안 (어떤 형태로든) 존재해 왔고 지속될 수 있는 정부와 비교했을 때 충분히 오래되지 않아서 사용 수명을 파악할 수 있을 정도다. 암호화폐가 기존의 돈보다 어떻게 더 존속성을 가질 수 있을까?

돈, 토큰, 명성… 그래서?

자산의 핵심은 수명이다. 자산 가치가 길어지고 가치의 위조가 불가능할수록 더 바람직하다. 많은 사람들이 채권과 부동산에 장기간 부를 저장하는 이유가 그것이다.

이 논리와 암호화폐를 연결하기 위한 관점은, 비트코인과 이더를 디지털 소장품(digital collectibles)으로 생각하는 관점이다. 앞으로 보게 되겠지만, 이것은 스마트 계약의 많은 용도를 고려할 때 가장 유용한 접근법이다. 결국 EVM 프로그램을 배우는 만큼이나 '무엇을 만들어야 하는지' 파악하는 것이 더 어렵기 때문이다. 오랜 역사를 가진 돈을 잘 관찰하면, 새로운 종류의 자산으로부터 어떤 종류의 새로운 비즈니스 거래 또는 사회 구조가 가능한지에 대한 많은 단서를 얻을 수 있다.

인터넷, 특히 사물인터넷에 있어서 이더리움이 품는 잠재력에 대해서는 많은 사람들이 다룬 바 있다.[37] 웹상에서 이더리움에 관한 문헌을 찾아보면, 작은 컴퓨터가 소액 결재를 자동으로 수행하는 시나리오를 쉽게 상상할 수 있다.

그러나 이러한 견해는 오늘날 존재하는 거래 내로 시야를 제한한다. 이더리움 및 비트코인 프로토콜의 혁신은 새로운 종류의 트랜잭션 및 도구를 도입하는 것이다. 사물 인터넷의 세계에서 일상 소비재는 어떤 의미인가? 그들은 역시 '사물'이 아닌가? 한 가지 가정을 해 보자. 말하자면, 스마트 계약에 속하는 특정 이더리움 주소(공개키)를 물리적 실물에 인쇄하면 이것 역시 사물인 것이다.

실제적으로는, 기계가 읽을 수 있게 중첩된 사각형 패턴인 QR 코드(그림 5-1)를 떠올릴 수도 있다. 그림 5-1의 QR코드는 이 책의 웹사이트 링크인 http://eth.guide를 담고 있다.

---

37 ConsenSys Media, "Programmable Blockchains in Context: Ethereum's Future," https://medium.com/consensys-media/programmable-blockchains-in-context-ethereum-s-future-cd8451eb421e#.rwdqmpvu0, 2015.

스마트폰으로 iOS 앱스토어 또는 구글 플레이 앱에서 무료로 제공되는 QR 코드 리더 앱을 쉽게 찾을 수 있다. 'QR reader'만 검색하면 된다. 이러한 QR 코드가 일상 속의 상품들, 즉 의류, 보석, 미술품 또는 기타 물품에 인쇄되고 직불 카드, 파생 상품 계약과 결합되었을 때 일어날 시너지를 상상해 보라.

그림 5-1 QR 코드 덕에 컴퓨터가 암호화폐 주소와 URL을 쉽게 읽을 수 있게 되었다. 그림의 예제는 http://eth.guide로의 링크이다.

소장품으로써의 코인

먼저 닉 재보(Nick Szabo)가 인류에 끼친 영향을 되짚어 보자. 닉 재보는 오늘날의 암호화폐 애호가들과 사이버펑크들에게 많은 영향을 미친 암호화폐 선구자이다.

2002년, 닉 재보는 인간 역사 속에서 물리적 상품과 추상적 가치가 교차하는 지점에 대해서 서술했다. 그는 '소장품'이야말로 크고 복잡한 금융 거래를 가능하게 하는 요소라고 기술한다.[38]

> 이러한 종류의 거래를 처음으로 가능하게 하는 데는 소장품의 역할이 중요했다. 소장품은 우리의 두뇌와 언어를 죄수의 딜레마로부터 해방시켰다.

신뢰할 만한 소장품의 거래 없이는 친족 네트워크 외부의 사람들과 자원을 교환할 방법이 없을 수도 있다. 이러한 수단은 규모 있는 국가들의 평화로운 공존을 위한 수단으로도 중요하다.

38 닉 재보, "Shelling Out: The Origins of Money," http://nakamotoinstitute.org/shelling-out/, 2002.

사회에서 소장품의 기능

돈의 중요한 기능 중 하나는 시간에 따른 가치의 흐름을 추적하는 것이다. 하나의 회계 시스템 내에서 빚진 가치와 받아야 할 가치를 추적하는 기능은 매우 중요하며, 규모가 있는 집단 사이의 상호작용과 협력에도 중요하다.

가치를 계산하기 위해 소장품을 사용하는 것은 초기 회계의 핵심이었다. 결국 이러한 가치가 추상화되어 금과 같은 가치를 지닌 물리적 실체가 되었다. 이러한 역사를 통해 부와 평판 사이의 관계를 현대적으로 설명할 수 있다.

이더리움과 비트코인은 수천 년 동안 이어진 문제의 핵심을 찌른다. 바로 인간이 불완전한 요소인 '평판'에 따라 회계를 진행한다는 점이다. 다시 닉 재보를 인용하자면 이렇다.

> 평판에 대한 신념에는 두 가지 오류가 있다. 어떤 행동을 어떤 사람이 했는지에 대한 오류, 그리고 그 행동으로 인해 야기된 가치 또는 손해를 평가하는 데 있어서의 오류이다. 호모 사피엔스 네안데르탈(Homo sapiens neanderthalis)과 호모 사피엔스(Homo sapiens)의 두뇌 크기는 동일하니, 원시 시대에도 모든 지역 부족 구성원이 다른 모든 부족 구성원의 가치 이동을 추적했을 것이다. 부족 내의 씨족 사이에서는 가치의 추적과 소장품이 모두 사용되었다.

부족이라는 하나의 회계 시스템 내에서 두 씨족이 소장품을 교환한다면 이것은 사실상 사설 은행 데이터베이스 또는 프라이빗 블록체인과 같다고 할 수 있다. 다시 한 번 닉 재보의 글을 보자.

> 씨족 사이에서 폭력은 여전히 권리 행사의 수단이었고 교역을 방해하는 거래 비용으로 작용했지만, 소장품은 가치 추적의 수단으로써 평판을 완전히 대체했다.

과거의 인간 집단은 오늘날의 은행과 마찬가지로 자신의 회계 시스템 외부에서 일어나는 거래에 대해 어려워했다. 어느 쪽의 화폐 시스템을 사용해야 하는가? 종족 간 오고가는 가치를 누가 추적할 것인가? 많은 유혈 사태가 일어날 수밖에 없는 조건이다. 부정 행위로 이득을 취할 기회가 너무 많았기 때문이다.

초기의 위조 지폐

씨족 간의 교류에 대한 해결책은 바로 희귀한 예술품이었다. 즉, 희귀한 광물 자원만 사용하지 않고, 자연 상태에서 찾을 수 없고 쉽게 만들 수 없는 물건을 교류의 수단으로 사용하는 방식이었다. 그냥 아름다운 사물이면 되는 것이 아니라, 숙련된 장인의 솜씨를 필요로 하는 작품이어야 소장품다운 가치를 가지고 교류의 수단이 될 수 있었다. 그리고 이런 소장품의 제작에 들어가는 장인의 노동 시간이 곧 '작업 증명'이 될 수 있었다. 바로 이 작업 증명은 다시 비트코인과 이더리움에서의 작업 증명 개념으로 연결된다. 닉 재보는 아래와 같이 언급한다.

> 소장품에는 기능적 특징이 있어야 했다. 사람이 착용할 수 있거나 숨길 수 있고 땅에 묻을 수 있을 정도로 작아야 했으며 위조품 제작이 불가능해야 했다. 이러한 위조의 어려움은 소장품을 통한 교류 과정에서 검증되어야 했으며, 이는 오늘날 소장품의 진본 여부를 평가하는 데 쓰이는 기술과 같은 맥락을 가지고 있다.

귀금속과 예술, 그리고 돈

인류 경제학의 발전에 있어서, 돈으로 쓰일 수 있는 안정적인 소장품만큼 중요한 것은 찾기 어려울 것이다. 돈은 협업을 가속시키는 요소이다. 닉 재보는 협업이야말로 우리가 정의할 수 있는 집단적 수준의 적응적 기능이라고 이야기한다.

> 오늘날 지구 상에 있는 대부분의 큰 동물은 단 하나의 종(種)이 포식자로 자리잡아 가는 과정을 두려워한다.

그 하나의 종이 바로 인간이다. 흰개미처럼 군집을 만들면서 늑대처럼 사냥하는, 도구를 만드는 유인원이 포식자가 된 것이다. 이러한 측면에서, 현대 암호화폐는 정교한 인간 협동 시스템을 위한 최고의 윤활제이다. 왜냐하면 전 세계의 지형을 포괄할 수 있는 불변 시스템 계정을 구축하기 때문이다.

은행권의 등장

돈, 평판 및 지위는 항상 함께 포장되어 왔다. 원시 시대의 귀중품은 장신구와 동일시되어 왔다. 금, 보석이나 다이아몬드가 박힌 왕관을 생각해 보라. 결국, 열심히 일해서 취한 대가를 외부에 표현하지 않을 이유가 없지 않은가?

그런데 사회 전체의 부가 늘어남에 따라 모든 사람들이 금을 조금씩 소유하게 되었다. 이러한 소유량은 조금씩 더 늘어났다. 급격한 변화 속에서 새로운 시장이 창출되었고, 이 시장에서 부유한 사람들은 사회적 지위를 표현하고 누릴 수 있었다. 어느 시점부터는 이러한 금을 착용하고 들고 다니기가 어려워졌고, 사람들은 상품의 브랜드나 자녀가 다니는 특정 학교와 같은 추상 가치를 가지고 경쟁하기 시작했다.

이 시점에서 개발 도상국 사회가 되었다고 볼 수 있으며, 은행은 개인 계좌 보유자가 은행권 (banknotes)으로 거래를 시작할 만큼 충분한 돈을 갖추게 된다. 경제학자 마틴 암스트롱 (Martin Armstrong)은 이 원리에 대해 아래와 같이 설명한다.[39]

> 금 세공인이 발행한 영수증과 은행권의 구분은 간단하다. 영수증이 계좌가 아닌 '무기명' 수신자를 명시하는 경우 영수증이 은행권으로 바뀌게 된다. 그래서 패터슨(Paterson)이 설립한 영국 은행(Bank of England)은 '무기명' 지급을 명시한 영수증을 만들어서 은행권을 순환시켰으며, 이는 실제 금 지급 능력과 무관하게 되었다.

비트코인은 무기명 계정을 생성하는 방법으로 위의 논리를 약간만 수정했다. 계정의 암호와 개인키를 가지고 있는 사람은 기본적으로 소유자가 된다. 비트코인 주소는 이더리움 주소와 마찬가지로 개인에게 등록되지 않으며, 거의 익명에 가깝게 만들어진다.

이더는 근본적으로 EVM의 계산 시간을 상환받을 수 있는 은행권과 같다.

---

39 Armstrong Economics, "Money and the Evolution of Banking," www.armstrongeconomics.com/ research/monetary-history-of-the-world/historical-outline-origins-of-money/money-and-the-evolution-of-banking/, 2016.

고부가가치 디지털 소장품의 플랫폼

디지털적인 맥락에서, 신뢰할 수 있는 시간 저장소는 디지털 소장품을 위한 플랫폼으로서 큰 잠재력을 가지고 있다. 온라인이든 오프라인이든 개인 공간에서 쉽게 보여줄 수 있고, 휴대할 수 있으면서도 쉽게 도난당하지 않는다.

대부분의 사람들은 사물 인터넷이라는 말에서 초소형 센서, 자가 진단 가능한 산업용 장비, 무인 자동차를 생각한다. 유사한 맥락에서, 블록체인 기술을 가리키는 또 다른 표현으로 가치 인터넷(The Internet of Value)이라는 표현이 있으며 이는 이더리움과 비트코인의 개념을 설명하는 데 쓰이는 많은 은유 중 하나이다. 그러나 추상적으로 생각하기보다는, 가치를 가진 예술품, 보석류, 패션 또는 프리미엄 제품에 대한 검증 및 소유권을 블록체인에 저장할 수 있다는 개념으로 접근하면 더 이해가 쉬울 수 있다.

물리적 개체의 소유권, 가치, 출처의 정보를 담은 블록체인이 가동 중인 한, 미래에도 이러한 정보는 절대 '잊혀지지' 않을 것이다. 100년 안에 TV에서 '진품명품'과 같은 프로그램이 사라질 수도 있으며, 유사한 서비스가 스마트 계약으로 이루어질지도 모른다.

토큰은 스마트 계약의 일종

일반적으로 말하면, 이더리움 프로토콜의 장점이자 특징은 **특징이 없는 것**(featureless)이다. 개념적으로 토큰이 스마트 계약과 상당히 중첩되는 한 가지 이유이기도 하다. 토큰은 EVM에서 스마트 계약 기능의 한 가지 응용일 뿐이다.

 이번 장에서는 자신만의 토큰을 만들고 배포할 것이다. 토큰은 스마트 계약의 애플리케이션 중 하나이자 가장 인기있는 애플리케이션이기도 하다. 그래서 미스트 지갑은 토큰을 쉽게 만드는 방법을 지원한다. 미스트 지갑이 이런 식으로 쉽게 지원하는 스마트 계약은 토큰뿐이다.

즉, 이더리움 스마트 계약 중 가장 일반적인 사례 중 하나가 바로 **보조 화폐**(subcurrency), 토큰이다. 이더리움 개발팀은 손쉬운 토큰 제작을 위해 미스트 지갑 안에 사용하기 쉬운 템플릿을 넣어 두었다. 물론, 토큰 외에도 일반적인 스마트 계약을 위한 다른 템플릿이 추후에 제공될 것이다. 그러나 현 시점에서 EVM에서 이더 전송과 함께 사용할 수 있는 템플릿은 토큰 생성뿐이다.

사용자 친화적인 토큰을 만드는 과정을 한 문장으로 요약해서 사용자에게 가치 제안을 한다면, '자동 장부 관리 기능과 함께 제공되는, 엄청나게 안전한 디지털 화폐 시스템' 정도가 될 것이다.

여기까지, 암호화 소장품과 스마트 장치의 새로운 시대를 여는 이더리움과 비트코인의 역사적인 잠재력에 대해 알아보았다. 이제 다시 본론으로 돌아가서, 토큰 배포 방법에 대해 알아보자.

> 이번 장에는 2장에서 설치한 미스트 지갑을 사용하는 연습 문제가 포함되어 있다. 컴퓨터에 설치를 마치고 나면 이더리움 지갑(Ethereum Wallet)으로 표시될 수도 있다. 하지만 이 책에서는 오늘날의 데스크탑 및 모바일 컴퓨터에서 사용할 수 있는 많은 여타 이더리움 지갑과 구분하기 위해 '미스트 지갑'이라는 표현을 고수할 것이다.

토큰 스마트 계약

토큰은 코인(coin)이라고도 불리우며, 3장에서 다루었듯 토큰 자체도 스마트 계약의 일종이다. 너무 자주 이야기하는 것 같지만, 반복을 통해 독자 여러분이 이 어휘를 자연스럽게 받아들이게 될 것이다.

(모든 형태의 돈과 마찬가지로) 토큰 자체를 사회적 계약이나, 사용자 그룹 간의 합의로 볼 수도 있다. 토큰을 사용하는 그룹의 암묵적인 동의를 다음과 같이 풀어서 표현할 수도 있을 것이다. '우리 모두는 이 토큰이 우리 공동체에서 돈이라는 데 동의합니다.' 이는 또한 해당 토큰을 위조함으로써 사회 기반을 약화시키지 않겠다는 동의이기도 하다.

오늘날 스마트 계약과 가장 가까운 형태의 소프트웨어는 사용자가 페이스북, 트위터, 아이튠스, 지메일과 같은 서비스에 계정을 만들 때 서명하는 최종 사용자 사용권 계약(EULA)일 것이다. 이러한 계약에는 일반적으로 다른 사용자를 스팸 처리하는 것과 같은 언어 금지 활동이 포함되어 있어 사용자 경험을 저하시킨다.

이런 식으로 생각하면, 오늘날의 디지털 미디어와 상품이 **디지털 소장품**(digital collectible)이 되어 미래의 소셜 네트워크 내에서 흥정, 전시, 판매되는 광경을 상상할 수 있을 것이다. 셀카나 팟캐스트와 같은 온라인 컨텐츠에, 그 규모가 크든 작든 수수료를 매겨서 판매하고, 라이센싱하고 대여가 가능한 것이다.

토큰은 훌륭한 첫 번째 애플리케이션

토큰을 만들 때는, 토큰이 쓰일 커뮤니티가 그 가치를 결정한다는 점을 유념해야 한다. 그 말은 이미 특정한 종류의 돈이나 증서(scrip)를 사용해 거래하고 있는 기존 커뮤니티에 토큰을 추가하는 것이 훨씬 쉽다는 뜻이다.

그러나 보조 통화를 만드는 것만이 **암호화 자산**(cryptoasset)의 용도인 것은 아니다. 자산의 개념은 고도로 일반화되어 있다. 자산은 금융 계약 또는 스마트 계약의 형태로 복권, 또는 주식 지분을 나타낼 수도 있고, 지역 경제 내에서만 쓰일 수도 있다. 그 가격은 시장에 의해 결정될 수도 있고, 다른 자산의 가격에 고정될 수도 있다. 어떤 규칙을 따를지는 당신이 결정할 몫이다.

> 증서(scrip)는 **구독**(subscription)이라는 단어에서 파생된 용어이다. 다양한 정의가 있지만 일반적으로는 차용 증서(IOU)를 가리킨다. 또한 항공 마일리지 또는 리워드 포인트와 같은 사설 통화를 가리킬 수도 있다. 이 책에서는 증서를 일반 회계 단위라는 의미로 사용하고 있다. 즉, 거대한 EVM에서 쓰일 수 있는 최소 단위인 것이다.

이더리움에서, 토큰은 퍼블릭 블록체인 내에 존재한다. 이더의 **보조 통화**(subcurrency)를 만들 수도 있지만, 이더는 언제나 채굴과 가스 비용에 쓰이는 특별한 토큰으로 유지될 것이다. 완전히 독립적인 블록체인 네트워크를 원한다면, 자체적으로 프라이빗 블록체인을 만들고 기본 이더리움 체인에서 완전히 분리할 수도 있다.

보조 통화를 만드는 것은 쉬운 일이고, 개발자들의 흥미를 돋우기 위한 용례로는 매우 적합하다. 하지만 재직 중인 회사에서 자체 블록체인을 만들고자 한다면? 어려워할 것 없다. 8장에서 이더리움 퍼블릭 체인과는 별개의 프라이빗 체인을 만드는 과정을 다루게 될 것이다.

테스트넷에서 토큰 만들기

먼저 롭슨 테스트넷에 연결하고 이더를 전송하는 방법에 익숙해져야 한다. 그 다음에 스마트 계약 배포를 진행할 것이다.

 롭슨 테스트넷은 이전에 모든(Morden)으로 불렸으며, 오래 된 문서에서는 여전히 이 이름을 볼 수 있다.

데스크탑 컴퓨터에서 미스트 지갑을 실행하자. 미스트 지갑의 Develop(개발) 메뉴를 열면 그림 5-2와 같이 테스트넷을 선택할 수 있는 Network(네트워크) 메뉴가 표시된다.

그림 5-2 테스트넷에 연결하기

테스트넷에 연결된 후에는 그림 5-3과 같이 미스트 브라우저에 빨간색으로 강조 표시된 경고가 나타날 것이다.

그림 5-3 테스트넷 연결 후에는 미스트 UI에 빨간색 표시가 나타난다.

수도꼭지에서 이더 받기

이더리움 롭슨 테스트넷에서는 수도꼭지를 설치해서 가짜 이더를 쉽게 받을 수 있다. 하지만 이번 절에서는 직접 수도꼭지를 설치하지 않고 그림 5-4와 같이 http://faucet.ropsten. be:3001/의 수도꼭지를 사용해서 이더를 받을 것이다.

참고로, http://faucet.eth.guide에서 이 수도꼭지에 대한 최신 링크를 찾을 수 있다. 수도꼭지에서 테스트넷 전용 이더를 받으려면 아래 단계를 따르자.

1. 앞에서 설명한 단계에 따라 미스트 지갑이 테스트넷에 연결되었는지 확인한 후, 아직 주소가 없다면 주소를 생성하자. 생성된 긴 16진수 주소(0x로 시작하는 주소)를 시스템 클립보드에 복사한 다음 주소 필드에 붙여 넣자.

2. 이더를 얻으려면 'send me 1 test ether(테스트용으로 쓸 1이더를 내게 보낼 것)' 라고 쓰인 버튼을 클릭하자.

그림 5-4 이더리움 테스트넷에는 스마트 계약을 작성하거나 디버깅하는 동안 사용할 수 있는 테스트 이더를 나눠주는 기능이 있다.

이더 전송을 테스트하려면, 미스트 지갑에 주소를 두 개 생성하고 한 주소에서 다른 주소로 테스트용 이더를 옮기는 방법을 추천한다. 순서대로 설명하자면, 우선 미스트 지갑의 홈(home)에서 새 지갑 주소를 생성한다. 다음으로 send(보내기) 대화 상자를 사용해 지갑 주소 중 하나에서 다른 주소로 이더를 보낼 수 있다. 자기 자신에게 이더를 보내든, 지구 반대편에 있는 사람에게 보내든 소요되는 시간은 거의 비슷하다. 분산 시스템의 특징이다.

테스트넷에도 블록체인 탐색기가 있어서, 테스트넷 내의 모든 트랜잭션을 조회할 수 있다. 테스트넷 블록체인 탐색기 중 하나인 https://testnet.etherscan.io/의 검색창에 테스트넷용 미스트 주소를 입력하기만 하면 모든 트랜잭션이 나열된다.

이제 롭슨 체인에서 테스트용 이더를 다루는 방법을 익혔으니, 자신만의 이더 보조화폐, 즉 토큰을 한 줄의 코딩도 없이 만드는 방법을 알아보자.

 테스트넷과 메인 네트워크를 구분하는 것은 무엇일까? 기본적으로 그들은 서로 다른 체인이다. 한 대의 컴퓨터에 여러 대의 하드 드라이브가 달려 있듯, 이더리움 노드도 서로 다른 여러 체인에 연결이 가능하다.

다음 절에서는 복사 및 붙여넣기만으로 미래적인 가치 지향 웹 서비스를 만들 것이다. 다시 말해서, 표준화된 코드를 사용해서 자신만의 맞춤형 회계 시스템, 가치 이전 시스템을 만들 수 있다. 퍼블릭 이더리움 체인 위에서 보호되는 자신만의 자산 데이터베이스를 만들 수 있는 것이다!

연습: 코드 없이 맞춤형 토큰 만들기

자신만의 토큰을 만드는 작업은 약 5분 안에 마칠 수 있다. 필요한 것은 2장에서 내려받은 미스트 브라우저, 그리고 텍스트 편집기뿐이다. 맥OS, 윈도우 또는 우분투를 사용하는 경우 기본적인 텍스트 편집기 응용 프로그램이 제공되지만, 서브라임 텍스트(Sublime Text)와 같은 타사 응용 프로그램을 사용해도 무방하다.

미스트를 포함한 모든 이더리움 클라이언트 애플리케이션의 다운로드 링크는 http://clients.eth.guide 에서 찾을 수 있다.

 이 연습에서는 당분간 테스트에 토큰을 생성할 것이다. 토큰을 비롯한 모든 스마트 계약을 EVM에 배포할 때에는 비용(이더)이 든다는 점을 상기하도록 하자. 메인 네트워크에 토큰을 만드는 것이 위험한 일은 아니지만, 실제 이더를 조금씩 지불해야 한다. 아무리 작은 금액이라도, 의미 없이 연습만을 위해 실제 돈을 쓸 수는 없지 않은가?

프로그래밍 경험이 있다면, 대부분의 개발 환경은 통합된 애플리케이션 제품군을 사용해야 프로그래밍과 배포가 가능하다는 사실을 알 것이다. 반면 이더리움 프로토콜에서는 컴퓨터의 텍스트 편집기와 미스트 지갑을 사용해 애플리케이션을 작성하고 배포할 수 있다. 놀랍지 않은가?

준비를 위해 우선 이더리움 미스트 지갑을 열자. 그림 5-5와 같이 오른쪽 상단의 Contracts(계약) 탭을 클릭하자.

그림 5-5 Contracts 탭에서 계약을 붙여넣고 배포할 수 있다.

1. 그림 5-6과 같이 Deploy New Contract(새 계약 배포) 옵션을 클릭하자.

그림 5-6 계약 코드를 입력하려면 Deploy New Contract 옵션을 클릭하자.

2. 이 책의 깃허브 페이지(https://github.com/chrisdannen/Introducing-Ethereum-and-Solidity/)로 이동해 mytoken.sol 파일을 찾고, 해당 파일의 코드를 복사하자. 그림 5-7의 코드와 같다.

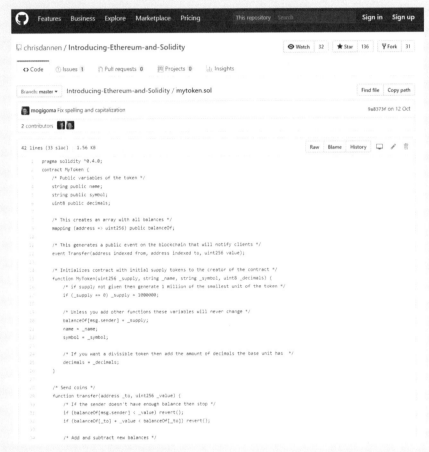

그림 5-7 깃허브에 있는 예제 프로젝트의 코드

3. 이 코드를 복사하고, 미스트 지갑으로 돌아가서 그림 5-8과 같이 Deploy(배포) 창 내의 Solidity Contract Source Code(솔리디티 계약 소스코드) 상자에 붙여 넣자. 붙여 넣을 때 창에 있던 원래 내용을 모두 지우고 붙여야 한다. 그림 5-8의 코드는 해당 창의 디폴트 코드이며, 이를 지우고 붙여야 한다.

```
SOLIDITY CONTRACT SOURCE          CONTRACT BYTE CODE
         CODE

1    pragma solidity ^0.4.2;
2
3 ▾  contract MyContract {
4        /* Constructor */
5 ▾      function MyContract() {
6
7
8
9        }
10   }
```

그림 5-8 계약 소스코드를 붙여 넣을 때 삭제해야 할 디폴트 코드

4. 이제 그림 5-8와 같은 코드 화면을 볼 수 있을 것이다.

```
      SOLIDITY CONTRACT SOURCE CODE                    CONTRACT BYTE CODE

1    pragma solidity ^0.4.0;
2 ▾  contract MyToken {
3        /* Public variables of the token */
4        string public name;
5        string public symbol;
6        uint8 public decimals;
7
8        /* This creates an array with all balances */
9        mapping (address => uint256) public balanceOf;
10
11       /* This generates a public event on the blockchain that will notify clients */
12       event Transfer(address indexed from, address indexed to, uint256 value);
13
14       /* Initializes contract with initial supply tokens to the creator of the contract *
15 ▾     function MyToken(uint256 _supply, string _name, string _symbol, uint8 _decimals) {
16           /* if supply not given then generate 1 million of the smallest unit of the toke
17           if (_supply == 0) _supply = 1000000;
18
19           /* Unless you add other functions these variables will never change */
20           balanceOf[msg.sender] = _supply;
21           name = _name;
22           symbol = _symbol;
23
24           /* If you want a divisible token then add the amount of decimals the base unit
25           decimals = _decimals;
26       }
27
28       /* Send coins */
29 ▾     function transfer(address _to, uint256 _value) {
30
```

그림 5-9 계약 소스코드 전체를 붙여넣고 나면 코드 창 오른쪽에 새로운 드롭다운 메뉴가 나타날 것이다.

5. 이제 오른쪽에 있는 메뉴에 계약의 이름이 자동으로 표시된다. My Token(내 토큰)이라는 메뉴가 드롭다운 리스트에 나타났을 것이다. 이를 선택하자. 그럼 그림 5-10에 표시된 필드가 나타난다.

그림 5-10 계약 코드를 붙여 넣은 후에는 토큰 매개변수를 입력해야 한다.

각 레이블 오른쪽에 밝은 회색으로 표시된 텍스트가 보이는가? 4장에서 다뤘던 자료형에 대해 다시 생각해 보자. supply(공급) 및 decimals(소수점) 필드는 uint, 즉 양의 정수 자료형을 가져야 한다. 나머지 필드에는 임의의 텍스트나 숫자로 이루어진 문자열이 들어갈 수 있다.

6. 아래와 같이 필드의 내용을 입력하자.

supply(공급): 얼마나 많은 토큰을 만들 것인가?

name(이름): 이 토큰을 뭐라고 부를 것인가?

symbol(기호): 달러를 USD로 표시하듯, 이 토큰의 기호를 입력하자.

decimals(소수점): 달러와 센트처럼 하나의 토큰을 100개의 하위 단위로 나눌 것인가? 아니면 1,000? 아니면 10,000?

7. 이제 매개변수를 설정하고 아래로 스크롤한 다음, Deploy(배포) 버튼을 클릭하자. 수수료 슬라이더는 기본값으로 두어도 무방하다. 토큰 배포에 사용되지 않는 수수료는 환불받게 된다.

8. 지갑(Wallets) 탭에서 최근 트랜잭션까지 아래로 스크롤하면 방금 배포한 계약의 주소가 표시된다.

토큰 잔액을 확인하려면 이 토큰을 볼 수 있어야 한다. 다음 연습문제의 주제이다.

만들어진 토큰은 미스트 지갑을 통해 다른 사람에게 보낼 수 있다. 하지만 토큰 수신자가 토큰을 확인할 수 있게 하려면, 토큰을 볼 수 있는 방법을 알려주어야 한다. 그 자세한 방법을 이제부터 알아보자.

연습: 토큰 보기

개인이 만든 토큰이든, 대기업이 만든 토큰이든, 모든 토큰은 이더리움 시스템에서 동일하게 생성된다. 별도의 조치를 하지 않으면 미스트 지갑은 이러한 토큰을 별도로 보여주지 않는다. 아이폰이 앱스토어의 모든 앱을 내려받지 않듯이, 미스트 역시 원하는 토큰만 선별적으로 확인할 수 있는 구조를 가지고 있다.

토큰을 보기 위한 절차는 그리 복잡하지 않다. 그림 5-11과 같이 Watch Contract(계약 보기) 대화 상자에서 간단한 설정만 하면 된다. 시작해 보자.

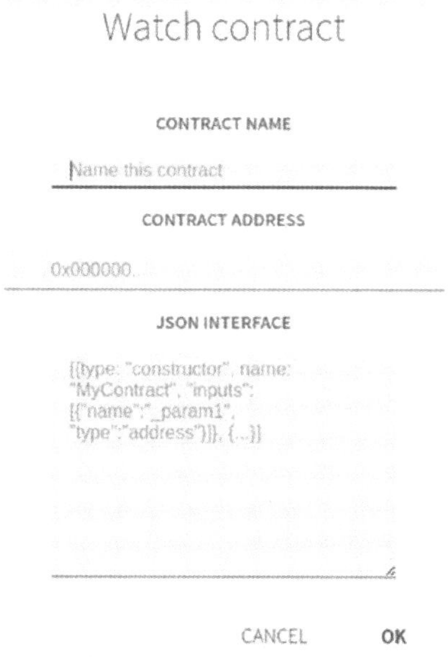

Watch contract

CONTRACT NAME

Name this contract

CONTRACT ADDRESS

0x000000

JSON INTERFACE

[{type: "constructor", name:
"MyContract", "inputs":
[{"name":"_param1",
"type":"address")}], {...}]

CANCEL   **OK**

그림 5-11 토큰에 대한 기본 사항을 안다면 미스트를 통해 해당 토큰의 잔액을 확인할 수 있다.

스마트 계약이 EVM에 업로드된 후에는 전 세계 어디서든 계약에 접근할 수 있다. 미스트 지갑의 구조에서는 앱 다운로드가 필요 없다. 계약 코드는 각 블록에 들어가는 동시에 채굴을 진행하는 모든 컴퓨터에 수동적으로 다운로드되기 때문이다.

모든 스마트 계약은 서비스로 제공되는 동시에 로컬에서 실행 가능하기 때문에, 마치 앱 스토어 전체가 이미 로컬 컴퓨터에 있는 것처럼 앱을 호출할 수 있다.

특정 앱, 또는 스마트 계약을 호출하는 것은 이번 장에서 다루고 있는 앱인 토큰의 용례에서 가장 흔히 쓰인다. 토큰 용어에서는 이를 토큰 보기(watching)라고 한다. 토큰은 스마트 계약의 공통적이고 유용한 애플리케이션이기 때문에 미스트 지갑에도 토큰 보기 인터페이스가 이미 만들어져 있다. 아래와 같은 단계로 이를 사용할 수 있다.

1. 미스트의 Contracts(계약) 탭으로 돌아가자.

2. Watch Token(토큰 보기)을 클릭하자.

3. 토큰의 contract address(계약 주소)를 붙여 넣자. 토큰의 contract name(계약 이름)이 있다면 이름도 기재하자.

4. JSON 상자에는 아무것도 입력할 필요가 없다. 미스트에 토큰에 대한 프런트엔드 인터페이스가 제공되기 때문이다. 이번 장의 뒷부분에서 맞춤 계약을 배포할 때 여기에 데이터를 입력할 기회가 있을 것이다.

5. 보기(Watch) 버튼을 클릭하자. 이제 미스트 지갑의 메인 대시보드에 이 토큰의 잔액이 표시될 것이다.

다른 계약을 보려면, 블록체인 탐색기에서 계약 주소를 검색해야 한다. 이더리움 체인을 위한 블록체인 탐색기에는 여러 가지 종류가 있으며 http://explorer.eth.guide에서 찾을 수 있다.

이번 장의 연습에서는 테스트넷에 계약을 배포하므로 위에서 찾을 수 있는 탐색기로는 계약을 볼 수 없다. 탐색기는 데이터베이스 판독기와 같으며, 테스트넷은 실제 이더를 처리하는 메인 네트워크와 다른 데이터베이스(또는 체인)이기 때문이다. 대다수의 블록체인 탐색기는 메인 네트워크에 대한 인터페이스를 제공한다.

토큰 등록

이더스캔(Etherscan)과 같은 블록체인 탐색기에 토큰을 등록하고 ERC 토큰 표준을 준수한다면, 토큰을 공개적으로 검색할 수 있다. ERC는 'Ethereum Request for Comment'의 약자로 인터넷의 주요 기술 개발 및 표준 설정 기관에서 사용하는 RFC(Request for Comment)라는 공통된 규정을 이더리움에 적용한 것이다.

ERC 문서 외에도, 이더리움 커뮤니티에서의 개발은 이더리움 개선 제안(Ethereum Improvement Proposals), 또는 EIP를 통해서도 이루어진다. 표준 토큰에 접근할 수 있는 표준화된 함수의 목록을 https://github.com/ethereum/EIPs/issues/20에서 볼 수 있다. 또한 이더리움 벤처 기업인 컨센시스(ConsensSys)는 https://github.com/ConsenSys/Tokens에 무료 오픈소스 표준 스마트 계약 코드를 발표했다. 이 두 URL은 http://tokens. eth.guide에도 링크되어 있다.

첫 계약 배포

이더리움 프로토콜의 출시 당시에는 몇 가지 표준 계약이 있었지만, 그 대부분은 사용이 중단되었다. 이 글을 쓰는 시점에서는 위에서 함께 살펴보았던 토큰 계약만이 표준화되어 있다.

하지만 개빈 우드(Gavin Wood)덕분에 아파치 2 라이선스를 따르는 몇 가지 오픈소스 계약을 활용할 수 있게 되었으며 이를 통한 실험도 가능해졌다. 이제부터 이러한 계약 중 하나를 배포해 볼 것이며, 나머지는 https://github.com/ethcore/contracts에서 찾을 수 있다. 지금부터 살펴볼 계약은 더 이상 '표준'으로 간주되지 않지만, 스마트 계약의 구조를 효과적으로 파악하기에 유용한 학습 도구이다. 특히 계약 계정이 이더를 어떻게 보관하고, 명령에 따라 어떻게 반환하는지를 볼 수 있을 것이다.

 이전 장에서도 다루었지만, 이더리움에는 두 가지 유형의 계정이 있다. 첫 번째 계정은 계약 계정이고, 두 번째 계정은 외부 계정으로써 키 쌍으로 제어되며 대개 사람 또는 외부 서버가 보유한다.

표준 계약 라이브러리가 부족하다는 점이 이상하게 보이겠지만, 걱정할 필요 없다. 수많은 서드파티 그룹이 표준 스마트 계약 라이브러리를 만들고 있으며 그 중 일부는 특정 산업에 특화되어 있다. http://solidity.eth.guide에는 솔리디티 계약 예제, 모범 사례, 가이드, 자습서 및 계약 라이브러리를 포함한 많은 자료가 나열되어 있다.

처음으로 계약을 배포하기 전에, 테스트넷에 연결된 상태인지 다시 확인하자! 맥OS, 윈도우 또는 우분투를 사용하는 경우 맨 위의 메뉴에 Develop(개발) 탭이 있을 것이다. 그림 5-12 는 우분투 14.04 환경의 예이다. 참고로 미스트를 통해 테스트넷에서 채굴을 수행할 수도 있는데, 이를 통해 로컬에서 계약을 테스트할 수도 있다. 자세한 내용은 다음 절을 참고하자.

그림 5-12 테스트넷 연결 상태인지 다시 확인하자.

연습: 간단한 계약을 배포

소유 계약(owned contract)은 아마도 가장 인기있는 학습용 스마트 계약일 것이다. 이는 EVM에서 가능한 기본 관계 중 하나인, 외부 소유 계정과 계약 계정 간의 관계를 설정하기 때문이다. 외부 소유 계정과 계약 계정은 별개의 개체이지만, 그 사이의 관계를 프로그래밍하는 것은 가능하다.

계약 계정이 잘못 프로그래밍되면, 계약 계정으로 송금한 돈을 다시는 되찾지 못할 수도 있다. 스마트 계약에는 백도어가 없다. 이는 심지어는 백도어를 만드는 사람들에게도 마찬가지이다. 이러한 관점에서 EVM은 무자비하다고 볼 수도 있다. 그래서 테스트 용도로는 테스트넷과 수도꼭지에서 받은 테스트 이더를 사용하는 것이다.

이번 연습을 위한 계약 코드는 https://github.com/chrisdannen/Introduction-ethereum-and-solidity/ 에서 찾을 수 있다.

앞에서 설명한 계약의 위험한 성질 때문에, 계약을 프로그래머가 제어할 수 있게 작성하는 것이 중요하다. 그러므로 이번에 살펴볼 소유 계약은, 다른 솔리디티 코드를 통해 제어할 수 있는 작은 이더 클래스에 대한 것이다. owned.sol의 내용을 살펴보자.

```
//! Owned contract.
//! By Gav Wood (Ethcore), 2016.
//! Released under the Apache Licence 2.
pragma solidity ^0.4.6;

contract Owned {
    modifier only_owner { if (msg.sender != owner) return; _; }
    event NewOwner(address indexed old, address indexed current);
    function setOwner(address _new) only_owner { NewOwner(owner, _new);
    owner = _new; }
    address public owner = msg.sender;
}
```

 스마트 계약을 배포하기 전에, 코드를 작성한 솔리디티 버전을 pragma로 첫 번째 행에 명시하는 것을 잊지 말자. 꼭 필요한 것은 아니지만 컴파일러 오류를 방지하는 데 도움이 된다.

위 계약을 배포하고 나면 EVM을 통해 계약 주소를 얻을 수 있게 된다. 일단 테스트넷에 업로드하고 나면, 이 계약 주소를 미스트 지갑 보내기 메뉴의 수신(To) 필드에 붙여 넣고 이더를 전송해서 활성화시킬 수 있다. 이렇게 하면 이더를 보낸 계정이 외부 계정 msg.sender가 되고, 이 계약의 소유자가 된다.

이것이 무엇을 의미하는가? 이 계약은 EVM에서 영원히 호스팅되며 그 기능은 단 하나이다. 계약을 호출하는 사람, 또는 계약에게 자신의 소유권을 이전하는 것이다. 여기에서 한 가지 이해에 주의할 점이 있다. 다른 사람이 이 계약서를 복사해 배포하면, 동일한 EVM 상에 배포하더라도 다른 주소로 계약이 생성된다는 점이다. 즉, 동일한 계약의 별도 인스턴스가 된다.

같은 집, 다른 주소

서로 다른 두 사람이 동일한 EVM에 동일한 계약을 배포하는 행위는, 동일한 설계도를 가지고 서로 다른 주소에 두 개의 집을 짓는 것과 거의 같다고 말할 수 있다. 그들은 동일한 물리적 공간을 차지할 수는 없으며, 동일한 설계도, 혹은 클래스를 가지고 서로 다른 집, 인스턴스를 만들어낼 수 있을 뿐이다.

Owned.sol은 스마트 계약 중에서도 골든 리트리버라고 할 수 있다. 일단 호출하기만 하면 호출자에게 소유권이 할당된다. 사람이 제어하는 외부 계정이든, 다른 스마트 계약이든 상관없다.

앨리스가 인도에서 owned.sol을 EVM에 업로드하면 로컬 스크립트로 접근이 가능해지며, 뉴욕에서 EVM에 업로드한 계약을 통해서도 접근이 가능해진다. 멋지지 않은가?

앞에서 다룬 토큰 배포에서는 미스트에 솔리디티 코드를 붙여 넣는 정도로 작업을 마무리했다. 간결하지만 너무 쉬운 느낌도 든다. 실제로 수면 아래에서 어떤 일이 일어나는지 보고 싶으면, 온라인 컴파일러를 사용해 솔리디티 코드를 EVM 바이트코드로 수동으로 컴파일해 보자. 온라인 컴파일러는 https://remix.ethereum.org에 있다.

브라우저에서 컴파일러를 열고 이 책의 깃허브 페이지(https://github.com/chrisdannen/Introducing-Ethereum-and-Solidity/)로 돌아가자. 이제 계약을 컴파일하고 테스트해 보자. 깃허브 저장소에서 owned.sol이라는 솔리디티 스크립트를 찾아서 열어 아래의 단계를 진행하자.

파일의 모든 텍스트를 복사하자. 물론 최상단의 버전 pragma 헤더도 포함해야 한다. 이를 통해 계약을 작성한 솔리디티 언어 버전을 컴파일러에 알려줄 수 있다.

1. 계약의 텍스트를 클립보드에 복사하자(윈도우 또는 리눅스에서는 Ctrl + C, 맥에서는 Command + C).

2. 브라우저 컴파일러의 주 텍스트 상자에 코드를 붙여넣자(Ctrl + V 또는 Command + V). 붙여 넣을 자리에 샘플 코드가 있다면 먼저 모두 제거하자. 붙여 넣을 코드 외에 다른 텍스트가 있어서는 안 된다. 그림 5–13과 같이 보여야 한다.

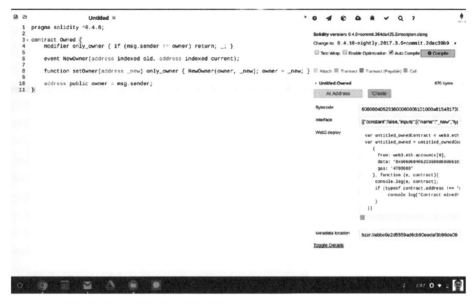

그림 5-13 브라우저의 컴파일러 창에 계약 코드를 붙여 넣자.

3. 컴파일 버튼을 클릭해서 계약을 컴파일하자. 바이트코드 필드에 나타나는 바이트 코드를 선택해 클립보드에 복사하자.[40]

4. 미스트 브라우저로 돌아가자.

5. 앞의 토큰 계약에서 진행했던 계약 배포 프로세스를 반복하자. 미스트 지갑에서 오른쪽 상단의 Contracts 탭으로 이동해 Deploy New Contract(새 계약 배포)를 클릭하자. Contract Bytecode(계약 바이트코드) 상자에 앞에서 복사한 바이트코드를 붙여 넣자.

6. 아래쪽으로 스크롤하고 배포 버튼을 클릭하자.

7. 지갑(Wallets) 탭에서 최신 거래로 스크롤해 방금 배포한 계약의 주소를 확인하자.

---

40 (옮긴이) Remix 온라인 컴파일러의 최신 버전(2017년 12월 기준)은 붙여 넣은 코드의 컴파일을 자동으로 수행한다. 수동 컴파일을 위해서는 코드 창 오른쪽의 Start to Compile(컴파일 시작) 버튼을 클릭해야 하며, 컴파일이 성공하면 Details(상세) 버튼을 눌러 바이트코드를 비롯한 여러 정보를 확인할 수 있다.

8. 토큰 계약 때와 동일한 Watch Contract(계약 보기) 절차를 진행하자. 트랜잭션 피드에 계약 주소를 붙여 넣고, 계약 이름으로는 'Owne'를 입력하자. 이번에는 상자에 JSON 코드를 입력할 것이다.

9. 브라우저 솔리디티 컴파일러로 돌아가서, 페이지의 JSON 인터페이스 부분에 있는 내용을 복사하자. 이것은 컴파일러가 솔리디티 코드에서 수집한 내용을 기반으로 해 계약의 기본 프런트엔드를 제공한다.

계약과 인터페이스하기

이제 미스트 인터페이스를 통해 계약을 배포하였으므로, 배포된 계약을 활성화할 수 있다. EVM 상의 계약을 호출하기 위해 반드시 이더를 보내야 하는 것은 아니다. 계약 주소에 0이 더를 보내기만 해도 활성화가 가능하다. 만약 활성화가 작동하지 않으면, 계약서가 테스트넷에 업로드되었는지, 그리고 0이더를 보내는 미스트 지갑 및 계정이 테스트넷에 연결되어 있는지 확인하자.

소유 계약의 활성화는 0과 1의 문제이다. 0이더를 보내든, 100이더를 보내든 그 효과는 동일하다. 계약을 보다 정교하게 설계하면, 얼마를 보내는지에 따라 호출 이후에 계약이 작동되는 방식이 달라지도록 만들 수도 있다.

소유 계약은 EVM에서 활용할 수 있는 참조용 계약일 뿐이다. EVM에는 참조 가능한 많은 계약이 수 년 동안 누적되어 있다.

지금까지 소규모 스마트 계약을 통해 스마트 계약이 분산 애플리케이션을 어떻게 이루는지 알아보았다. 이렇게 표준화된 코드, 또는 공용 인스턴스를 사용하면 프로그래머는 사용자 정의에 해당되는 코드만을 수정해 오류의 가능성을 줄일 수 있다.

요약

이번 장에서는 두 가지 스마트 계약을 배포했다. EVM에 배포할 수 있는 가장 기본적인 애플리케이션인 토큰 계약, 그리고 분산 프로그램만의 독특한 성질을 알아볼 수 있는 소유 계약을 배포하는 과정을 통해 이더리움 프로토콜이 얼마나 강력한지, 그리고 계약을 통해 네트워크의 힘을 얼마나 쉽고 간단하게 이용할 수 있는지 알 수 있었을 것이다.

다음 장에서는 EVM 네트워크 데이터베이스가 합의를 달성하는 방법, 즉 작업증명(proof-of-work) 채굴에 대해 더 자세히 알아보자.

06장

이더 채굴

채굴(mining)은 일정 기간 동안 이더리움 네트워크가 트랜잭션 순서에 대한 합의에 이르는 과정으로, EVM은 채굴을 통해 유효한 상태 전환을 만들 수 있다.

우리는 3장에서 EVM이 어떻게 작동하는지에 대해 많은 것을 배웠지만, 그 주요 기능 중 하나인 채굴에 대해서는 별도의 장을 할애하는 것이 바람직하다. 채굴은 시스템에서 합의가 이루어지고 이더가 생성되는 과정이기 때문에 특히 중요하다. 비트코인 역시 채굴을 통해 합의에 도달하지만, 이더리움은 스마트 계약으로 인해 그 방식이 조금 다르다.

채굴의 요점

누구나 사용할 수 있는 '월드 컴퓨터' EVM과 같은 이상을 추구할 때는 현실적인 장단점에 대한 파악도 중요하다. 여기까지 읽은 독자들은 그러한 정교한(그리고 복잡한) 네트워크가 성공을 거둘 수 있는지 궁금해졌을 것이다.

이번 장에서는 상당히 거대한 시스템을 다룰 것이므로 일부 독자에게는 어렵고 압도적으로 느껴질 수도 있을 것이다. 그러나 현대의 많은 시스템과 마찬가지로, 어떤 문제를 어떻게 해결하는지를 이해하는 것은 매우 중요하다. 해결책은 변경될 수 있으며, 실제로 이더리움 프로토콜(비트코인 프로토콜과 같은)은 시간이 지남에 따라 변화한다. 그러나 인간 사회에 대한 신뢰의 문제는 언제나 존재할 수밖에 없다.

탈중앙화 네트워크의 개발자는 뼛속부터 암호주의자이며 그들의 목표는 단 한 가지이다. 접근 가능하고, 만들기보다 파괴하기가 더 어려워서 믿을 수 없을 만한, 전 세계적인 컴퓨터를 만들어내는 일이다. 비탈릭 부테린은 아래와 같이 말한다.

> 21세기에 암호학은 특별한 의미를 지닌다. 암호학은 적대적 갈등이 계속해서 수비수에게 유리하게 작용하는 극히 소수의 분야 중 하나이기 때문이다. 근본적으로 사이버펑크 철학은 개인의 자율성을 더 잘 보존하는 세계를 만들기 위해 이 비대칭성을 활용하는 방식을 다루며, 암호 경제학은 이를 확장해 복잡한 협업 시스템의 안전성과 생명력을 보호하는 방식을 다룬다. 사이버펑크 정신을 계승하는 시스템이라면 이러한 기본적인 속성을 내포해야 하며, 시스템을 정상적으로 사용하고 유지하는 비용보다 파손하거나 파괴할 때의 비용이 훨씬 커야 한다. 사이퍼펑크 정신은 단지 이상주의에 관한 것이 아니다. 공격하는 것보다 방어하기 쉬운 시스템을 만드는 공학의 정수가 담겨 있는 것이다.[41]

---

41 비탈릭 부테린, "A Proof of Stake Design Philosophy," https://medium.com/@VitalikButerin/ a-proof-of-stake-design-philosophy-506585978d51#.7n3x85gvs, 2016.

비탈릭의 설명을 상기하며, 이더 자체의 발행과 함께 채굴에 대한 논의를 시작해 보자.

이더의 근원

이더는 이더리움의 **기본 토큰**(native token)으로 간주된다. 왜냐하면 이더는 컴퓨터가 수행하는 채굴 작업에 대한 대가로 생성되기 때문이다. 채굴은 계산 집약적인 과정이므로, 집이나 사무실에서 채굴을 진행하면 많은 전기료를 내야 할 수 있다. 그래서 채굴자는 채굴의 보상을 진지하게 받아들인다.

채굴 보상은 EVM의 상태 전이 기능에 프로그래밍된 계정 잔액 증가를 통해 이루어진다. 이 보상은 블록을 찾아내는 임의의 채굴자에게 지급된다.

우선 어휘 정의부터 시작하자.

채굴의 정의

이더리움의 세계에서 **채굴자**(miners)란, 이더리움 노드를 자택이나 사무실에서 운영하며 전세계의 트랜잭션 순서를 검증하고 그 대가로 이더 토큰을 취하는 암호화폐 지지자의 광대한 네트워크를 말한다. 채굴 과정은 각 개별 노드가 수행하지만, 채굴이라는 용어 자체는 네트워크의 집단적 노력을 의미한다. 개별 노드의 채굴이 모여 네트워크의 보안이 유지된다.

채굴자는 **블록**(blocks)이라는 이름의 트랜잭션 집합을 처리한다. 이전 장에서는 블록을 '주어진 시간 동안 일어나는 트랜잭션을 일괄 처리한 집합'으로 추상적으로 정의했다. 하지만 블록은 이더리움 노드에 저장된 트랜잭션을 포함하는 데이터 객체를 참조할 수도 있다. 노드는 시작될 때마다 오프라인일 때 놓쳤던 블록을 다운로드해야 한다. 각 블록은 기존 블록체인과의 정합성을 유지하기 위해 이전 블록의 일부 메타데이터를 포함하고 있다.

'진짜' 거래 순서는 네트워크가 결정하기 어렵다. 세계 곳곳에 있는 채굴 노드는 새로운 트랜잭션을 실제 순서와 관계없이 수신할 수 있다. 실제로, 제대로 정렬된 블록보다는 잘못 정렬된 블록이 더 많이 존재한다. 일부 악의적인 노드 운영자가 자신의 계정에 공짜로 이더를 보내기 위해 가짜 블록을 만들도록 컴퓨터를 조작할 가능성도 있다.

이러한 측면에서, 채굴은 주어진 버전의 역사를 올바른 것으로 교정하기 위한 계산적인 노력을 분담하는 행위라고 정의할 수 있다. 채굴 과정은 **작업 증명 알고리즘**(proof-of-work algorithm)으로 알려진 메모리 집약적 해시 알고리즘을 실행하기 때문에, 노드의 계산 능력을 크게 필요로 한다. 이더리움 프로토콜의 작업 증명 알고리즘(또는 PoW 알고리즘)인 Ethash는 비트코인에서 드러났던 채굴의 중앙 집약 문제를 해결하기 위해 핵심 개발자가 만든 새로운 알고리즘으로, 이더리움의 **합의 알고리즘**(consensus algorithm), 또는 이더리움의 **합의 엔진**(consensus engine)이라고도 불리운다. 정식으로 선택된 블록은 가장 큰 분량에 해당하는 작업 증명을 가진 블록들로부터 이어지게 된다. 당장은 이해가 조금 어려울 수 있겠지만, 일단 핵심 용어의 정의를 계속해서 살펴보자.

채굴자가 네트워크에 기여하는 계산량은 **해시파워**(hashpower)라는 용어로 알려져 있다. 해시파워는 개별 컴퓨터의 부품 및 사양과 전원 공급, 특히 그래픽 처리 카드의 속도, 전력 및 수량에 따라 결정된다. 콘센트와 연결되어 있는 차단기 패널로부터 필요한 만큼의 전압을 끌어올 수 있는지 여부도 중요하다.

채굴을 통한 암호학적 증명은 해시파워가 클수록 더 빠르게 완료될 수 있다. 따라서 채굴자들은 보상을 받을 확률을 높이기 위해 채굴 집단을 구성하고, 그룹 간에 분배한다.

이제 핵심 용어를 정의했으므로 채굴이 필요한 이유와 이더리움에서 채굴이 작동하는 원리를 알아보자.

진실의 버전

트랜잭션 내역의 버전이 여러 가지인 이유를 이해하려면, 이를 가장 잘 설명하는 개빈 우드의 '이더리움 황서'를 살펴보아야 한다.

> 시스템이 탈중앙화되어 있고, 모든 참여자가 기존의 블록에 이어 새로운 블록을 생성할 기회를 가지고 있기 때문에 필연적으로 그 결과는 트리 구조의 블록을 이루게 된다. 뿌리(제너시스 블록)로부터 가지(가장 최근 트랜잭션을 담은 블록)까지 어느 쪽 경로로 수렴할지에 대

한 합의를 이루기 위해서는 모두가 동의하는 정책이 필요하다.[42]

블록 트리 구조에 대해서는 뒤에 자세히 설명할 것이다. 일단은, 노드가 뿌리에서 가지까지의 경로가 진정한 블록체인인지에 대해 동의하지 않으면, 상태 포크가 발생하며, EVM이 두가지로 분할되는 재앙이 발생한다는 점만 알아 두자. 포크에 대해서는 이번 장의 후반부에서더 자세히 다룰 것이다.

난이도, 자율 규제, 채산성 경쟁

채굴은 채굴자들의 수익원이 되도록 설계되었다. 그들은 네트워크의 보안을 유지하는 대가로 수익을 얻는다. 수천명의 IT 애호가 및 전문가가 자기 비용으로 채굴기를 설치하고 가동시키는 이유가 정확히 무엇일까?

우선은 시간에 따른 우위가 있다. 새로운 암호화폐가 생성되면 채굴자들은 서둘러 채굴기를가동시키게 된다. 초기에는 수수료 경쟁률이 낮기 때문에 더 많은 수익을 올릴 수 있다. 더나아가, 유용한 암호화폐 네트워크에 속한 토큰은 보통 시간에 따라 가격이 상승하기 때문에채굴을 통해 미리 토큰을 확보해 놓으면 채굴자가 이익을 실현할 기회가 늘어난다.

난이도

이더리움과 비트코인은 자율 규제 네트워크이다. 네트워크에 참여하는 사람이 늘어남에 따라 더 많은 채굴 해시파워가 이익을 위해 합류하고, 블록을 찾아내는 시간이 심히 단축될 수있다. 이 문제의 해결책으로써, 15초 정도의 이상적인 블록 시간을 유지하기 위해 동적으로조절되는 난이도(difficulty)라는 값이 증가하게 된다. 블록을 찾아내는 시간이 너무 빠르거나 느리면 시스템은 난이도를 조정해 블록 시간을 이상적인 값으로 조절한다.

---

42 개빈 우드, "이더리움 황서", https://github.com/ethereum/yellowpaper, 2016.

일반적으로, 시간이 갈수록 네트워크 난이도는 높아진다. 그러나 실제 난이도 값은 여러 변수가 포함된 수식으로 계산된다. 채굴자가 네트워크에서 떨어져 나가거나 전체 해시파워가 감소하면 네트워크 난이도가 감소하거나 평탄하게 유지될 수 있다.[43]

2016년 10월과 11월에 이더리움 네트워크가 공격받은 직후, 이더의 시장 가격이 폭락하고 채산성이 떨어진 채굴자들이 기계를 끄면서 해시율이 감소한 사례가 그 대표적인 예이다. 이후 몇 개월 동안 이더의 가격이 회복되면서 해시율 역시 그에 비례해 상승했다.

난이도라는 변수는 인센티브 구조의 일부이기도 하다. 채굴자가 최대한 빨리 네트워크에 참여하고자 하는 동기를 부여하기 때문이다. 그런데 EVM에서는 난이도가 또 다른 용도를 가진다. 바로 블록의 점수(score) 또는 **중량**(heaviness)을 결정하는 용도이다. 트랜잭션 데이터 구조의 경로 중에서 가장 중량이 큰, 즉 점수가 가장 높은 경로가 가장 긴 경로가 되고, 대부분의 채굴자가 수렴되는 경로라고 할 수 있다.

> 이더리움과 비트코인에서는 가장 길거나 가장 중량이 큰 체인을 공식 체인으로 간주할 수 있다. 시스템은 블록을 발견할 때마다 가장 높은 점수를 가진, 즉 가장 중량이 큰 블록을 선택하고 그것을 찾아낸 채굴자에게 보상을 지급한다. 가장 많은 작업 증명이 지지하는 블록만이 가장 높은 점수를 가질 수 있다.

블록 검증을 위한 요소

각 개별 채굴자가 생성하고 검증하는 모든 후보 블록에는 아래의 네 가지 데이터가 포함된다.

- 블록에 대한 트랜잭션 원장의 해시 (해당 채굴기가 수신한 트랜잭션에만 해당)
- 전체 블록체인의 루트 해시
- 체인이 시작된 이후의 블록 번호
- 해당 블록의 난이도

---

43 Ethereum Community Forum, "How Is Mining Difficulty Calculated," https://forum.ethereum. org/discussion/5002/how-is-the-mining-difficulty-calculated-on-ethereum, 2016.

위의 데이터를 모두 확인하고 나면, 해당 블록은 승자 블록의 후보가 된다. 그러나 데이터가 정확하다고 해도, 채굴자는 여전히 작업 증명 알고리즘을 해결해야 한다. 본질적으로 이더리움의 작업 증명 알고리즘은 15초의 이상적인 블록 시간이 소요되도록 설계된 추측 게임이다.

올바른 추측을 하고 나면 올바른 추측 값, 즉 논스(nonce)라는 최종 조건을 통해 블록이 승자 블록으로 인정된다. 논스는 작업 증명 알고리즘을 풀기 위한 근거로 알려져 있다. 3장에서 다룬 바와 같이, 정확한 데이터를 담은 정당한 블록임에도 승자 블록(winning block)으로 인정받지 못한 블록은 엉클 블록(uncle block)이 된다.

작업 증명과 블록 시간 규율

작업 증명 알고리즘을 최적화할 수 있는 사람은 유효한 블록을 더 빨리 찾을 수 있고, 다른 채굴자들이 만든 엉클 블록을 승자 블록에서 한참 뒤쳐지게 만들면서 앞서 나갈 수 있을 것이다. 비트코인 네트워크에서는 소규모 그룹의 하드웨어 회사는 비트코인 PoW 알고리즘만을 구동시키기 위한 특수 하드웨어를 제작해 네트워크의 주도권을 획득했고, 이는 상당한 불균형을 초래했다. 비트코인의 세계에서는 채굴의 중앙화를 통해 상당한 수익을 얻을 수 있다. 중앙화된 채굴자들이 블록을 더 빠르게 찾을 수 있고, 대부분의 블록 보상을 얻을 수 있기 때문이다. 느린 기계는 블록을 해결할 수 있는 기회를 얻지 못하고, 결국 엉클 블록조차도 승자 블록의 뒤를 따라가기 힘들게 된다. 반면 이더리움에서는 엉클 블록이 승자 블록을 보강해야 한다. 엉클 블록이 승자 블록에서 많이 분리될수록 네트워크는 진짜 블록을 찾기 힘들게 되기 때문에, 엉클 블록의 유효성 역시 중요한 요소이다.

이제 Ethash 알고리즘에 대해 알아보자. 이 알고리즘은 채굴 하드웨어의 최적화를 막기 위한 이더리움 프로토콜의 방어책이라고 할 수 있다. Ethash는 대거-하시모토(Dagger-Hashimoto)로부터 유래되었으며, 비트코인 채굴 기업에서 널리 쓰이는 **주문형 특수 집적 회로(ASIC)**를 사용할지라도 강제로 수행할 수 없는 메모리 하드 알고리즘(memory-hard algorithm)이다.

이 메모리 하드 알고리즘의 핵심은 **직접 비순환 그래프**(directed acyclic graph, DAG) 파일에의 의존성이다. DAG 파일은 125시간, 또는 30,000블록마다 새로 생성되는 1GB 크기의 데이터셋이다. 이 30,000블록이라는 시간을 에폭(epoch)이라고도 일컫는다.

DAG는 트리 구조의 일종으로, 각 노드가 루트를 포함해 10개 단계에 걸쳐 최대 225개의 상위 트리 개체를 가질 수 있는 구조를 일컫는 전문 용어이다.

DAG와 논스

결과적으로, 각 노드는 현재의 블록을 유효하게 만들 수 있는 논스를 찾아내는 추측을 반복하게 된다. 그리고 올바른 논스를 찾는 데 성공하면 블록 보상을 획득하게 되며, 찾아내지 못하면 네트워크의 다른 노드가 승자 블록을 찾았다는 소식을 들을 때까지 계속 논스 추측을 반복하게 된다. 다른 노드가 승자 블록을 찾으면, 노드는 채굴 중이던 블록을 버리고 새로운 블록을 다운로드한 다음 그 위에서 다음 블록을 채굴하기 시작한다. 하지만 추측 게임을 위한 매개변수 역시 받게 되며, 다음 블록을 찾기 수월한 일종의 주사위 쌍을 받게 된다. 이 추측 게임은 개별 노드가 시스템보다 한 수 앞서서 채굴 보상을 쉽게 얻어가지 못하게 하는 방식으로 설계되었다.

따라서 DAG 파일을 작업 증명 알고리즘의 풀이 시간(solution time)을 표준화하는 방법이라고도 말할 수 있다. DAG 파일은 채굴 경쟁을 평준화하며, 나아가서 대용량의 컴퓨팅 성능으로도 경쟁자보다 훨씬 정확한 논스를 추측할 수 없도록 해 15초의 블록 시간이 유지되도록 한다.

노드는 추측에 사용하는 모든 데이터를 블록체인 자체에서 가져온다. 암호화 과정에서 암호 시드(seed)를 사용하면 의사 난수를 생성하고, Ethash 알고리즘이 생성한 암호화 출력의 임의성을 높일 수 있다. 이더리움과 비트코인에서는 각 노드가 마지막으로 알려진 승자 블록의 해시를 보고 시드를 얻는다. 이와 같은 방식으로 각 노드는 공정한 게임 진행을 위해 올바른 정식 체인 위에서 채굴을 진행할 수밖에 없게 된다. 잘못된 블록(예: 엉클 블록)에 대한 작업 증명을 수행하면 승자 블록을 얻을 수 없다. 덕택에, 누군가가 작업 증명 방식의 허점을 노려 대규모 채굴 풀을 통해 이더를 빼돌리는 가짜 블록을 계속 쌓기가 매우 어렵다. 노드가 실제로 PoW 추측 게임을 수행하는 과정은 아래와 같다.

1. 채굴 노드는 블록 헤더에서 파생된 암호화 시드로부터 16MB의 의사 난수 캐시(pseudorandom cache)를 생성한다.

2. 캐시는 노드 사이에 일관성이 유지되는 대규모 1GB 데이터셋을 생성하는 데 사용된다. 이것이 DAG이다. 이 데이터셋의 크기는 시간이 지남에 따라 선형적으로 증가하며 모든 전체 노드에 저장된다.

3. 논스를 추측하려면 컴퓨터가 DAG 데이터셋의 임의의 조각을 잡고 함께 해시해야 한다. 이것은 해시 함수에 솔트를 사용하는 방식과 유사하다.

암호학에서 단방향 해시 함수에 첨가하는 임의의 데이터를 솔트(salt)라고 부른다. 솔트는 논스(nonces)와 마찬가지로 무작위성을 늘리는, 즉 보안을 강화하는 역할을 한다.

빠른 블록 시간을 위한 접근

믿거나 말거나, 이더리움의 구성 요소 중 비트코인 패러다임을 수정한 부분은 모두 빠른 블록 시간을 실현하기 위한 수정이었다. 3~5 초 정도의 블록 시간이 가능하다는 점은 수학적으로 입증되어 있다.[44]

비트코인과 이더리움의 블록 시간은 트랜잭션을 수집하기 위한 이상적인 기간이라고 한다. 왜? 이 시스템이 인체가 항상성을 유지하려고 하는 것처럼 블록을 가능한 한 이상에 가깝게 유지하기 때문이다.

비트코인 프로토콜은 10분의 블록 시간을 목표로 하며, 이더리움은 15초를 목표로 한다. 진짜 블록이 발견되면 다른 노드가 그 블록을 발견하기 전까지 약간의 시간이 걸리게 된다. 이

---

44 Ethereum Blog, "Toward a 12-Second Block Time," https://blog.ethereum.org/2014/07/11/ toward-a-12-second-block-time/, 2014.

시간 동안, 고아 블록(orphan block)을 버리고 새로운 블록 위에서 채굴하기 전까지는 새로운 블록에 대한 합의가 아닌 경쟁이 일어나며, 그 결과 고아 블록에 소비된 에너지는 낭비된다. 이렇게 생각해 보자. 채굴자가 대기 시간으로 인해 진짜 블록에 대한 정보를 전달받는 데에 평균 1분이 소요되고, 새 블록이 10분마다 발생하면 전체 네트워크는 해시파워의 10%를 낭비하는 셈이다. 블록 사이의 시간을 길게 하면 이러한 낭비를 줄일 수 있다. 일부 블록체인 이론가들의 견해에 따르면, 사토시 나카모토가 이 비율을 선택한 이유는 이 정도 에너지 낭비를 허용 가능한 수준으로 보았기 때문이라고 한다. 이더리움은 블록 시간을 단축한 덕택에 더 빠른 트랜잭션 확인이 가능해졌지만, 이번 장의 뒷부분에서 볼 수 있듯이 빠른 블록 시간으로 가져온 인한 보안성의 감소를 해결하기 위한 위해 프로토콜 상에 대안을 마련해야 했다. 블록 시간을 증권 거래와 비교하자면 체결 시간(settlement time)에 가깝다고 할 수 있다. 미국에서의 체결 시간은 T + 3으로, 거래일로부터 3일 후이며 이를 T + 2로 단축하기 위한 제안을 SEC에서 검토 중이다.

스마트 계약이 없는 비트코인에서는 이론적으로 블록 시간이 평균 10분이지만, 실제로 블록 시간 내에 트랜잭션이 처리되는 경우는 전체의 63% 정도이다. 전체의 약 13% 정도는 트랜잭션 확인이 이루어지기까지 20분 이상이 소요된다. 이 시간 동안 취소될 수도 있는 트랜잭션은 최대 20%에 달한다.[45]

비트코인 애호가나 기업가에게는 탐탁치 않겠지만 분산된 소프트웨어 애플리케이션을 구동하도록 설계된 스마트 계약 플랫폼에서는 이러한 조건을 수용할 수 없으므로, 이더리움은 블록 시간을 단축하기 위해 약간 다른 방식으로 채굴에 접근한다.

빠른 블록을 가능하게 하려면

사용자 경험의 관점에서 볼 때 빠른 블록 시간이 가지는 이점을 이미 논의한 바 있다. 그러나 빠른 블록 시간은 바람직하지 않은 영향도 줄 수 있다.

---

45 상동.

노드가 전 세계에 위치하고 있기 때문에 완벽하게 동기화되기 어렵다. 정보가 노드에서 노드로 인터넷을 통해 이동하는 데 시간이 걸리기 때문이며, 이 시간을 대기 시간(latency)이라고도 부른다. 사람에게는 그리 긴 시간이 아닐 수도 있지만, 트랜잭션 기록 사이의 잔고 내역이 일치하지 않는 충돌(collision)을 일으키기에는 충분한 시간이다.

이더리움 또는 비트코인 네트워크를 통해 트랜잭션이 전파되는 데에는 평균적으로 약 12초가 걸린다. 실제로 이 시간의 상당 부분은 노드가 트랜잭션을 다운로드하는 데 소비된다.[46] 노드는 새로운 블록 발견 소식을 듣기 전에 이전의 블록 위에서 채굴을 계속하고, 새 승자 블록이 나타나면 채굴하던 블록을 버리게 된다. 앞 절에서 설명한 것처럼, 유효한 블록이 네트워크의 다른 위치에서 발견된 후에도 계속 채굴되는 엉클 블록은 실효 블록(stale block), 또는 폐지 블록(extinct block)이라고도 불린다.

블록 시간이 빨라지면 실효(失效, 효력을 잃은) 블록이 발생할 확률이 높아지고, 실효 블록이 많을수록 네트워크는 공격에 취약해진다.[47] 더 큰 문제는, 실효 블록의 비율이 높을수록 채굴 풀이 단독 채굴자보다 효율성 측면에서 큰 이점을 가지게 되고 채굴 보상을 독점할 가능성이 커진다는 점이다. 시스템이 불공평해진다는 점을 차치하고서라도, 네트워크 공격에 필요한 비용이 줄어든다는 큰 문제가 생기게 된다.

 비트코인에서는 실효 블록을 고아 블록(orphaned block)이라고도 부른다. 실효 블록에는 더이상 새로운 블록(자식 블록)이 추가되지 않지만, 그 블록 헤더 자체는 유효할 수 있다. 달리 말하면, 고아 블록도 사실상 '부모 블록'이 있는 셈이며 이는 혼동을 일으킬 수 있는 용어인 것이 사실이다.

---

46 상동.

47 상동.

이더리움의 실효 블록 활용

이전 장에서 언급했듯, 이더리움에서 고아 블록, 또는 실효 블록은 다른 이름을 가지고 있다. 이더리움에서는 이러한 블록을 엉클(uncles) 블록이라고 부르며, 블록의 점수 또는 무게 (weight)를 통해 산출된다. 이더리움 프로토콜에서 블록의 점수를 내는 방식은 2013년 12월에 아비브 조하르(Aviv Zhoar) 및 요나탄 솜폴린스키(Yonatan Sompolinsky)가 발표한 GHOST 프로토콜에서 제안한 블록체인 채점 시스템과 유사하다.

비탈릭 부테린은 이더리움에 GHOST 아이디어를 적용하는 방식을 설명하며 이를 비트코인과 비교했다.

> 기본적인 개념은, 실효 블록이 현재 체인의 일부로 포함되지 않았더라도 포함될 가능성을 가지고 있었다는 점이다. 그러므로 메인 체인의 일부가 아니더라도 실효 블록을 고려하는 블록체인 점수 시스템이 고안되었다. 그 결과, 메인 체인의 효율성이 50%, 또는 5%인 경우에도 공격자가 51% 공격을 시도하면 전체 네트워크의 무게를 극복해야 하게 되었다. 이를 통해 효율성 문제가 해결되고 이론적으로 1초의 블록 시간까지 달성할 수 있게 되었다. 그러나 문제는 남아있다. 이 프로토콜은 실효 블록에 대한 블록체인 채점만을 할당하지, 블록 보상을 할당하지는 않는다는 점이다.

엉클 블록 규칙과 보상

엉클 블록에 관한 규칙은 다음과 같다.

- 이더리움의 GHOST 구현을 통해, 블록과 함께 유효성 검사를 받는 엉클 블록은 정식 블록 보상의 7/8, 또는 4.375이더를 받는다.[48] [49]

- 블록당 최대 두 개의 엉클 블록이 허용된다.

---

48 깃허브, "Modified Ghost Implementation (Ethereum White Paper)," https://github.com/ ethereum/wiki/wiki/White-Paper#modified-ghost-implementation, 2016.

49 (옮긴이) 블록 보상이 50이더일 당시의 계산으로, 블록 보상이 30이더로 줄어든 현재(2017년 12월) 기준으로는 2.625이더가 보상으로 엉클 블록에 주어진다.

- 두 개의 엉클 블록은 선착순으로 선택된다.

- 엉클 블록에 대해서는 트랜잭션 수수료의 징수나 지불이 이루어지지 않는다. 사용자는 유효한 블록에 이미 한 번 비용을 지불했고 명령을 실행하기 때문이다.

- 결정적으로, 보상을 받기 위해서는 엉클 블록이 지난 7블록 이내의 승자 블록과 동일한 조상을 가져야 한다.

GHOST 프로토콜은 가장 많은 작업 증명의 지지를 받는 블록을 계산하는 데에 엉클 블록을 포함함으로써 보안 문제를 해결한다. 엉클 블록 보상은 또한 채굴의 중앙화를 막기 위한 수단으로, 승자 블록을 찾아내지 못하더라도 네트워크의 보안에 기여하는 채굴자에게 대가를 지불하는 수단이다.

난이도 폭탄

이더리움이 GHOST 프로토콜을 채택하기는 했지만, 이 프로토콜이 이 비판의 대상이라는 점을 언급할 필요가 있다. 프로토콜의 결점은 알려져 있지만 일반적으로는 무해하다고 간주된다. 이더리움 프로토콜이 작업 증명(proof-of-work)에서 지분 증명(proof-of-stake) 방식의 합의 알고리즘으로 이전하는 과정에서 GHOST 프로토콜은 더 이상 쓰이지 않게 될 것이므로, 그 구현을 수정하는 작업은 의미가 없다.[50]

암호화폐가 시장에서 가치를 가지는 논리 중 하나는, 발행량에 대한 제한이 있다는 점이다. 오늘날 비트코인 네트워크에서는 블록당(즉, 매 10분마다) 12.5비트코인이 주어진다. 이 비율은 2020년 중반까지 유지되며, 이후에는 블록당 보상이 6.25비트코인으로 줄어든다. 블록 보상은 이와 같은 방식으로 약 2110~2140년까지 2년 주기로 반감되어 최종적으로는 2천 1백만 비트코인이 발행되게 된다.

---

50 Bitslog, "Uncle Mining: an Ethereum Protocol Flaw," https://bitslog.wordpress.com/2016/04/28/uncle-mining-an-ethereum-consensus-protocol-flaw/, 2016.

이더리움은 작업 증명 방식의 채굴을 종결하는 방식으로 발행을 제한하려고 하고 있다. 이더리움의 효율적인 채굴이 가능한 기간은 이더리움 시스템의 합의 알고리즘이 전환되는 2017년에서 2018년 사이에 끝날 것이다. 차세대 합의 알고리즘인 지분 증명(또는 PoS) 방식의 큰 특징 중 하나는 채굴과 그에 수반되는 에너지 소비 없이도 네트워크가 합의에 도달할 수 있다는 점이다.

합의 알고리즘으로 전환하는 동시에 이더 발급 기간을 제한하기 위한 노력의 일환으로, 이더리움 핵심 개발진은 **난이도 폭탄(difficulty bomb)**을 발동시켜 2017년 하반기부터 작업 증명 채굴의 효율성을 낮추고 있으며[51] 최종적으로 2021년에 이르면 이더리움에서의 채굴이 불가하도록 준비 중이다.[52]

새로 도입할 지분 증명 시스템이 어떻게 작동할 것인가는 커뮤니티 내의 주요 연구 및 토론 주제이다. 이 분야에서 이루어진 연구에 대해 더 자세히 알아보려면 11장을 참조하자.

채굴 승자의 보상 구조

승자 블록을 찾아낸 채굴자는 일정한 납부금과 트랜잭션 수수료, 그리고 승리에 도움이 된 모든 엉클 블록의 현상금 일부를 받는다. 따라서 이더리움 프로토콜의 보상은 다음과 같이 결정될 수 있다.

1. 승자 블록의 보상 5.0이더(승자 블록의 채굴자에게 돌아감)[53]

2. 블록 내에서 소비된 가스 비용(승자 블록의 채굴자에게 돌아감)

3. 승자 블록의 엉클 블록당 1/32이더(엉클 블록의 채굴자에게 돌아감)

---

51 (옮긴이) 2017년 10월 이더리움 메트로폴리스 업데이트의 첫 단계인 비잔티움 하드 포크와 함께 난이도 폭탄의 발동 일정이 1년 지연되었다(EIP649).

52 StackOverflow, "When Will the Difficulty Bomb Make Mining Impossible?" http://ethereum. stackexchange.com/questions/3779/when-will-the-difficulty-bomb-make-mining- impossible/3819#3819, 2016.

53 (옮긴이) 2017년 10월 이루어진 이더리움 메트로폴리스 하드 포크와 함께 블록 보상이 3이더로 줄어들었다.

계통의 한계

이더리움 프로토콜은 엉클 블록이 승자 블록으로부터 7블록 이내에 있어야 보상을 받을 수 있도록 설정해, 블록 이력을 '잊을' 수 있도록 하고 있다. 7이라는 숫자는 채굴자가 엉클 블록을 찾을 수 있는 충분한 시간인 동시에, 채굴의 중앙화에 대한 위험도가 그리 크지 않은 균형 지점으로써 선정된 것이다.

블록 처리 과정

엉클 블록으로부터 벗어나 가장 무거운 승자 블록(가끔 조카(nephew)라고 부른다)이 되기 위해서는, 각 블록의 처리에 필요한 일련의 긴 프로세스를 거쳐야 한다. 이 프로세스의 중요한 구성 요소는 블록 유효성 검사 알고리즘이다. 이 알고리즘은 블록의 헤더에 있는 해시의 유효성을 검사한다. 이러한 처리 방식은 데이터 객체로서의 블록의 구조를 잘 설명한다.

> 프로그래밍에 등장하는 많은 데이터 구조는 컴퓨터가 먼저 읽어야 하는 필수 정보가 포함된 헤더가 있다. 사람이 읽는 문서와 마찬가지로, 헤더(header)는 텍스트로 이루어진 본문의 맨 위에 오는 내용과 유사하다. 텍스트 본문을 블록 데이터 구조로 치환하기만 하면 이해가 쉬울 것이다.

완성된 블록이 나머지 네트워크에 의해 처리되고 수용되기 전, 다른 노드가 완성된 블록 위에 채굴을 시작하기 전에 모든 노드는 독립적으로 블록을 다운로드하고 유효성을 검사해야 한다. 블록 유효성 검사 알고리즘이 수행하는 전체 단계는 아래와 같다.

1. 참조된 이전 블록이 존재하는지, 그리고 유효한지 확인한다.

2. 현재 블록의 타임스탬프가 참조된 이전 블록으로부터 15분 이내에 있는지 확인한다.

3. 블록 번호, 난이도, 트랜잭션 루트, 엉클 루트 및 가스 한도가 유효한지 확인한다.

4. 블록의 논스가 유효한지 확인하고 이를 통해 작업 증명의 유효성을 검증한다.

5. 유효성 검사가 완료된 블록의 모든 트랜잭션을 EVM 상태에 적용한다. 오류가 발생하거나 총 가스가 가스 한도를 초과하는 경우 오류를 반환하고 상태 변경을 롤백한다.

6. 블록 보상을 최종 상태 변경에 추가한다.

7. 머클 트리 루트(Merkle tree root)의 최종 상태가 블록 헤더의 최종 상태 루트와 동일한지 확인한다.

이 7단계가 완료돼야만 블록의 유효성이 검증되고 진짜 블록이 될 수 있다!

왜 블록 헤더를 이렇게 자세히 들여다보는 것일까? 이론적으로 블록체인을 만들 때 모든 트랜잭션에 대한 데이터를 직접 포함하는 블록 헤더를 만들 수는 있지만, 이렇게 하면 확장성 문제가 발생하고 노드를 실행하는 데 막대한 규모의 하드웨어가 필요하게 된다.[54]

헤더에 모든 단일 트랜잭션을 넣으면 크고 다루기 힘들어지므로, 이를 피하기 위해 비트코인과 이더리움에서는 머클 트리(Merkle tree)라는 데이터 구조를 사용한다. 이더리움은 EVM의 상태를 나타내는 데이터 구조를 추가했는데 이는 상태 트리(state tree)라 불린다. 전역 상태는 패트리샤 트리(Patricia tree)라고 알려진 또 다른 트리 구조로 이더리움 블록에 표시된다. 이 트리 구조는 다음 절의 주제이다.

트랜잭션과 블록 계통 평가

블록 헤더에 있는 내용을 이해하고 블록 헤더의 내용이 가장 길고 무거운 사슬을 결정하는 데 중요한 이유를 이해하려면, 컴퓨터가 데이터를 저장하는 방법과 저장된 데이터를 변경하는 방법을 우선 알아야 한다.

트리 구조의 첫 번째 역할은 노드가 받은 블록의 내부 데이터(트랜잭션 원장 등)를 검증하는 것을 돕는 것이다. 두 번째 역할은, 모든 종류의 컴퓨터가 신속하게 블록체인을 읽을 수 있도록 이 작업을 신속하게 수행하는 것이다.

컴퓨터 과학에서 연관 배열(associative array), 즉 사전(dictionary)은 키/값(key/value) 쌍의 모음을 말한다. 1장의 데이터 객체에 대한 논의에서도 키/값 쌍의 개념을 다룬 바 있다.

---

54 Ethereum Blog, "Merkling in Ethereum," https://blog.ethereum.org/2015/11/15/merkling--in--ethereum/, 2015.

연관 배열에서는 키와 값 사이의 연결을 변경할 수 있으며, 이 연결을 **바인딩**(binding)이라고 한다.

사전과 관련된 작업에는 아래 내용이 포함된다.

- 사전에 키/값 쌍 추가
- 사전에서 쌍 제거
- 기존 쌍 수정
- 주어진 키와 연관된 값 찾기

결국 사전은 기록을 담는 데이터페이스를 가리키는 일반적인 용어로, 사전 문제(dictionary problem)를 푸는 방법으로는 해시 테이블, 검색 트리 및 기타 특수 트리 구조가 있다. 사전 문제를 해결하려면 주어진 키(단어)를 통해 그 값(정의)을 찾는 방법이 필요하다.

이더리움과 비트코인이 트리를 활용하는 방법

수학에서 트리는 키/값의 연관 배열을 저장하는 데 사용되는 정렬된 데이터 구조이다. 트리의 종류 중 기수 트리(radix tree)는 압축되어 메모리가 덜 필요한 방식이다. 일반적인 기수 트리에서 키의 각 문자는 그에 해당하는 값을 얻기 위해 데이터 구조를 통과하는 경로를 담는다.

머클 트리를 생성하려면 수많은 트랜잭션 데이터 '덩어리'가 하나가 될 때까지 함께 해싱해야 한다. 이렇게 만들어진 하나의 해시는 **루트 해시**(root hash)라 불린다. 이더리움과 비트코인에서 머클 트리 구조는 각 블록에 트랜잭션 원장을 기록하는 데 사용된다. 머클 트리의 루트는 다른 메타데이터로 해시되고 후속 블록의 헤더에 포함된다. 따라서 각 블록 내의 각 추가 트랜잭션은 머클 루트를 돌이킬 수 없게 변경한다고 말할 수 있다. 단 하나의 잘못된 트랜잭션이 포함되어도 루트 해시가 완전히 달라지게 된다. 이 방법을 통해 각 블록이 유효성 검사에 맞게 정당한 계통에 포함되는지를 입증할 수 있다.

비트코인 클라이언트의 경우 메인 체인의 최근 블록 헤더만 보아도 단일 트랜잭션의 상태를 확인할 수 있다. 클라이언트는 블록의 루트 해시가 머클 트리 중 하나에 트랜잭션을 포함하고 있음을 보여주는 머클 증명(Merkle proof)을 찾아야 한다. 머클 루트(Merkel root)는 해당 블록까지 블록체인에서 순서대로 발생한 모든 트랜잭션의 지문이다.

머클–패트리샤 트리

블록 헤더 덕분에 노드는 쉽고 빠르게 블록 데이터를 찾고, 읽거나 확인할 수 있다. 비트코인에서 블록 헤더 80바이트는 머클 루트를 비롯해 5가지 데이터를 포함한다. 비트코인 블록 헤더에는 아래 내용이 포함된다.

- 이전 블록 헤더의 해시
- 타임스탬프
- 채굴 난이도
- 작업 증명 논스
- 해당 블록에 대한 트랜잭션을 포함하는 머클 트리의 루트 해시

머클 트리는 트랜잭션 원장을 저장하기 위한 이상적인 구조이지만, 그게 전부이다. EVM의 관점에서 머클 트리의 한 가지 한계는, 루트 해시에 트랜잭션이 포함되는지 여부를 증명하거나 반증할 수는 있지만 주어진 사용자 계정의 잔고와 같은 네트워크의 현재 상태를 확인하거나 증명할 수가 없다는 점이다.

이더리움 블록 헤더의 내용

이 단점을 수정하고 EVM이 상태 저장 계약을 실행할 수 있게 하기 위해, 이더리움의 모든 블록 헤더에는 머클(트랜잭션) 트리 하나가 아닌 세 가지 개체의 세 가지 트리가 포함된다.

- 트랜잭션 트리
- 영수증 트리(각 거래의 결과를 보여주는 데이터)
- 상태 트리

이것을 가능하게 하기 위해 이더리움 프로토콜은 머클 트리를 또 하나의 다른 트리 구조인 패트리샤 트리와 결합한다. 패트리샤 트리 구조는 완전히 결정론적이다. 동일한 키/값 바인딩을 가진 두 개의 패트리샤 트리는 항상 동일한 루트 해시를 가지므로 삽입, 조회 및 삭제와 같은 일반적인 데이터베이스 작업에 대한 효율성이 향상된다.[55] 따라서 이더리움 클라이언트가 네트워크에 대해 요청하는 아래와 같은 쿼리에 대해 답변을 받을 수 있게 된다.

- 트랜잭션 X가 블록에 포함되었는가? (트랜잭션 트리에서 처리)
- 지난 30일간의 모든 이벤트 Y의 인스턴스는? (영수증 트리에서 처리)
- 계약 계정 Z의 현재 잔고는 얼마인가? (상태 트리에서 처리)

트리 구조를 선택한 이유와 트리 구조가 작동하는 방식에 대한 자세한 내용은 http://trees. eth.guide를 참조하자.

포크

이번 장의 앞 부분에서 언급했듯, 가장 길고 무거운 사슬에 동의하지 않으면 채굴자의 네트워크가 두 개로 나뉠 수 있다. 암호화폐 커뮤니티에서 이 포크(fork)는 심각한 문제로, 사람 커뮤니티의 균열이 기계 네트워크의 합의 붕괴로 이어진다는 시사점을 가진다.

사실, 국소적인 포크는 끊임없이 일어나고 있다. 때로는 한 가지가 죽고, 때로는 두 가지가 죽을 수도 있고, 때로는 가지 중 하나가 승자가 되어 조카 블록을 전파하기도 한다. 포크(fork, 갈림)는, 두 개의 유효한 블록이 같은 상위를 가리키고 있지만 채굴자 집단이 유효한 두 블록으로 나뉘어 각자 채굴을 진행할 때 발생한다. 그 결과 두 가지 버전의 '진실'이 만들어지고, 두 채굴자 집단은 더 이상 같은 네트워크에 있다고 말할 수 없는 상태가 된다.

55 Ethereum Wiki, "Merkle Patricia Tree Specification," https://github.com/ethereum/wiki/ wiki/Patricia-Tree#merkle-patricia-tree-specification, 2016.

상태 포크는 프로토콜 포크보다 훨씬 더 큰 사건이다. **프로토콜 포크**(protocol fork)에서는 데이터 변경이 없고, 단지 채굴자가 노드에서 매개 변수를 조정하거나 코드를 수정해 커뮤니티가 동의한 사양으로 채굴을 진행할 수 있다. 프로토콜 포크는 자발적이라고 할 수 있지만, 상태 포크는 반드시 그런 것이 아니다.

이더리움에서 이러한 국소적 포크는 수학적으로 4블록 내에서 해결된다고 증명된다. 4블록 내에서 하나의 체인이 승자 블록을 찾고, 길이를 늘리고, 다른 노드를 그쪽으로 '끌어들이기' 시작하기 때문이며, 이를 위한 수단이 승자 블록에 대한 보상을 넘어선 엉클 블록에 대한 추가적인 보상이다.

때로는 노드가 잘못된 체인에서 약 1~3 블록에 대한 보상을 받은 후에야 '올바른' 체인을 찾을 때도 있다. 노드가 더 좋고, 길고, 승자에 가까운 체인으로 옮겨 타면 기존의 채굴 보상이 사라질 수 있다. 하지만 이 모든 것이 4블록(1분) 내에 발생하므로 큰 손실이 아니라고 할 수 있다.

고의적 포크(deliberate fork)는 일반적으로 자금을 이중으로 지출하기 위해 공격자가 배포한다. 하나의 계정 잔액을 여러 계정에 동시에 보냄으로써 돈을 만들어내는 방식이다.

사실, 해시파워의 50% 이상을 가진 사람은 말하자면 '적대적으로' 고의적 포크를 발생시킬 수 있다. 이중 지출 공격(double spend attack) 시나리오에서, 많은 양의 해시파워를 가진 채굴 집단을 운영하는 공격자는 제품을 구매하기 위해 첫 번째 이더 트랜잭션을 생성한다. 공격자는 제품을 확보한 후 두 번째 트랜잭션을 생성시키면서 오류 블록을 함께 집어넣는다. 이 두 번째 트랜잭션은 동일한 자금을 공격자에게 다시 되돌려 보낸다. 그런 다음 첫 번째 트랜잭션을 포함하는 블록과 동일한 위치에 두 번째 트랜잭션을 포함하는 블록을 생성하고, 가능한 모든 해시파워를 채굴에 투입해서 포크를 이루어 낸다. 공격자가 50% 이상의 해시파워를 가졌다면, 이중 지출은 결국 어떤 블록 깊이에서라도 성공할 수 있다. 50% 미만의 해시파워로는 성공하기가 훨씬 어렵다. 그러나 이 공격은 여전히 두려움의 대상이다. 그래서 실질적으로 이더를 사용하는 대부분의 거래소 및 기타 기관은 전송 완료를 승인하기 전에 수 블록의 확인 시간을 거친다.

채굴 지도서

채굴은 Geth를 접하기 위한 좋은 명분이기도 하다. Geth는 훌륭한 학습 도구이며 설치가 굉장히 쉽다. 이번 절에서는 맥OS, 윈도우 및 우분투 기준으로 Geth 설치 방법을 다루어 볼 것이다.

 지금부터 설치 이후의 실습은 *nix 환경을 가정할 것이다. 즉, 맥OS 또는 우분투 14.04(Trusty)에서 터미널 응용프로그램을 전제로 한다. Geth에 대한 문서, 지도서(tutorial) 및 다양한 이더리움 클라이언트에 대한 지침은 clients.eth.guide를 참조하자.

맥OS에서 Geth 설치하기

먼저 맥의 응용프로그램 폴더에 있는 터미널(terminal)을 열자. 그리고 커맨드 라인에 아래 명령을 입력하자.

```
brew update
brew upgrade
```

업데이트가 완료되고 커맨드 라인이 다시 나타나면 아래 명령을 입력하자.

```
brew tap ethereum/ethereum
brew install ethereum
```

윈도우에서 Geth 설치하기

안정적인 최신 바이너리를 내려받자. Zip 파일에서 geth.exe를 추출하고, 터미널을 열고 아래 명령을 입력하자

```
chdir <추출한 바이너리 파일의 경로>
open geth.exe
```

커맨드 라인에 익숙해지기

우분투에 Geth를 설치한 후에는(다음 절 참조) 몇 가지 연습을 진행할 것이다. 이 연습에서는 맥OS 또는 우분투을 사용한다고 가정한다. 윈도우 Geth 명령은 본문에서 다루지 않을 것이며, http://clients.eth.guide에서 찾을 수 있다.

지금부터 이어질 설명은 커맨드 라인을 처음으로 사람들을 위한 것이다.

맥OS 및 우분투의 응용프로그램 폴더에 있는 터미널을 처음 열면 깜박이는 커서가 나타난다. 이것은 컴퓨터가 명령을 받을 준비가 되었음을 나타낸다.

> 커맨드 라인에서는 컴퓨터가 멀티태스킹을 할 수 없다. 명령을 입력한 후 완료할 때까지 몇 초가 걸릴 수도 있고, 그 동안 화면에 갖가지 텍스트가 쏟아질 수도 있지만 당황할 필요 없다. 모두 정상이다. Geth 또는 커맨드 라인을 사용한다고 컴퓨터가 손상되지는 않는다.

우분투 14.04에서 Geth 설치하기

우분투에 Geth를 설치하려면, 먼저 터미널을 열고 아래 명령을 입력한 다음 엔터 키를 누르자.

```
sudo apt-get install software-properties-common
```

이 설치 과정에서 하드웨어 구성에 따라 일부 우분투 사용자는 글꼴 라이브러리를 설치해야 할 수도 있고, Geth 설치가 오류를 발생시킬 수도 있다. 글꼴 라이브러리는 https://community.linuxmint.com/software/view/ttf- ancient-fonts 또는 clients.eth. guide에서 받을 수 있다. 오류의 예시는 그림 6-1에 나와 있다.

```
You might want to run 'apt-get -f install' to correct these:
The following packages have unmet dependencies:
 bootnode:i386 : Depends: ttf-ancient-fonts:i386 but it is not installable
E: Unmet dependencies. Try 'apt-get -f install' with no packages (or specify a s
olution).
```

그림 6-1 일부 우분투 사용자에게는 이 오류가 발생할 수 있다. 해당 글꼴 패키지를 설치하면 모든 것이 원활하게 진행된다.

다음으로 아래 명령을 입력하자.

```
sudo add-apt-repository -y ppa:ethereum/ethereum
```

암호를 입력하라는 메시지가 프로그램에 나타난다. 암호를 타이핑해도 화면에 아무것도 입력되지 않은 것처럼 보일 수도 있지만 무시하고 엔터 키를 누르자. 그럼 그림 6-2와 비슷한 화면을 볼 수 있을 것이다.

```
● ─ □  ubie@ubie-M11AD: ~
ubie@ubie-M11AD:~$ sudo add-apt-repository -y ppa:ethereum/ethereum
[sudo] password for ubie:
gpg: keyring `/tmp/tmpdc6264j7/secring.gpg' created
gpg: keyring `/tmp/tmpdc6264j7/pubring.gpg' created
gpg: requesting key 923F6CA9 from hkp server keyserver.ubuntu.com
gpg: /tmp/tmpdc6264j7/trustdb.gpg: trustdb created
gpg: key 923F6CA9: public key "Launchpad PPA for Ethereum" imported
gpg: Total number processed: 1
gpg:               imported: 1  (RSA: 1)
OK
ubie@ubie-M11AD:~$ ▮
```

그림 6-2 암호를 입력해 설치를 완료하면 위의 결과가 표시된다.

터미널에서 명령 앞에 sudo를 입력하면, 유닉스 아키텍처에서 모든 파일과 명령에 액세스할 수 있는 루트 사용자로써 명령을 실행하게 된다. 다음으로, 프롬프트에서 아래 명령을 입력하고 엔터 키를 누르자.

```
sudo apt-get update
```

그리고 아래 명령을 입력하고 엔터 키를 누르자.

```
sudo apt-get install ethereum
```

컴퓨터의 관리자 암호(부팅 후 컴퓨터에 로그인할 때 사용하는 암호)를 입력하자. 설치 프로그램에서 하드 드라이브 공간을 사용할 것인지 묻는 메시지가 표시되면 Y(yes)를 치고 엔터 키를 누르자.

다음으로, Geth를 실행하자. 설치가 끝나면 명령 프롬프트에서 아래 명령을 입력해 Geth를 시작할 수 있다.

```
geth
```

그림 6-3과 같은 텍스트를 볼 수 있을 것이다.

```
I1110 13:05:52.118503 ethdb/database.go:83] Alloted 16MB cache and 16 file handl
es to /home/ubie/.ethereum/dapp
I1110 13:05:52.463738 eth/backend.go:172] Protocol Versions: [63 62], Network Id
: 1
I1110 13:05:52.466176 eth/backend.go:201] Blockchain DB Version: 3
I1110 13:05:52.706356 core/blockchain.go:214] Last header: #1747389 [e5268893…]
TD=29652985702758834150
I1110 13:05:52.706385 core/blockchain.go:215] Last block: #1747389 [e5268893…] T
D=29652985702758834150
I1110 13:05:52.706396 core/blockchain.go:216] Fast block: #1747389 [e5268893…] T
D=29652985702758834150
I1110 13:05:52.776676 p2p/server.go:313] Starting Server
I1110 13:05:52.782759 p2p/nat/nat.go:111] mapped network port udp:30303 -> 30303
 (ethereum discovery) using NAT-PMP(192.168.1.1)
I1110 13:05:53.095713 p2p/discover/udp.go:217] Listening, enode://a7cca350a5b279
c131b80d2673d336dce1e46749a00cecd0b87550bc7f45222b46e1352d41da878c79780c0a54e3e0
c56dc6c6b60c9cf82155c7a57c0476f084@66.65.50.108:30303
I1110 13:05:53.096596 node/node.go:296] IPC endpoint opened: /home/ubie/.ethereu
m/geth.ipc
I1110 13:05:53.096706 p2p/server.go:556] Listening on [::]:30303
I1110 13:05:53.102656 p2p/nat/nat.go:111] mapped network port tcp:30303 -> 30303
 (ethereum p2p) using NAT-PMP(192.168.1.1)
I1110 13:05:56.250622 eth/downloader/downloader.go:319] Block synchronisation st
arted
I1110 13:06:00.969563 core/blockchain.go:1001] imported 1 block(s) (0 queued 0 i
gnored) including 0 txs in 2.760345141s. #1747390 [de9c4dce / de9c4dce]
I1110 13:06:06.740200 core/blockchain.go:1001] imported 3 block(s) (0 queued 0 i
gnored) including 9 txs in 5.770474253s. #1747393 [f75204e1 / f499207c]
```

그림 6-3. 동기화 중인 Geth

동기화는 인위적으로 중단시키지 않는 이상 계속된다. Ctrl + C를 누르면 동기화가 중지되고 커맨드 라인 프롬프트를 다시 볼 수 있을 것이다.

지금까지 무슨 일이 일어난 걸까? Geth 자체는 채굴 전용이 아니지만, 과거 블록을 다운로드해 블록 체인과 동기화한다. 이 작업이 필요한 이유는 미스트와 마찬가지로 계정의 최신 잔액을 보여주고 트랜잭션을 신속하게 주고받기 위함이다. 사실, 기억할지 모르겠지만 미스트도 그림 6-4와 같이 동기화 작업을 수행한다.

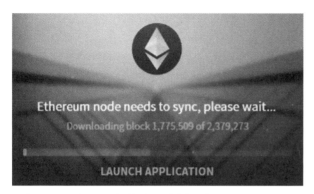

그림 6-4 Geth의 동기화 작업은 미스트에서의 동기화 작업과 같다.

그러나 Geth는 그리 똑똑한 클라이언트는 아니어서 한 번에 한 가지만 할 수 있다. 동기화를 시작하면 동기화만 계속되고, 이 상태에서 EVM 코드를 실행할 수는 없다. 하지만 컴퓨터의 터미널을 통해 EVM에서 직접 명령을 실행할 수 있는 Geth의 내장 자바스크립트 콘솔을 활용하는 것이 가능하다. 멋지지 않은가?

Geth 콘솔을 통해 EVM에 명령 실행하기

터미널에서 Geth 명령을 사용하면 이더리움 네트워크에서 많은 기능을 실행할 수 있다. Geth 명령의 형식은 아래와 같다.

```
geth [options] command [command options] [arguments...]
```

https://github.com/ethereum/go-ethereum/wiki/Command-Line-Options에서 명령, 옵션 및 인수의 전체 목록을 찾을 수 있다. 그러나 이더리움 네트워크의 궁극적인 목표는 진정한 분산형 앱이므로, 우리는 Geth에서 열 수 있는 콘솔을 통해 이더리움 자바스크립트 API를 사용하는 데 집중할 것이다. 콘솔은 실제로 Geth 내부에서 작동하는 JSRE(JavaScript Runtime Enviromnent, 자바스크립트 런타임 환경)이다. 이더리움의 JSRE는 8장에서 더 자세히 다룰 전체 Web3.js 자바스크립트 dapp API를 노출시킨다. 콘솔에서 JSRE를 대화형으로 사용할 수도 있고, 스크립트를 작성해서 비 대화형으로 사용할 수도 있다.

dapp API 외에도 Geth는 이더리움 노드의 원격 관리를 위한 전체 관리 API를 지원한다. 예를 들어, 개인 및 관리자 API는 파일 시스템에 액세스하고, 명령을 실행하고, 노드를 원격으로 모니터링하는 방법을 제공한다. 이러한 API는 dapp API에서 사용된 것과 동일한 규칙을 따른다. 관리 API에 대한 자세한 내용은 https://github.com/ethereum/go-ethereum/wiki/JavaScript-Console#management-apis에서 확인할 수 있다.

 Geth와 미스트를 동시에 실행시키면 오류가 발생한다. 노드는 시스템당 하나의 네트워크 데몬만 실행할 수 있다.

콘솔에서 Geth를 재시작하려면 아래 명령을 입력하자.

```
geth console
```

이미 미스트가 실행 중이며 동기화된 상태라면, Geth에게 다음 명령을 내려서 미스트의 노드를 통한 연결을 생성할 수 있다. 이렇게 하면 Geth가 다시 동기화될 때까지 기다릴 필요 없이 컴퓨터의 로컬에 이미 저장된 블록체인을 활용할 수 있다.

```
geth attach
```

콘솔에서 서로 연결을 생성하는 것도 가능하다. 이 기능을 어디에 쓸 수 있을까? 완전히 동기화된 미스트 클라이언트를 실행 중인 경우, Geth에서 자바스크립트 콘솔을 바로 사용할 수 있다. 지금은 별로 중요하지 않지만 Geth와 함께 퍼블릭 블록체인에서 실제 트랜잭션을 주고받는 경우, 잔액 조회가 올바르게 반환되기 전에 동기화가 완료될 때까지 기다려야 할 수도 있기 때문에 시간을 단축하는 것이 꽤 유용하다.

이제부터 콘솔에서 자바스크립트 API를 호출할 것이다. API 호출에 대한 전체 가이드는 https://github.com/ethereum/go-ethereum/wiki/JavaScript-Console에 있다. 그다음에는, 자바스크립트 메소드를 대화형으로 호출해 계정 및 잔고에 대한 작업을 수행하는 방법을 알아볼 것이다. JSRE를 사용하는 방법에 대한 더 자세한 내용은 https://github.com/ethereum/go-ethereum/wiki/JavaScript-Console#non-interactive-use-jsre-script-mode를 참조하자.

이 Geth 명령은 메인 네트워크에 연결된다. 테스트넷에서는 시험용으로 가짜 이더를 확보할 수 있지만, 메인 네트워크에서 사용하기 위한 이더는 거래소에서 구입해야 한다는 점을 기억하자. 요즘은 더 이상 채굴을 통해 쉽게 이더를 확보할 수 없지만, 어쨌든 우리는 재미로 채굴을 실습할 것이다.

콘솔을 활성화한 상태에서 Geth 클라이언트가 실행 중이어야 하며, 명령 프롬프트를 사용할 수 있어야 한다. 먼저 자바스크립트 API 호출을 사용해 계정을 만들자. 머리 속에서는 계정을 위한 암호를 하나 떠올리자. 콘솔에 아래 내용을 입력하고 Enter 키를 누르자.

```
personal.newAccount("계정 암호")
```

따옴표 사이의 텍스트를 계정 암호로 바꾸어 입력해야 한다. 주 계정은 기본적으로 0번째 계정으로 설정된다. 그림 6-5와 같이 녹색 공개 키가 반환된다.

```
● ─ □   uble@uble-M11AD: ~
I1112 22:31:50.765457 p2p/nat/nat.go:111] mapped network port tcp:30303 -> 30303
(ethereum p2p) using NAT-PMP(192.168.1.1)
Welcome to the Geth JavaScript console!

instance: Geth/v1.4.18-stable/linux/go1.5.1
coinbase: 0x20010316e70637277a03fcf59f2c33f28fadcbc8
at block: 1752094 (Wed, 22 Jun 2016 14:10:28 EDT)
 datadir: /home/ubie/.ethereum
 modules: admin:1.0 debug:1.0 eth:1.0 miner:1.0 net:1.0 personal:1.0 rpc:1.0 txp
ool:1.0 web3:1.0

> I1112 22:31:52.946756 eth/downloader/downloader.go:319] Block synchronisation
started
> personal.newAccount("password")
 0x895decdea49c3d385494f417a396b2dae4f3e20e
> I1112 22:32:57.468293 core/blockchain.go:1001] imported 9 block(s) (0 queued 0
 ignored) including 75 txs in 3.698148085s. #1752103 [8eb12a90 / 999ef8a2]
I1112 22:32:59.377867 core/blockchain.go:1001] imported 12 block(s) (0 queued 0
ignored) including 74 txs in 1.90938533s. #1752115 [36bab62c / b110ffe4]
I1112 22:33:12.845019 core/blockchain.go:1001] imported 35 block(s) (0 queued 0
ignored) including 536 txs in 11.93460875s. #1752150 [62775511 / b9231b7c]
I1112 22:33:22.174067 core/blockchain.go:1001] imported 4 block(s) (0 queued 0 i
gnored) including 647 txs in 9.329049124s. #1752154 [b9231b7c / 4653d247]
I1112 22:33:30.533363 core/blockchain.go:1001] imported 4 block(s) (0 queued 0 i
```

그림 6-5 자바스크립트 콘솔로 새 계정을 생성하는 것은 너무나 쉽다. 새 공개키가 녹색으로 표시된 것을 볼 수 있다. 비밀번호를 잊지 말 것!

아래 명령을 입력하면 콘솔에서 모든 계정을 확인할 수 있다.

```
personal.listAccounts
```

물론 잔고는 모두 0이다. 이 새로운 계정의 개인키는 2장에서 본 것과 같이 디렉토리에 저장되고, 백업도 가능하다. 백업하는 방법은 http://backup.eth.guide 를 참조하자.

앞서 언급했듯 Geth JSRE는 이더리움 자바스크립트 API를 사용하기 위한 일종의 통로이다. 이 API는 Web3.js 라이브러리의 일부이며, 많은 수의 명령을 활용할 수 있도록 컴퓨터에 설치되어야 한다. Web3.js는 노드 패키지 관리자(npm) 모듈, Meteor.js 패키지 및 다른 형식으로 사용할 수 있으며, 이 라이브러리에 대한 자세한 내용은 https://github.com/ethereum/web3.js/에서 확인할 수 있다. 자바스크립트 Dapp API 호출의 전체 목록을 보려면 http://js.eth 또는 이더리움 자바스크립트 API 문서(https://github.com/ethereum/wiki/wiki/JavaScript-API)를 참조하자.

자바스크립트에 익숙한 개발자라면 Geth의 JS 콘솔이 4장에서 설명한 솔리디티 스크립트보다 쉽게 느껴질 수 있다. web3 객체는 자바스크립트 개발자에게 친숙한 모든 종류의 메소드에 대한 접근을 허용한다. Geth에서 수행할 작업을 자동화하기 위해 콘솔 위키를 정독하고, 컴퓨터에서 로컬로 실행할 수 있는 스크립트의 종류에 대해 익히기를 권장한다. 다음으로는, Geth를 사용해 테스트넷에 연결하는 방법을 배우고 그 뒤에는 메인 네트워크에서 채굴을 시작해 블록 위에 서명하는 절차를 진행할 것이다.

플래그로 Geth 시작하기

플래그를 주어 Geth를 시작하는 방법도 주요 사용법 중 하나이다. 옵션의 전체 목록과 그에 해당하는 플래그는 https://github.com/ethereum/go-ethereum/wiki/Command-Line-Options에서 찾을 수 있다.

테스트넷에서 Geth를 시작하려면 아래와 같이 입력하면 된다.

```
geth --testnet
```

그림 6-6과 같은 출력을 볼 수 있을 것이다. 차이가 있다면 테스트넷 상에서 채굴이 일어나고 있다는 점이다. 중지하려면 Ctrl + C를 누르면 된다.

```
● ● □ uble@uble-M11AD: ~
I1112 21:59:01.211092 core/blockchain.go:216] Fast block: #1840762 [061c88f3…] T
D=400999452729270
I1112 21:59:01.213422 p2p/server.go:313] Starting Server
I1112 21:59:01.220354 p2p/nat/nat.go:111] mapped network port udp:30303 -> 30303
(ethereum discovery) using NAT-PMP(192.168.1.1)
I1112 21:59:01.240635 p2p/discover/udp.go:217] Listening, enode://6d82ab2152ed2a
072fceaab82d000a51cdde18046b049961673f4e97c1d81ca2d25fc87ba84b0a44d46ced172b167e
2ea0d5549026db546cf475c66d987429df@66.65.50.108:30303
I1112 21:59:01.242361 p2p/server.go:556] Listening on [::]:30303
I1112 21:59:01.243053 node/node.go:296] IPC endpoint opened: /home/ubie/.ethereu
m/testnet/geth.ipc
I1112 21:59:01.248442 p2p/nat/nat.go:111] mapped network port tcp:30303 -> 30303
 (ethereum p2p) using NAT-PMP(192.168.1.1)
^CI1112 21:59:03.081600 cmd/utils/cmd.go:81] Got interrupt, shutting down...
I1112 21:59:03.081775 node/node.go:328] IPC endpoint closed: /home/ubie/.ethereu
m/testnet/geth.ipc
I1112 21:59:03.081814 core/blockchain.go:578] Chain manager stopped
I1112 21:59:03.081828 eth/handler.go:225] Stopping ethereum protocol handler...
I1112 21:59:03.081862 eth/handler.go:246] Ethereum protocol handler stopped
I1112 21:59:03.081964 core/tx_pool.go:172] Transaction pool stopped
I1112 21:59:03.082018 eth/backend.go:500] Automatic pregeneration of ethash DAG
OFF (ethash dir: /home/ubie/.ethash)
I1112 21:59:03.082286 ethdb/database.go:176] closed db:/home/ubie/.ethereum/test
net/chaindata
```

그림 6-6 테스트넷 출력

커맨드 라인 옵션에 대한 정보는 http://cli.eth 에서 얻을 수 있다.

이 글을 쓰는 시점에서 네트워크의 채굴 난이도는 상당히 높으며, 단독 채굴자는 블록을 찾는 데 오랜 시간이 걸릴 것이다. 어쨌든 다음 절에서는 네트워크의 보안을 담당하는 채굴자로써의 경험을 쌓기 위해, 새 지갑 주소로 채굴을 시작할 것이다.

채굴기 가동!

Geth는 자동으로 채굴을 시작하지 않는다. 채굴을 시작하거나 중지하라는 명령을 내릴 수 있을 뿐이다. 이 예제에서는 컴퓨터의 CPU를 사용해 채굴을 수행할 것이다. GPU를 사용한 채굴이 더 효과적이지만 이는 약간 더 복잡하며, 어쨌든 특수한 채굴 장비에 더 적합하다. 이번 장의 뒷부분에서 이에 대해 설명할 것이다.

메인 네트워크에서 채굴을 시작하려면 새 터미널 창을 열고 아래 명령을 입력해 자바스크립트 콘솔로 진입하자.

```
geth console
```

노드가 동기화되기 시작하는 것을 볼 수 있지만, Geth가 백그라운드에서 작동하므로 명령을 입력할 수 있는 커맨드 라인 프롬프트가 신속하게 반환된다.

콘솔에서 채굴이나 동기화의 출력 텍스트가 명령을 덮어쓰는 것처럼 보이더라도 걱정할 것 없다. 보이기만 그런 것이다. 콘솔에서 엔터 키를 누를 때 명령이 여러 줄로 분리된 것처럼 보일지라도 명령은 정상적으로 실행된다.

채굴 보상을 받으려면 이더리움 주소를 노드에 알려줘야 한다. EVM은 글로벌 가상 머신이므로 사용자가 입력한 이더리움 주소, 또는 공개키가 로컬 컴퓨터에서 생성되었는지, 로컬 컴퓨터에서 연결되었는지 여부를 신경 쓰지 않는다. EVM 입장에서는 모든 것이 로컬이다.

채굴 보상을 받기 위한 주소로 이더베이스(etherbase)를 설정하려면 콘솔에 아래 명령을 입력하자.

```
miner.setEtherbase(eth.accounts[your_address_here])
```

채굴을 시작하려면 아래 명령을 입력하자.

```
miner.start()
```

두둥! 채굴이 시작되었다. 혹시라도 블록을 발견하게 된 경우 위에서 설정한 주소로 채굴 보상을 수령할 수 있지만, 며칠 또는 몇 주가 걸리더라도 이상하지 않다. 그림 6-7을 보면 노드가 DAG 파일을 생성하고 채굴 프로세스를 시작하는 것을 볼 수 있다. 그런데, 왜 이더 채굴로 즉시 돈을 벌지 못하는가? 곧 설명하겠지만, 이는 하드웨어와 많은 관련이 있다.

```
ubie@ubie-M11AD: ~
I1112 22:03:26.071880 eth/backend.go:454] Automatic pregeneration of ethash DAG
ON (ethash dir: /home/ubie/.ethash)
true
> I1112 22:03:26.072245 eth/backend.go:461] checking DAG (ethash dir: /home/ubie
/.ethash)
I1112 22:03:26.072435 miner/worker.go:539] commit new work on block 1748011 with
 0 txs & 0 uncles. Took 623.351µs
I1112 22:03:26.072570 ethash.go:259] Generating DAG for epoch 58 (size 156027865
6) (8f602dc7d86df0a7c8e7467ec0d211062ee85c5c14c6d2f6c025976cf550e8c5)
I1112 22:03:27.548451 ethash.go:291] Generating DAG: 0%
I1112 22:03:33.584568 ethash.go:291] Generating DAG: 1%
I1112 22:03:39.798725 ethash.go:291] Generating DAG: 2%
I1112 22:03:45.891413 ethash.go:291] Generating DAG: 3%
> I1112 22:03:51.758028 ethash.go:291] Generating DAG: 4%
> I1112 22:03:53.465117 eth/downloader/downloader.go:319] Block synchronisation
started
I1112 22:03:53.465561 miner/miner.go:75] Mining operation aborted due to sync op
eration
> I1112 22:03:57.340299 eth/downloader/downloader.go:298] Synchronisation failed
: receipt download canceled (requested)
```

그림 6-7 채굴 준비 완료

채굴을 중지하려면 아래 명령을 입력하면 된다.

```
miner.stop()
```

다음으로, 채굴한 블록에 개인 태그를 부착하는 과정을 살펴보자.

연습: 블록체인에 이름 붙이기

자바스크립트 콘솔을 사용하면 총 32바이트의 추가 데이터를 추가할 수 있다. 32바이트는 짧은 일반 텍스트를 쓰거나 다른 사람이 읽을 수 있는 암호문을 입력하기에 충분하다.

우선 콘솔에서 채굴을 중지해야 한다. 아래의 자바스크립트 명령을 입력하자. 따옴표 안에는 입력할 메시지나 이름을 넣으면 된다.

```
miner.setExtra("입력할_메시지")
```

그리고 다음 명령을 입력하자.

```
miner.start()
```

콘솔은 true를 반환하고 채굴을 시작할 것이다. 블록을 찾으면 서명을 표시하게 되고, 해당 내용은 이 더체인(https://etherchain.org)과 같은 블록체인 탐색기에서 조회할 수 있다.

앞 절에서 설명한 대로 이더리움 자바스크립트 API를 호출하기 위해 Web3.js 라이브러리(https://github.com/ethereum/wiki/wiki/JavaScript-API#adding-web3)를 설치하자. 여기에는 잔액 확인, 트랜잭션 전송, 계정 생성 및 기타 모든 수학적 및 블록체인 관련 기능이 포함된다. 예를 들어, 이더베이스 개인키가 컴퓨터에 저장되어 있는 경우 콘솔에 아래 명령을 입력해 잔고를 확인할 수 있다.

```
eth.getBalance(eth.coinbase).toNumber();
```

지금쯤이면 채굴에 대해 제대로 이해하고, 직접 눈으로 확인했을 것이다. 실제로 채굴이 상태 전이를 일으키고 계약을 실행하는 모습을 확인하는 가장 효과적인 방법은 테스트넷을 사용하는 방법이다.

테스트넷에서 채굴하기

5장에서 실습한 바에 의하면, 미스트 지갑은 테스트넷에서 채굴이 가능했지만 메인 넷에서는 채굴이 불가능했다. 왜 그럴까?

사실, 미스트는 메인 넷에서 채굴할 필요가 없으며, 미스트가 군이 채굴을 하지 않아도 스마트 계약을 충분히 실행할 수 있다. 현재 퍼블릭 이더리움 체인에서 이미 수천 개의 노드가 채굴 중이며, 실제 이더를 지급받고 있기 때문이다.

스마트 계약이 테스트넷에서 실행되지 않는다고 흥분하지 말자! 미스트 또는 Geth 테스트넷 채굴을 켜면 계약이 실행될 것이다. 일반적인 실수이다.

반면, 테스트넷에서는 스마트 계약을 테스트하는 동안 우연히 다른 사람들이 채굴을 진행할 수도 있지만, 전혀 채굴이 이루어지지 않을 수도 있다. 테스트넷에서 채굴을 진행하는 데 실질적인 재정적 인센티브가 없으므로, 아무도 채굴을 하지 않을 때에는 스마트 계약 테스트를 위해 직접 채굴을 진행해야 할 필요도 있다. 이것이 미스트가 GUI 계약 배포 인터페이스와 함께 테스트넷 채굴을 허용하는 이유이다.

GPU 채굴 릭

대부분의 이더 채굴은 그림 6-8과 같은 특수 GPU 채굴기를 통해 이루어진다. 사진에 있는 두 대의 기계는 클레이모어 듀얼마이너(Claymore Dualminer)를 실행 중이며, 이는 Bitcointalk.org 포럼 회원 중 한 명인 클레이모어(Claymore)가 작성한 사용자 정의 채굴 프로그램으로 다중 GPU 릭(rigs)에서 이더와 그 외의 암호화폐를 동시에 채굴할 수 있다. 클레이모어 듀얼마이너에 대한 자세한 내용은 https://bitcointalk.org/index.php?topic=1433925.0 을 참조하자.

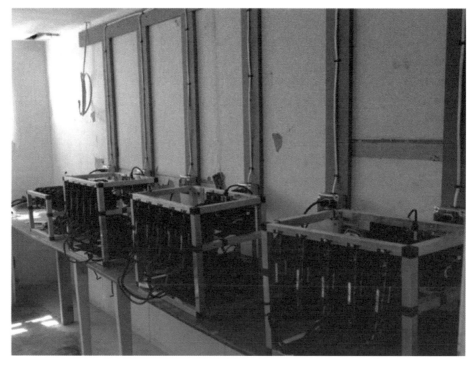

그림 6-8 저자의 지하실에서 가동 중인 이더리움 채굴기 4대

세 번째와 네 번째 채굴기는 이더리움, Z캐시(Zcash) 또는 모네로(Monero)를 채굴하는 용도로 특별히 제작된 리눅스 배포판인 ethOS를 탑재하고 있다. 이 OS는 빌드해서 쓰기가 더 쉬우며, 자세한 내용은 http://ethosdistro.com에서 확인할 수 있다.

윈도우, 맥OS, 우분투용으로 다중 GPU 마이닝을 가능하게 하는 여러 소프트웨어 패치가 있지만 실제로 가장 설정이 쉬운 OS는 우분투이다.

우분투를 사용하고 있고 여러 GPU로 작업하고 싶다면, AMD 하드웨어로 설정하는 것이 가장 쉽다. 물리적 비디오 카드 설치를 끝나고 다면 몇 개의 명령만으로 설정이 완료된다. 우분투 14.04에서 터미널을 열고 아래 명령을 입력하자.

```
sudo apt-get -y update
sudo apt-get -y upgrade -f
sudo apt-get install fglrx-updates
sudo amdconfig --adapter=all --initial
```

그리고 재부팅하자. 아래 명령을 터미널에 입력해 OpenCL을 활성화하자.

```
export GO_OPENCL=true
export GPU_MAX_ALLOC_PERCENT=100
export GPU_SINGLE_ALLOC_PERCENT=100
```

터미널을 추가로 열고 아래 명령을 입력하면 구성이 올바르게 작동했는지 확인할 수 있다.

```
aticonfig --list-adapters
```

이제 목록에 AMD 그래픽 카드가 나타날 것이다. 별표(*)로 표시된 카드는 컴퓨터의 기본 비디오 출력에 해당한다. 검은색 화면이 나타나면, 모니터가 잘못된 비디오 카드에 연결되어 있는지 확인해 보자.

다중 GPU로 채굴 풀 구성하기

사실 채굴을 통한 수익 창출에 대해 진지하게 접근하기엔 이미 때가 늦었다. 이번 장 내에서 채굴 난이도의 개념을 다룬 바 있다. 이미 논의한 바와 같이 현재의 채굴 난이도는 이미 상당히 높아서 이더리움의 효과적인 채굴 기간은 2017년, 또는 2018년에 끝날 것이다. 채굴 보상 경쟁은 치열하다. 채굴자가 승자 블록을 찾을 수 있는 확률은 채굴자의 해시파워와 채굴 난이도의 비율을 통해 추정할 수 있다. 수익을 얻기 위해 채굴하는 사람들은 강력한 하드웨어를 사용해 기회를 개선하려고 노력한다.

이더리움이 대중화되면서 시간이 지남에 따라 네트워크의 채굴 해시파워가 증가하므로, 대부분의 사용자에게 채굴이 점점 덜 매력적으로 보일 것이다. 하지만 암호화폐 획득과 별개로 이더리움 채굴의 작동 방식을 배우는 것은 여전히 재미있고 유용할 수 있다. 일부 지역에서는 이더 구입이 채굴보다 저렴할 수도 있겠지만, 실험할 수 있는 하드웨어가 있다면 실험을 하지 않을 이유는 없다.

http://mining.eth.guide 를 방문하면 알 수 있듯 채굴 풀이 몇 가지 있지만, 간단한 실험을 위해 우분투 14.04용 QtMiner라는 프로그램을 사용해 보자. 이 프로그램은 http://ethpool.org/downloads/qtminer2.tgz에서 내려받을 수 있다.

내려받기가 끝나면 아래와 같이 압축을 풀고 qt.miner 스크립트를 실행 가능하게 만들자.

```
tar zxvf qtminer.tgz
cd ./qtminer
chmod +x qtminer.sh
```

마지막으로 아래 명령을 실행해 QTMiner를 시작하자. 아래 명령에서 'address'는 지불할 채굴 보상을 받을 이더리움 주소이고 'name' 은 사용 중인 채굴 릭의 이름이다.

```
./qtminer.sh -s us1.ethermine.org:4444 -u address.name -G
```

동기화에 한 세월이 걸리는 미스트를 열지 않고 수입을 확인하려면, Ethermine.org에 접속해 오른쪽 상단 검색 창에 이더리움 주소를 입력하면 된다.

요약

이번 장에서는 이더리움 프로토콜의 가장 복잡한 측면 중 하나인 채굴 프로세스에 대해 다루었다. 채굴자가 어떻게 얼마만큼 돈을 벌고, 시스템이 방대한 규모의 장비를 갖춘 단일 채굴 풀의 네트워크 장악을 어떻게 방지하는지 알 수 있었다. Geth를 설치하고 명령 줄에서 자바스크립트 메소드를 실행하기 시작했으며, 테스트넷 채굴에서 다중 GPU 채굴까지 실습을 진행했다. 라이브 체인에서 작동하는 이러한 모든 요인에 대한 역동적인 그림을 보고 싶다면 https://ethstats.net을 방문해 보자.

이번 장에서 배운 내용을 이전 장과 통합해 간단하게 요약하자면,

이더리움의 블록은 12~15초 간격으로 생성되는 트랜잭션 기록이다. 노드는 네트워크와 동기화할 때마다 인접한 노드로부터 블록을 내려받은 후 이를 검증할 수 있는 데이터 구조로 조립해 루트 해시를 계산하고 검증한다. 그러므로 블록체인이 담고 있는 기록의 정확도는 신뢰할 수 있으며, 새 블록을 채굴하거나 새 트랜잭션을 안전하게 보낼 수 있다. 미스트와 Geth를 설치하고 실행할 때의 볼 수 있었던 동기화 프로세스도 이 동기화에 해당한다.

다음 장에서는 작업 증명 채굴에 대한 공격의 대비책인 경제적 인센티브 및 억제책에 대해 다룰 것이다. 최근 떠오르는 이 분야는 **암호경제학**(cryptoeconomics)이라는 이름으로도 알려져 있다.

07 장

암호경제학

안전한 컴퓨터 네트워크를 통해 이루어지는 경제 활동에 대한 연구를
일컬어 암호경제학이라 부른다.

채굴과 배포는 잠시 잊고 이더리움에 포함된 설계적 요소, 그 중에서도 경제적 인센티브와 불이익에 대한 시스템을 생각해 보자. 대체로 이더리움의 이 측면은 협력과 갈등이 혼재하는 상황에서 합리적이고 지능적인 의사 결정을 연구하는 게임 이론 분야와 중첩된다.

게임 이론은 경제, 국방 계획, 심리학, 정치학, 생물학, 심지어 도박(!) 등의 분야에서 널리 쓰이며, 특정 시스템 내부에서 작동하는 인간과 컴퓨터의 행동을 연구, 분석하고 예측하는 방법론이다.

이 책은 이더리움 네트워크의 목적을 이해하고 사용법을 알기 위한 책이다. 다행히도 이를 위해 독자 여러분이 수학자가 될 필요는 없다. 이번 장에서 등장하는 개념에 대한 기술적인 설명이 필요하다면, 아래 URL에 있는 이더리움 백서 및 황서를 참조하자.

- https://github.com/ethereum/wiki/wiki/White-Paper
- http://gavwood.com/paper.pdf

어쩌다 여기까지 왔나

암호의 역사는 수천년에 달한다. 암호는 메시지를 부호화된 메시지를 보내는 한 가지 기법으로써, 그 형식을 바꾸어 가며 인류 역사에 계속 존재해 왔다. 그러나 암호학이 하나의 정식 학문으로 자리잡기 시작한 것은 2차대전부터이며, 정착하는 데 10년이 걸렸다. 2차대전 당시 연합군은 독일의 이니그마(Enigma) 기계가 모스 부호로 전송한 암호화된 메시지를 가로채어 해석하는 데에 성공했고, 아이젠하워 장군은 이를 연합군의 승리를 이끈 결정적 요인으로 간주했다.[56]

오늘날의 디지털 통신은 잡음과 간섭이 많고 정보 손실 가능성이 높은 아날로그 무선 전파에 의존할 필요가 없다. 현재의 다양한 장치 및 프로토콜은 선명하고 깨끗한 디지털 신

---

56 F.W. Winterbotham, The Ultra Secret: The Inside Story of Operation Ultra, Bletchley Park and Enigma (London: Orion Publishers, 2000)

호를 수신한다. 오늘날 우리가 알고 있는 디지털 통신 시대의 문을 연 것은 **암호 해석** (cryptanalysis), 또는 **암호 해독**(code-breaking) 분야이다. 이 **정보 이론**(information theory) 분야는 미래지향적 발명가들의 구상으로부터 수십 년 후 구체화되어, 현대의 컴퓨터, 컴퓨터 언어 및 네트워킹을 현실로 만들었다.

새로운 기술이 만드는 새로운 경제

정보 이론은 확실성과 프라이버시를 보장한다. 1과 0은 컴퓨터가 실수 없이 신호를 보낼 수 있게 만들었다. 컴퓨터가 매번 동일한 방법으로 동일한 코드를 실행할 수 있다는 신뢰성이 있으므로, 오늘날 우리가 즐기는 고도의 자동화가 가능해졌다. 여기에 암호학적 기법을 적용함으로써, 전세계를 여행하면서도 발신자와 수신자가 서로 개인적인 메시지를 비공개로 유지할 수 있게 되었다(물론 특수 하드웨어로 신호를 가로채는 것이 가능하긴 하다).

오늘날의 컴퓨터가 정보 보안을 유지하는 방법은 1945년의 이니그마 기계의 수준과 차원이 다르다. **암호화 메시징**(cryptographic messaging)은 신뢰할 수 없는 환경에서의 통신, 또는 사용자의 정보가 악용되거나 파괴될 수 있는 상황을 위한 통신 방법으로 정의할 수 있다. 전쟁 상황이 하나의 예가 될 수 있으며, 산업 스파이, 종교적 박해, 심지어 자연 재해도 유사한 상황으로 볼 수 있다.

경제학 분야는 일반적으로 전쟁과 같은 적대적인 상황에서 사람들 간의 상호 작용을 연구한다. 그리고 새롭게 떠오르는 **암호경제학**(cryptoeconomics)은 적대적인 환경에서 네트워크 프로토콜을 통해 이루어지는 경제 활동에 대한 연구를 일컫는다.

암호경제학의 영역은 아래와 같다.

1. 온라인 신탁
2. 온라인 평판
3. 암호화를 통한 보안 통신
4. 탈중앙화 애플리케이션
5. 웹 서비스로서의 (일종의) 통화 또는 자산

6. P2P 금융 계약(스마트 계약)

7. 네트워크 데이터베이스 합의 프로토콜

8. 스팸 방지 및 시빌 공격(Sybil attack) 방어 알고리즘

시빌 공격이란, 공격자가 많은 수의 익명 ID를 가지고 P2P 네트워크에 공격을 퍼부어 의도적인 불균형을 만들어내고 영향력을 행사하는 방식을 말한다. 이 방법은 P2P 네트워크의 주된 취약점이다. 6장에서 설명한 51퍼센트의 공격 역시 시빌 공격과 유사하다. 앞으로 살펴보겠지만, 응용 암호경제학(applied cryptoeconomics)에 적용되는 대부분의 기술은 효과적인 인센티브와 불이익을 가진 게임과 유사한 시스템을 만들어내며 네트워크를 안정적으로 유지하기 위한 긴장 상태를 조성한다.

게임의 규칙

암호경제학 시스템을 만든 사람들(퍼블릭 블록체인의 개발자)은 지금도 이 네트워크가 어떻게 작동해야 하는지에 대한 논의를 온종일 계속하고 있다. 이러한 논의의 대부분은 지금까지 존재한 여러 가지 암호 네트워크 프로토콜에 대한 실생활 경험에 근거하고 있으며, 그 중 대표적인 것은 아래와 같다.

- 중앙화[57]에 주의할 것: 두 명의 개인이 네트워크 채굴 해시파워, 또는 암호화폐 전체의 25% 가까이 보유하고 있으면 적대적인 포크로 유도되기 쉽고 네트워크 무결성을 파괴할 수 있는 위험성을 지니게 된다.

- 대부분의 사람들은 이성적이지만: 그러나 모든 네트워크의 구성원 중 일부는 이해하기 어려운 방식으로 행동한다. 비이성적인 구성원 중 일부는 의도적으로, 또는 엄청난 실수로 네트워크의 파괴를 일으킬 수도 있다.

- 대규모 네트워크에는 가입자와 이탈자가 많다: 이로 인해 네트워크 트래픽과 사용자 점유율이 요동치지만, 일부 사용자는 높은 수준의 활동을 유지한다.

---

57 (옮긴이) 여기에서 중앙화(centralization)란 권력의 집중, 또는 세력의 집중을 가리킨다.

- **검열이 불가능하다:** 스마트 계약은 다른 스마트 계약으로부터 완전한 메시지를 받았다고 신뢰할 수 있다.

- **노드 간에 자유롭게 대화한다:** 어떤 노드이든지 두 노드 간에 메시지를 빠르고 쉽게 주고받을 수 있다.

- **부채 및 부정적인 평판을 강제할 수 없다:** 퍼블릭 체인을 사용하는 사람은 언제든지 새 지갑 주소를 생성할 수 있기 때문에, 소프트웨어 계약 또는 중앙 기관에 의해 관리되는 제한된 지갑 주소를 필요로 하는 특정한 커뮤니티는 프라이빗 체인에만 존재할 수 있다.

이러한 경험 중 많은 부분이 비트코인에서 비롯하였지만, 비트코인은 오늘날 인류가 직면한 다양한 문제를 해결하기 위해 위의 모든 경험을 적용하지는 않았다. 채권이나 모기지와 같은 장기 채무 증서는 인간의 주요한 재무 활동 중 하나이지만(부채 조달), 비트코인은 이를 창출하는 데 전혀 적합하지 않다.

이러한 평가는 비트코인에 대한 비난이라기보다는, 오히려 국제적인 유동성 공급층으로써의 지위에 대한 인정에 가깝다. 비트코인은 저장 매체가 아니고, 유용한 상품이거나 눈에 보이는 부의 표시도 아니다. 인간 문화에는 수없이 많은 금전적 가치의 표현 방식이 있으며, 새로운 방식의 개척은 부분적으로 암호경제학에 관한 활동을 촉발시키는 요인이기도 하다.

암호경제학이 왜 유용한가?

우선 무엇보다도, 응용 암호경제학은 갖가지 규모의 퍼블릭 네트워크와 공격자 간의 방어 계층을 구축하는 공학적 방법을 제공한다. 게임 이론 기반의 시스템 설계, 암호화, 암호화 해시를 결합함으로써 일반적인 자원(이 경우 글로벌 트랜잭션 상태 시스템)을 보호하는 방법을 제공하는 것이다.

퍼블릭 체인은 공개되어 있기 때문에, 높은 컴퓨팅 성능을 가진 공격자에 대한 방어력이 필요하다. 따라서 노드의 수가 많고 지리적으로 많이 분산되어 있으며, 서로 연결되지 않은 소유자들이 관리하는 네트워크가 더 보안성이 높다고 볼 수 있다.

채굴 풀로 인해 중앙화가 될 수 있으므로, 해시파워가 25%를 초과하는 풀은 네트워크의 위협 요소라고 간주할 수 있다. 이러한 풀이 두 개가 발생하면 네트워크를 제어할 수 있게 된다.

이더리움 프로토콜의 설계자는 ASIC으로 실행할 수 없는 맞춤형 알고리즘인 Ethash를 사용하고 난이도가 빠르게 상승하도록 네트워크를 설계함으로써, 채굴의 전문화와 중앙화를 통해 얻을 수 있는 인센티브 요소를 상당 부분 제거하였다.

해시와 암호화의 이해

1장에서 다룬 바와 같이, 블록체인은 아래의 3가지 기술 요소로 구성된다.

- 암호화 해싱
- 비대칭 공개키 암호화
- 분산 P2P 컴퓨팅

바로 앞 장에서는 각 블록의 헤더가 전체 체인의 루트 해시, 그리고 블록 내의 트랜잭션을 해시한 값을 포함한다는 점을 다루었다. 블록 헤더에 포함된 이 두 데이터는 암호화 시드를 생성하는 데 사용되며, 이 암호화 시드는 DAG 파일을 생성한다. DAG 파일은 1GB로 확장되며, 작업 증명 알고리즘을 위한 일종의 재료 역할을 한다. 블록 유효성 검사를 위한 논스 값을 찾으려면 DAG의 데이터 덩어리를 함께 해시해야 하기 때문이다.

 대기업 역시 퍼블릭 체인의 이점을 누릴 수 있다. 대기업이 일반적으로 프라이빗 애플리케이션 데이터 계층의 보안에 투자하는 많은 비용을 절감할 수 있기 때문이다. 이더리움 재단의 공동 설립자인 조셉 루빈(Joseph Lubin)은 2017년 2월 28일 뉴욕의 브루클린에서 EEA(Enterprise Ethereum Alliance)를 출범시키며 대규모 조직을 염두에 둔 발언을 남겼다. **"퍼블릭 블록체인이 아닌 블록체인을 구축하는 것은 어불성설입니다. 암호경제학은 결코 프라이빗 영역에서 퍼블릭 영역으로 나아갈 수 없기 때문이다."**

정보의 입력과 출력이 있다는 점에서, 암호화와 해시는 모두 알고리즘이라도 할 수 있다. 하지만 두 방법은 서로 다른 목적을 가지고 있다.

암호화

지금까지 암호화에 대해 충분히 이야기했지만, 다시 한 번 지금까지의 내용을 복습하자. 이더리움과 비트코인 계정은 공개키와 개인키라는 한 쌍의 암호화 키를 사용하여 각각의 가상 컴퓨터로 전송된 트랜잭션을 암호화한다(두 네트워크 모두 암호화를 수행하기 위해 secp256k1 곡선이라는 알고리즘을 사용한다). 이 방법은 공개키 암호화, 또는 비대칭 암호화(asymmetric encryption)라고도 불린다. 이와 대조되는 대칭 암호화(symmetric encryption)는 두 사람이 공개키와 개인키를 공유하는 방식으로, 배우자와 주소를 공유하고 집 키를 복제해서 보관하는 방식과도 유사하다.

대칭 암호화 패턴은 오늘날 대부분의 서버에서 사용되는 패턴이다. 서버들이 서로 통신할 때, 종종 동일한 개인키를 사용하여 서로를 인증하는 경우가 많다. 이는 트랜잭션을 수신하는 상대방 서버가 이 개인키의 보안을 유지한다는 신뢰 하에서만 안전하다. 개인키의 안전한 보관을 통해 양쪽 모두가 이득이 되고, 사보타지로부터 방어가 가능하다는 전제를 가지고 있다.

암호화는 사람이 읽을 수 있는 문자와 숫자로 이루어진 문자열을 읽을 수 없는 임의의 문자 및 숫자로 바꾼다. 암호화 알고리즘을 거쳐 출력되는 암호문은 고정되지 않은 길이를 가진다.

PGP(Pretty Good Privacy) 및 AES(Advanced Encryption Standard)는 암호화에 널리 사용되는 알고리즘이다. 또한 RSA 암호화 알고리즘은 전세계 IT 부서에서 널리 사용되는 표준이다. 그러나 이러한 대중적인 암호화 알고리즘으로 생성된 공개키는 매우 길고 다루기 힘들 수 있다. 이더리움은 비트코인과 마찬가지로, ECDSA 알고리즘이라는 타원 곡선 기반 암호화 프로토콜을 사용한다. ECDSA는 보안성과 간결함의 장점을 모두 가지고 있다. ECDSA는 작은 크기를 키를 허용하여, 메모리와 전송량의 부담을 줄인다. 한편 비탈릭 부테린은 현재 ECDSA로 구현된 암호화가 미래에는 더 좋은 보안성을 위해 다른 방식으로 전환될 가능성이 높다고 언급한 바 있다.

암호화의 약점

그러나 암호화에는 약점이 있다. 우선, CPU 사용률이 높다. 또한, 개인키가 암호학적으로 안전할지는 몰라도 인간의 어리석음을 극복할 정도로 완벽하지는 않다. 개인키의 관리에는 신중을 기해야 한다. 실제로 NIST(National Institute of Standards and Technology)에서는 암호화 키의 수명 주기에 대한 지침(guide)을 제공하는데, 이 지침은 보호할 데이터 또는 키의 민감도와 보호할 데이터의 양(또는 키 쌍의 개수)을 기반으로 하고 있다.[58]

누군가가 자신의 메시지를 해독하기를 원하지 않는다면, 암호화가 최선의 선택이 아니라는 점에 유의해야 한다. 비공개 키의 존재는 암호화된 정보가 언젠가는 해석된다는 전제를 가지고 있다. 비공개 키의 주인이 이를 해석한다면 다행이지만, 비공개 키를 가지고만 있다면 누구라도 해석이 가능하다는 점이 문제이다.

해시

해시는 암호화보다 안전하다. 적어도, 해시의 결과값을 읽을 수 있는 원래의 형식으로 복구할 수 있는 개인키는 존재하지 않기 때문이다. 따라서 컴퓨터가 데이터 집합의 내용을 알 필요가 없으면, 데이터 집합의 해시를 취하는 편이 더 안전하다.

해시 알고리즘(Hashing algorithm)은 암호화 알고리즘과 마찬가지로 데이터를 입력 받지만, 고정된 길이의 문자열이나 숫자를 생성한다. 큰 데이터 세트에서 한 문자만 변경해도 그 해시 결과는 완전히 다른 것이 된다. 해시된 데이터를 원래 형식으로 되돌릴 수는 없다. 인기 있는 해시 알고리즘으로는 MD5, SHA-1, SHA-2 등이 있다. 이더리움과 비트코인 프로토콜은 가장 강력한 해시 알고리즘인 SHA-256을 사용한다.

해시의 용도

SHA로 시작하는 해시 알고리즘의 이름이 익숙하지는 않은가? 아마, 컴퓨터 또는 스마트폰으로 와이파이에 연결하고 비밀번호를 입력할 때 인터페이스에서 이 알고리즘을 이름을 보았을 수도 있다. 해시는 근본적으로 일방적이기 때문에, 두 가지 비밀 값을 해시한 후 비교

---

58 NIST, "Recommendations for key management," https://www.nist.gov/node/563271, 2012.

하면 원래의 값을 몰라도 그 일치 여부는 알 수 있다. 따라서 컴퓨터가 와이파이 암호를 해시하고, 암호를 알고 있는 와이파이 라우터로 전달하면 라우터가 자신이 아는 암호를 해시하고 그 일치 여부를 비교하여 올바른 암호인지 판단하고 연결할 수 있다. 이렇게 하면, 네트워크에서 데이터를 빼내도 해시 결과만을 알 수 있을 뿐, 해시하기 전의 원래 암호가 무엇인지는 알 수 없다.

블록 속도가 중요한 이유

6장에서는 블록을 시간 간격으로 정의했으며, 이더리움의 블록 시간은 15초이다. 채굴 프로세스의 많은 서브루틴은 블록 시간을 유지하도록 설계되었다. 그러나 앞에서는 이더리움의 블록 시간이 비트코인의 10분 블록보다 '나은' 것인지, 아니면 단지 이더리움 프로토콜만의 특징인지에 대해 알아볼 기회가 없었다.

여기에서 한 가지 알아야 할 사실은, 전세계의 비트코인 노드에 대한 대기 시간이다. 2013년의 연구에 따르면, 전체 노드의 95%에 대해 12.6초 이내에 접근이 가능하다.[59] 이 수치는 블록 크기에 비례하므로, '빠른' 블록 시간이 가능하다면 보다 반응성이 좋은 네트워크를 이용할 수 있는 셈이다.

앞에서 살펴보았듯, 단기적으로 보았을 때 빠른 블록은 안전성이 떨어진다. 하지만, 빠른 블록 시간은 트랜잭션의 확인 시간을 단축시켜 정보의 불균형을 해소하는 데 도움이 된다. 따라서 처음에 노드가 쉽게 바보짓을 한다 해도, 몇 세대 내에 '진정한' 체인 쪽으로 강하게 끌어당겨지게 된다. 빠른 블록이 느린 블록보다 덜 안전하다는 생각은 잘못된 것이다.

블록 속도가 다양한 네트워크 특성에 미치는 영향에 대한 자세한 내용은 이더리움 블로그의 다음 게시물(https://blog.ethereum.org/2015/09/14/on-slow-and-fast-block-times)을 참조하자.

---

59 Swiss Federal Institute of Technology, Zurich, "Information Propagation in the Bitcoin Network," www.tik.ee.ethz.ch/file/49318 d3f56c1d525aabf71da78b23fc0/P2P2013_041.pdf, 2013.

이더 발행 계획

이더는 채굴자에게 보상을 지불하기 위해 네트워크에 의해 생성된다. 그러나 일부 이더는 2014년 중반에 네트워크의 자금 조달을 위해 미리 발행되었다. 당시 1비트코인당 1,000 ~ 2,000ETH의 가격으로 약 6000만 ETH가 판매되었다. 그 중 약 10%는 이더리움 재단에 할당되었고, 또 다른 10%는 사전판매(presale) 당시에 보유분으로 유지되었다.

사전판매 이후로는, 이더리움 시스템이 채굴자에게 채굴 보상을 지급하는 과정에서 연간 1560만 개의 이더가 발행된다. 이더의 발행은 중단되지 않지만 매년 발행되는 양이 전체 풀에서 차지하는 비율은 점점 감소한다. 그림 7-1에서 볼 수 있듯이, 2014~2015년 사이에서 볼 수 있는 상향 곡선은 사전판매 기간에 해당한다.

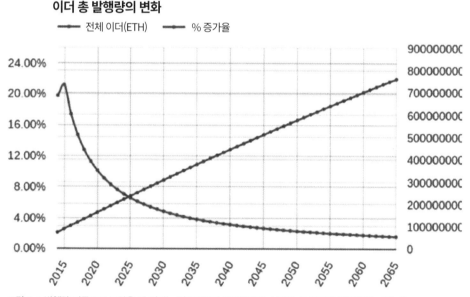

이더 총 발행량의 변화

그림 7-1 발행량 기준으로 보았을 때 이더는 인플레이션 화폐이지만, 실제로 그 가치가 떨어지지는 않는다.

따라서, 이더 발행 계획은 약 2025년까지 인플레이션 구조(물가 기준이 아닌 발행량 측면에서)이며, 이후에는 디플레이션 구조를 가진다. 이더의 가격은 시장에서 형성되며, EVM의 시간에 대한 수요가 가장 큰 가격 요인이다. 가솔린과 마찬가지로, 가격 변동은 사람들이 얼마나 운전하고 있는지, 또는 얼마나 많은 사람이 거래를 통해 가격을 조작하고 있는가에 달려 있다!

일반적인 공격 시나리오

다음으로, 이더리움 프로토콜이 P2P 네트워크에서 가장 일반적인 공격 벡터를 다루는 방법을 간략하게 알아보자. 3장에서 EVM에 대해 다룰 때 언급했듯이, 상태 전이 함수는 블록당 제한된 계산 단계 내에서만 일어날 수 있다. 실행이 길어지면 실행이 도중에 중단되고 상태 변경 내용은 원상 복구된다. 그러나 이렇게 롤백된 변경 사항에 대한 비용은 여전히 채굴자에게 지급된다.

이러한 프로토콜 설계에 대한 이론적 근거는 암호경제학의 관점을 통해 볼 때 명백하게 이해할 수 있다. 이더리움 백서는 네트워크가 공격받는 시나리오에 대한 안전성을 입증하기 위해 아래와 같은 예제를 사용한다.

- 무한 루프가 포함된 스마트 계약을 공격자가 채굴자에게 보내면, 결국 가스가 고갈된다. 그러나 각 트랜잭션은 여전히 유효하다. 프로그램이 수행한 각 계산 단계마다 공격자가 수수료를 지불하고 채굴자가 이를 수령하기 때문이다.

- 공격자가 자신의 코드에 대한 채굴을 유지하기 위해 적절한 가스 요금을 지불하려고 하더라도, 채굴자는 STARTGAS 값이 지나치게 높다는 것을 보고 계산량이 너무 크다는 것을 미리 알 수 있게 된다.

- 공격자가 가스 지불량을 조절하는 속임수를 쓴다고 가정해 보자. 공격자는 자금의 인출이 이루어지지만, 계정의 잔액이 줄어들지는 않는 정도의 수준으로 가스를 설정해서 트랜잭션을 배포할 수 있다. 이는 갑자기 돈을 벌어들인다는 점에서 이중 지출 공격과 유사하다. 그러나 이더리움 시스템에서는 트랜잭션 중간에 가스가 모자라면 해당 트랜잭션이 완전히 롤백된다.

기계 간의 사회적 증거

기계가 사회성을 지니고 있다고 생각하는 것은 이상한 일이다. 그러나 기계로 이루어진 네트워크는 분명히 사회성을 띤다. 작업 증명은 인간 사이의 사회적 증거와 유사하다. **사회적 증거(social proof)**란, 어떻게 행동해야 하는지 확신하지 못하는 개인이 확신을 가진 타인의 행동을 모사하는 일종의 동조 효과를 말한다. 대부분의 경우에, 이것은 다수에 대한 모방을 의미한다.

이 현상이 어떻게 네트워크의 보안과 연관될까? 우선, 이더리움과 비트코인 네트워크가 '참'으로 간주하는 트랜잭션 순서는 대다수의 노드의 합의하는 순서에 불과하다. 절대적인 진실이라고는 할 수 없다. 이것이 바로 51퍼센트의 공격이 실제로 일어날 수 있는 이유로, 누군가가 대규모의 채굴자를 움직여서 네트워크를 포크시키고 가치를 분리시킬 수 있는 엄청난 동기가 된다. 하지만, 이러한 공격을 일으키기 위해서 실제로 51%의 채굴자를 움직이기 위해서는 엄청난 비용이 들고, 이는 수익을 전혀 얻을 수 없는 구조이기에 이런 현상이 일어날 수 없다. 수천 기가 해시에 달하는 컴퓨팅 능력을 구입, 임대, 운영하기 위한 비용은 상상을 초월한다.

네트워크의 확장에 따른 보안

현재 이더의 시가 총액은 적지만, 전 세계 웹 서비스의 극히 일부라도 이더를 활용할 수 있게 되면 이더의 가치는 자연적인 디플레이션을 뛰어넘어 상승할 것이다. 그러나 이더를 소비재로 생각한다면 그 가격은 그리 중요하지 않다. 이더는 EVM에서 애플리케이션 호스팅 비용을 지불하는 데 필요한 연료이기 때문이다.

가격 변동이 계속되는 상황은 투기꾼과 시장 조상자를 끌어들여, 높은 거래량 속에서도 변동성을 더욱 증가시킨다. 그 결과 채굴자의 수익률은 변동되며, 채굴자는 이더의 가격이 자신의 수익성을 만족시키지 여부에 따라 자유롭게 채굴기를 켜고 끌 수 있다.

변동성이 큰 상황에서는 악의적인 노드 운영자와 시장 조성자가 공모를 통해 이더의 가격을 낮추어 네트워크의 해시파워를 감소시키고, 전체 채굴장과 담합하여 체인을 포크해서 새로운 상태로 전환시키도록 유도할 수 있다. 그리고 이 때 이중 지출을 수행함으로써 이득을 얻

을 수 있다. 물론 이 글을 쓰는 시점에서 그런 담합은 성공하지 못했고, 앞으로도 결코 일어
날 수도 없을 것이다. 이미 많은 유명 월스트리트 은행이 내부적으로, 또는 외부 컨설턴트와
협력하여 이더리움 개발 프로그램을 발표했으므로 네트워크의 견고함에 대한 신뢰가 두텁다
고 볼 수 있다.

그 이상의 암호경제학

이번 절의 제목은 비탈릭 부테린이 작성한 레딧(Reddit) 게시물을 차용한 것이다. 비탈
릭 부테린은 네 가지 종류의 공격 시나리오를 제시하며 그 발생 가능성에 대해 언급한 바
있다. 해당 게시물은 www.reddit.com/r/ethereum/comments/453sid/empirical_
cryptoeconomics/에서 찾을 수 있다.

암호경제학의 문화적 영향에 관심이 있다면, 코메이커리(CoMakery)의 창업자 노아 소
프(Noah Thorp)의 에세이(https://media.comakery.com/how-society-will-be-
transformed-by-crypto-economics-b02b6765ca8c)를 읽어보자.

요약

암호경제학의 역사가 짧은 만큼 이번 장의 분량은 그리 길지 않다. 각 암호화폐는 모두 서
로 다른 발행 논리를 가지고 있기 때문에 암호경제학의 복잡성은 필연적으로 증가하게 될
것이다.

앞으로 미래가 어떻게 펼쳐질지 궁금하다면, 수십 년 동안 이 문제를 고민해온 연방 준비은
행의 사례를 참조하는 것이 도움이 될 것이다. 2015년 초 세인트루이스 연방 준비은행 이사
회의 데이빗 안돌패토(David Andolfatto)는 미국 중앙은행이 국립 암호화폐를 고려해야 한
다는 내용을 블로그에 기재했다.

연방 준비은행의 개발자가 오픈소스 비트코인 프로토콜과 유사한 페드코인(Fedcoin)을 만들었다고 상상해 보자. 이 상황의 핵심은, 연방 준비은행이 페드코인과 USD(미국 달러) 사이의 환율을 신뢰성 있게 고정시킬 수 있는 독보적인 위치에 있다는 점이다(환율이 얼마가 될지는 상관없지만, 일단 1:1로 가정하자). 만약 어느 민간 기업이 USD에 대한 고정 환율로 BTC(비트코인)를 발행했다면, 이 민간 기업보다 연방 준비은행이 비교 우위를 점하는 이유가 무엇일까? 민간 기업은, 타국의 통화 가치에 자국의 통화 가치를 고정시키는 국가들과 동일한 문제를 겪을 수밖에 없다. 일반적인 고정 환율 제도는 본질적으로 불안정하다. BTC/USD 환율을 고정해야 하는 기관은 BTC 상환에 대한 모든 요구를 충족시키기 위해 USD 준비금을 소진할 수밖에 없기 때문이다. 그리고 이러한 구조는 투기 공격을 불러일으킬 수 있다.[60]

그는 2015년 초 프랑크푸르트에서 위 내용을 연설하며, 이 시스템을 모두를 위한 **페드와이어(Fedwire for all)**라고 표현했다. 페드와이어 시스템에 대해서는 EVM을 다룬 3장에서 설명한 바 있다.

다음 장부터는 다시 커맨드 라인으로 돌아가서, 댑(dapp)들을 어떻게 배포하는지 알아보자.

---

60 MacroMania, "FedCoin: The Desirability of a Government Cryptocurrency," http://andolfatto. blogspot.co.uk/2015/02/fedcoin-on-desirability-of-government.html, 2015.

08장

댑 배포

댑 배포를 통해 새로운 컴퓨터 패러다임의 최전선을 경험할 수 있다.

분산 애플리케이션(distributed application), 즉 댑(dapp)은 다른 EVM 프로토콜과 마찬가지의 이상을 추구한다. 즉, 불변성을 가지는 코드를 실행하는 것이다. 댑들은 이더리움 네트워크의 모든 노드에서 거의 동시에 실행되는 스마트 계약으로 구성된다.

실제 댑은 EVM상에서 실행될 뿐 보편적으로 사용 가능한 웹 서비스와 비슷하며, 일반 HTML/CSS/자바스크립트로 구현된 프런트엔드를 가지고 있어 일반 사용자가 웹 브라우저나 스마트폰 앱, 또는 미스트와 같은 이더리움 브라우저를 통해 액세스할 수 있다.

 이번 장의 주제는 기존 기술에 익숙한 개발자를 대상으로 한다. 새로운 코더라면 이번 장과 9장의 내용을 자세히 읽어본 후, 자바스크립트 입문서를 준비해서 스크립트 작성 능력을 배양하자. 그리고 http://solidity.eth.guide에서 솔리디티에 대한 지도서를 따라하기를 권장한다.

블록체인 기반 애플리케이션 클라이언트를 실행하는 것은 클라우드에서 호스팅하는 클라이언트를 관리하는 것보다 훨씬 쉽다. 허브 앤 스포크(hub-and-spoke) 방식의 웹 애플리케이션은 수직적으로 확장되며, 해당 애플리케이션을 실행하는 개별 서버의 영향을 받는다. 반대로 이더리움 애플리케이션은 수평적으로 확장된다. 클라우드 애플리케이션의 이상적인 확장 방식과도 같다.

현재 암호화폐 네트워크가 가진 트랜잭션 처리 능력은 상당히 제한적이지만, 프로토콜의 다른 구성 요소가 성숙해짐에 따라 계속 빨라질 것으로 예측된다.

스마트 계약에 접근하는 7가지 방법

모든 dapp 뒤에는 일련의 스마트 계약이 존재한다. 스마트 계약은 아래와 같은 시나리오에서 유용하게 쓰일 수 있으며, 이러한 시나리오는 좋은 프로토타입 예제이기도 하다.

- 현물, 또는 기타 계약에 대한 회계 시스템 유지
- 수입을 별도의 계정으로 자동 이체하는 저축 계좌와 같은 포워딩 계약 생성
- 프리랜서 계약 또는 급여 명세서와 같은 다수의 당사자 간의 이해 관계 관리

- 다른 계약을 위한 소프트웨어 라이브러리로서의 역할

- 다른 계약 또는 시스템 집합에 대한 컨트롤러로서의 역할

- 공동 웹 서비스를 위한 애플리케이션 특화 논리 역할

- 난수 생성기와 같이, 개발자가 기능 단위로 사용할 수 있는 유틸리티 역할

댑 개발은 Web3 자바스크립트 API와 솔리디티 프로그래밍 언어에 대한 이해뿐 아니라 애플리케이션 개발자를 위한 다양하고 새로운 소재를 포함한다. 아마도, 이 책의 대부분을 읽은 후에는 이와 같은 도구를 사용해서 직접 무언가를 구현할 수 있을 것이다.

오늘날 볼 수 있는 댑을 더 잘 이해하려면 이더캐스트(EtherCasts)에서 운영하는 http://dapps.ethercasts.com을 참조하자.

댑 계약의 데이터 모델

작동 가능한 스마트 계약을 배포하기 위해서는 첫째로, EVM에 저장할 수 있는 데이터의 종류와 저장 위치를 알아야 한다.

앞 장에서 논의했듯, 이더리움 네트워크의 모든 계약 주소에는 스마트 계약을 위한 저장 공간이 있다. 비용을 신경 쓰지 않는다면, 저장 공간의 크기에는 제한이 없다고 보아도 무방하다. 이 글을 쓰는 시점에서 저장 공간은 킬로바이트당 약 $0.018의 비용을 소모한다.

솔리디티 언어를 사용하면 스마트 계약을 일종의 관계형 데이터베이스로 쉽게 사용할 수 있다. 솔리디티 언어에는 이를 위한 두 가지 자료형이 있다(이전 장에서는 이 자료형을 다루지 않았다).

- 맵

- 구조체

솔리디티에서 위의 자료형을 사용하는 방법에 대한 자세한 내용은 http://solidity.eth.guide를 참조하자.

기본적으로, 하나의 계약이 가지는 개별 저장 공간은 2256개의 키/값 쌍을 담는 공간이다. 거의 모든 종류의 데이터베이스 구조를 만들기에 충분한 공간이다.

> 이전에 설명했듯, 객체의 속성은 키(key)라는 이름으로도 불리우며 이 키는 **키/값 쌍** 또는 **키/값 저장소**의 키와 동일하다. 키/값 쌍의 간단한 예로 footSize = 11 을 생각해 보자. 특정 서버 내에서 모든 사람의 발 크기(foot size)를 포함하는 테이블은 키/값 저장소이다. EVM 자체 역시 모든 계정의 잔고를 담고 있는 거대한 키/값 저장소라고 생각할 수 있다.

지금까지 읽은 독자 여러분은 아마 솔리디티 계약에서 생성하고 사용할 수 있는 간단한 데이터 구조에 대해 감을 잡고 있을 것이다. 다음 절에서는 분산 앱의 아키텍처를 해부해 보자.

EVM 백엔드와 JS 프런트엔드의 대화

이더리움 네트워크와 HTTP 네트워크(웹) 사이의 격차를 가로지르는 것은 어렵지 않다. 고객이 일반적인 웹 브라우저에서 댑 기반의 웹사이트에 점심 식사를 주문한다고 가정해 보자. 고객의 브라우저와 EVM 사이에서 주문에 대한 데이터를 성공적으로 전달하려면, 댑의 프런트엔드가 데이터를 특정 형식으로 EVM에 '전송'해야 한다.

> 댑이 자체적인 스마트 계약을 반드시 필요로 하는 것은 아니다. 댑은 다른 스마트 계약의 특정 공개 기능을 호출해 활용할 수도 있다. 솔리디티는 스마트 계약에서 public으로 선언된 모든 함수에 대해 접근 함수를 생성해 다른 계약에서 호출할 수 있게 한다.

컴퓨터 세계에서 **데이터 교환 형식**(data-interchange format)은 국제 우편 서비스와 매우 유사하다. 전 세계의 서로 다른 서버가 서로 다른 언어로 작성된 다른 운영체제를 완전히 다른 방식으로 운영하고 있을지라도, 어느 시점에서는 서로 다른 서버끼리 데이터를 교환해야 한다.

서로 다른 서버끼리 주고받는 정보를 올바로 '번역'하려면, 프로그래머는 프로그램이 특정 **표기법**(notations)으로 정보를 주고받도록 설계해야 한다. 일반적으로 표기법은 전체 객체(1

장에서 객체를 속성 및 값의 집합으로 정의함)의 형식을 기술한다. 예를 들어, 사람이라는 데이터 객체에는 높이, 두께, 눈 색깔, 발 크기 등이 포함될 수 있다.

JSON-RPC

오늘날의 웹 애플리케이션에서 자바스크립트 코드는 **자바스크립트 객체 표기법**(Java Script Object Notation, JSON)이라는 공통된 객체 표기법을 사용해 웹 상에서 정보를 전달할 수 있다. JSON 객체는 특정 속성에 대한 숫자, 문자열 및 정렬된 값 시퀀스를 포함할 수 있다.

Web3.js에는 두 가지 중요한 데이터 객체가 있다. 각각의 객체는 이더리움 기반 애플리케이션의 프런트엔드와 백엔드간에 전달되는 JSON과 거의 동일하다. 이러한 객체를 JSON-RPC 객체(JSON-RPC objects)라고 부르며, Web3.js 라이브러리와 함께 제공된다. Web3.js의 설치는 아래에 설명되어 있으며, 이 두 객체는 다음과 같은 방식으로 사용된다.

1. web3.eth: 블록체인 상호작용에 쓰인다.
2. web3.shh: 위스퍼 상호작용에 쓰인다.

위스퍼(Whisper)는 이더리움 프로토콜의 일부로써 자체 메시징 프로토콜이다. 위스퍼에 대한 자세한 내용과 현황은 11장에서 다룰 것이다. 지금은 JSON-RPC 객체가 프런트엔드 (HTTP 웹)와 백엔드(이더리움 웹) 사이를 끊임없이 왕래한다는 점만 염두에 두면 된다.

Web3의 (거의) 모든 것

Web3.js라는 자바스크립트 라이브러리는 새로운 **웹 3 사양**(Web 3 specification)의 일부이다. Web 3 프로젝트의 깃허브 페이지는 https://github.com/ethereum/web3.js/에 있다.

웹 2를 웹 호스팅 애플리케이션 및 서비스로 정의한다면, 웹 3(Web 3)은 탈중앙화 웹을 가리키는 용어로 정의할 수 있다. 웹 1은 정적 페이지를 호스팅한 최초의 월드 와이드 웹

(World Wide Web)을 말한다. 웹의 첫 등장 이후 하이퍼텍스트 전송 프로토콜은 더 많은 방법을 추가하고 더욱 정교한 콘텐츠와 스크립트를 지원하는 방향으로 발전해 왔다.

웹 3은 특히 이더리움 프로토콜을 중심으로 하는 비전을 가지고 있다. 웹 3에는 일반적으로 세 가지 구성 요소가 있다.

- P2P 식별 및 메시지 시스템
- 상태의 공유(블록체인)
- 탈중앙화 파일 저장소

앞의 두 가지 요소는 이미 이더리움 네트워크를 통해 충족되었다! 세 번째 구성 요소인 탈중앙화 파일 저장소는 스웜(Swarm) 프로젝트의 일부이며, 여기에 대해서는 11장에서 자세히 설명할 것이다.

웹 3 패러다임에는 웹 서버가 없다. 캐시, 역방향 프록시, 로드 밸런서, CDN (Content Delivery Network) 또는 기타 대규모 대규모 웹 애플리케이션 배포에 관련된 요소조차도 없다. 심지어 탈중앙화 도메인 이름 서버(DNS)조차도 무료가 될 것이다. 스웜 저장소가 온라인 상태가 되면 이더리움의 웹 호스팅 구성 요소와 마찬가지로 저렴한 가격으로 제공될 것이다.

기존의 웹 서비스 배포 모델인 '프리미엄(freemium)' 애플리케이션 배포 모델은 사용자의 규모가 늘어날수록 호스팅 비용이 계속 늘어났지만 웹 3는 이러한 구조를 무너뜨린다. EVM 에서는 효율적인 코드를 작성함으로써 비용을 관리할 수 있으며, 지구상의 어느 누구라도 배포 초기부터 애플리케이션에 액세스할 수 있다.

이제 댑 개발의 세부 사항으로 돌아가서, 현재 우리가 알고있는 웹이 EVM과 어떻게 소통할 수 있는지 알아보자.

자바스크립트 API 실험

6장에서는 Geth의 자바스크립트 콘솔에 명령을 입력해 EVM과 쉽게 상호작용하는 방법을 알아보았다. 이 방법을 사용하면 이더리움 자바스크립트 API와 함께 제공되는 개별 자바스크립트 메소드를 호출하게 된다. Geth 콘솔에 자바스크립트 메소드를 입력하면, JIT와 유사한 Geth의 고유한 자바스크립트 인터프리터가 이를 해석한다. 이와 같은 방식을 JSRE의 대화형(interactive) 사용, 또는 대화형 모드(interactive mode)라 부른다.

하지만, 일반적인 웹 애플리케이션이 이더리움 자바스크립트 API 메소드를 통해 EVM과 대화하는 것 역시 가능하다.

Geth로 Dapp 개발하기

인기있는 다른 이더리움 클라이언트도 있지만, Geth(구글에서 개발한 Go 언어로 작성 됨)는 자바스크립트를 쉽게 해석하기 때문에 기존 HTTP 웹의 프런트엔드 웹 애플리케이션과 백엔드 EVM 스마트 계약을 연결하기 위한 좋은 도구가 된다.

Geth가 자바스크립트 메소드를 EVM 코드로 해석할 수 있는 덕택에, 이를 스크립트로 묶는 것이 가능하다. 사실상 자바스크립트 본연의 사용법을 댑 개발에 응용하는 셈이며, 이러한 일을 비대화형으로(noninteractively) 사용하는 것이라고 한다.

자바스크립트 API의 비대화적 사용은 사실상 일반적인 컴퓨터 프로그래밍과 같다. 즉, 프로그래밍의 목적은 프로그램의 작성이다. Geth를 설치하기 위한 타이핑과 같이 터미널에 수동으로 명령을 입력하는 것을 자동화하는 것이 곧 프로그래밍이다. 복잡한 계산을 수행하거나 분석 모델을 구축할 때는 터미널에서 명령을 하나씩 타이밍하는 것이 매우 노동집약적인 작업이 되기 때문이다.

일반 텍스트 파일에 명령어를 모아 작성하면 빠르고, 효율적이고, 반복 수행이 가능한 프로그램을 작성할 수 있다.

프로그래밍의 또 다른 목표는, 인간 작업자라면 순차적으로 입력할 작업을 분리해 스레드(threads)를 통해 동시에 수행해 전체 작업 시간을 단축하는 것이다. Geth를 처음 실행할 때 보았듯이, 동기화가 진행되는 동안은 커맨드 라인에서 아무 것도 입력할 수 없으며 실제로 Geth가 실행되는 동안은 해당 스레드가 멈추지 않았다.

Ethcore 개발팀은 Geth 위에 콘솔을 구축함으로써, Geth가 로컬 시스템의 다른 스레드를 통해 백그라운드에서 동기화하는 동안 콘솔 운영자가 명령을 실행할 수 있는 방법을 마련했다.

다음으로, EVM 백엔드와의 연결을 위한 이상적인 웹 개발 프레임워크에 대해 알아보자.

EVM과 미티어의 혼용

자바스크립트 개발자라면 Meteor.js에 대해 한 번쯤 들어보았을 것이다. Meteor.js는 서버 및 클라이언트에서 대칭적인 코드를 실행해 반응형 웹 애플리케이션을 작성할 수 있는 라이브러리이다.

Meteor.js는 풀스택 프레임워크로써 실시간 웹 애플리케이션에 탁월하며, 단일 페이지 애플리케이션(Single-Page Application, SPA) 작성에도 매우 적합하기 때문에 이더리움 프런트엔드 개발에 응용하기 좋다.

이더리움 개발자가 미티어(Meteor)를 애용하는 이유는 아래와 같다.

- 자바스크립트로 작성되었다.
- 개발 환경이 굉장히 편리하다.
- 배포가 매우 쉽다.
- 완전한 반응형 인터페이스를 가지고 있다(Angular.js와 유사).
- 미니몽고(MiniMongo)라는 NoSQL 데이터 모델을 사용한다. 이 모델은 로컬 스마트 계약 스토리지에 자동으로 유지된다.

Meteor.js로 이더리움 애플리케이션을 만드는 방법에 대해 자세히 알아 보려면 https://github.com/ethereum/wiki/wiki/Dapp-using-Meteor를 참조하자.

이 URL은 tutorials.eth.guide에도 나와 있다. 다음으로, 개발용 PC에 Web3.js 라이브러리를 설치해 로컬에서 스마트 계약을 다루는 방법을 알아보자.

Web.js 설치 및 이더리움 웹 앱 개발

Web3.js 라이브러리는 RPC를 통해 로컬 노드와 통신한다. 이 라이브러리는 또한 RPC 레이어를 노출하는 모든 이더리움 노드와 통신할 수 있다. 개발을 위해서는 로컬 컴퓨터에 Web.js 라이브러리를 설치해야 하고, 프런트엔드 애플리케이션을 실행하려면 웹 서버에 이 라이브러리를 설치해야 한다.

이렇게 하면 플래그를 지정한 커맨드를 통해 Geth에서 체인을 시작하지 않더라도, 라이브러리가 프라이빗 체인에 기본적으로 노출된다.

실제로 이더리움 노드는 일종의 민하드웨어 계층(bare-metal layer)[61]으로 간주할 수 있으며, RPC 레이어를 통해 EVM을 노출시킨다. RPC 계층은 Web3.js를 실행중인 웹 서버와 함께 web3.eth 및 web3.shh 객체를 주고받을 수 있다.

로컬 개발 환경에 Web3.js를 설치하려면 터미널을 열고 가장 편리한 설치 라이브러리를 사용하자.

- npm: npm install web3
- bower: bower install web3
- meteor: meteor add ethereum:web3
- vanilla: link the dist./web3.min.js

설치 후에는 Web3 인스턴스를 만들고 로컬 호스트를 공급자로 설정해야 한다. Web3.js의 자세한 사용법을 배우려면 http://dapps.eth.guide를 참조하자.

다음으로 Geth 콘솔에서 자바스크립트 파일을 실행하는 방법을 알아보자.

---

61 (옮긴이) 어떠한 소프트웨어도 설치되어 있지 않은, 민짜 상태의 하드웨어가 속한 계층을 일컫는다.

콘솔에서 스마트 계약 실행하기

댑 배포를 전체적으로 실습하려면 상당히 많은 페이지를 할애해야 하며 그 방법도 여러 가지이다. 이번 절에서는 빠르게 시작하는 방법을 중점적으로 설명할 것이다.

Geth에서 스마트 계약 파일을 직접 업로드해 --exec 인수를 추가한 다음, 로컬 스크립트를 가리키는 자바스크립트 코드를 작성해 트랜잭션에서 EVM으로 전송할 수 있다. 예를 들어보면 다음과 같다.

```
$ geth --exec 'loadScript("/Desktop/test.js")'
```

사실, Geth를 실행하는 한 다른 컴퓨터에 있는 자바스크립트를 실행할 수도 있다.

```
$ geth --exec 'loadScript("/Desktop/test.js")' attach https://100.100.100.100:8000
```

다음 절에서는 이더리움을 사용하는 애플리케이션의 아키텍처가 기존 웹 아키텍처와 다른 점에 대해 알아보자.

스마트 계약은 어떻게 인터페이스를 노출하는가?

자바스크립트 dapp API를 사용할 때 eth.contract() 함수처럼 추상화 계층을 통해 계약을 호출하면, 자바스크립트에서 호출할 때 계약이 실행할 수 있는 모든 함수를 담은 객체가 반환된다.

이러한 기능을 표준화하기 위해 이더리움 프로토콜에는 계약 ABI(Contract ABI)라고도 알려진 애플리케이션 바이너리 인터페이스(application Binary Interface)라는 것이 있다. ABI는 API와 마찬가지로, 애플리케이션이 스마트 계약을 호출하기 위한 표준 문법이라고 할 수 있다.

ABI를 통해 스마트 계약으로부터 해당 계약에 대한 올바른 호출 서명, 그리고 사용 가능한 함수의 목록을 담은 배열을 반환받을 수 있다.

일부 개발자, 특히 맥OS 개발자 환경을 사용하는 개발자는 일반적인 애플리케이션 구성 요소를 쉽게 작성할 수 있도록 이더리움과 함께 제공되는 프레임워크가 없다는 사실에 놀랄 수도 있다.

이더리움 프로토콜 자체에는 일반적으로 특징이 없지만, 스마트 계약이 예측 가능한 방식으로 상호작용할 수 있는 조건은 필요하다. 특히 통화 단위, 이름 서비스 및 거래소에서의 거래 등의 용례에 있어 이러한 조건은 필수적이며, ABI는 이러한 조건을 충족시킨다.

ABI에 바이너리(binary)가 들어있는 이유는, EVM에서 애플리케이션 바로 아래에 있는 계층이 EVM 바이트코드를 실행하기 때문이다.

ABI의 사양에 대한 자세한 정보는 https://github.com/ethereum/wiki/wiki/Ethereum-Contract-ABI#functions 또는 http://abi.eth.guide에서 찾을 수 있다.

스마트 계약의 표준은 일반적으로 보내기, 받기, 등록, 삭제 등과 같은 몇 가지 일반적인 메소드에 대한 함수 서명으로 구성된다.

프로토타입 개발 방법

솔리디티 스마트 계약의 프로토타입을 만들기 위해 알아야 할 첫 번째 사항은, 스마트 계약을 테스트하기 위해 반드시 이더리움 노드가 필요하지는 않다는 점이다. 그 대신 이더리움 VM 계약 시뮬레이터(https://github.com/EtherCasts/evm-sim/)를 사용할 수 있다. 이 시뮬레이터를 사용하면 개발자가 테스트넷에 접근할 수 없을 때에도 네트워크로부터 격리된 스마트 계약을 테스트할 수 있다.

실제 메인 네트워크에서 진짜 이더를 사용해서 프로토타입을 만들 때에는 아래와 같은 가이드를 참조하자.

- 각 계약에 이더를 너무 많이 사용하지 말고, 가능하면 스마트 계약당 담을 수 있는 상한선을 프로그래밍하자. 이렇게 하면 버그로 인해 자금이 동결되는 것을 최대한 방지할 수 있다. 테스트를 위한 이더는 최소한으로 사용하는 것이 좋다.

- 스마트 계약 코드를 모듈화하고 이해하기 쉽도록 유지하자. 가능한 경우 개별적으로 테스트할 수 있는 라이브러리로 기능을 추상화하자. 변수의 수와 함수의 길이를 제한하는 것이 바람직하다. 모든 것을 문서화하라.

- 검사–효과–상호작용(Checks–Effects–Interactions) 패턴을 사용하라. 즉, 코드의 진행을 위해 다른 스마트 계약의 반환값을 기다리는 방식으로 프로그램을 작성해서는 안 된다는 이야기이다. 이로 인해 타임아웃(timeout)이 발생할 수 있다. 일반적으로, 상태를 변경하기 전에 데이터를 검사함으로써 이를 피할 수 있다.

- 중개자에 해당하는 스마트 계약을 작성하자. EVM은 불변성을 가지는 플랫폼이기 때문에, 자신의 프로그램을 위한 안전 장치 메커니즘을 직접 만들어야만 한다.

- 5장의 토큰 계약 튜토리얼에서 언급했듯, 이더리움 개발 커뮤니티는 일부 스마트 계약 유형을 표준화하는 작업을 진행 중이다. 이더체인(Etherchain)과 같은 서드파티 서비스에 스마트 계약을 등록해서 다른 사람들이 사용할 수 있도록 할 수도 있다. https://etherchain.org/contracts에 접속하면 공개된 스마트 계약을 조회할 수 있다.

- 테스트하고, 테스트하고, 또 테스트하자! http://test.eth.guide에 테스트를 위한 자료가 담겨 있다.

지금까지는 명확히 데모 목적으로 작성된 몇 가지 스마트 계약을 살펴보았다. 그렇다면, 실제 댑 서비스에서는 어떤 종류의 간단한 스마트 계약을 만들 수 있으며 어떻게 하면 이를 잘 배포할 수 있을까? 다음 절부터 이에 대해 알아보자.

서드파티 배포 라이브러리

더욱 정교한 스마트 계약을 배포하고 웹에 연결하는 것은 이 책의 범위를 약간 벗어나는 부분이다. 굉장히 빠른 속도의 개발과 함께 많은 변경이 이루어지고 있는 영역이기 때문이다. 그리고 어렵기도 하다. 적어도 이 글을 쓰는 시점에서는 그러하며, 학습을 위해 많은 인내가 필요하다.

이러한 배경 덕에, 이더리움 커뮤니티는 개발자를 위한 도구 역시 적극적으로 개척해나가고 있다.

선도적인 개발자 그룹은 스마트 계약을 쉽게 작성하고 dapp을 쉽게 배포할 수 있는 도구를 만들었다. 이러한 개발 도구의 프로젝트에는 대표적으로 아래와 같은 것들이 있다.

- Monax 튜토리얼 및 솔리디티 계약

- OpenZeppelin 스마트 계약

- 트러플 배포, 테스트 및 자산 생성 환경

- 복잡한 스마트 계약 시스템을 위한 개발자 환경, Dapple

- 파이썬으로 작성된 스마트 계약 개발 프레임워크, Populus

- 자바스크립트로 작성된 dapp 개발 프레임워크, Embark

- 패키지 빌더, 이더 푸딩(Ether Pudding)

- 솔리디티용 코드 스타일 검사 도구, Solium

이 책에서 다루는 것 외에도, 수많은 댑 안내서, 지도서, 예제 및 샘플 프로젝트가 많이 있다. http://dapp.eth.guide에 방문하면 이러한 도구 및 라이브러리에 대한 최신 링크를 비롯해 많은 정보를 얻을 수 있다. 또한 http://help.eth.guide를 방문하면 개발 및 배포에 대한 도움을 얻을 수 있는 Gitter 채널들을 찾을 수 있다.

요약

이번 장에서는 이더리움을 응용하기에 좋은 스마트 계약의 종류와 그 배포 방법을 다루어 보았다. 그리고 스마트 계약이 애플리케이션의 프런트엔드와 통신할 수 있는 방법도 다루었다. 이더리움 댑 개발이 쉽지는 않지만, 점점 더 일상화되고 있다. 기터(Gitter) 채널에 가입하거나 로컬 개발자 커뮤니티에 가입하면 도움이 될 것이다. 이 글을 쓰는 시점에서 전 세계 57개 국가의 218개 도시에서 450개소에 이르는 이더리움 밋업(Meetup)이 활동하고 있으며, 8만 1424명의 회원과 2257명의 관심있는 사람들이 있다. 근처에 있는 미트업을 찾으려면 www.meetup.com을 방문해서 검색해 보자.

다음 장에서는 체인의 작동 방식을 보다 잘 이해하기 위해, 독자 여러분이 자신만의 블록체인을 배포하는 방법을 다룰 것이다.

09장

프라이빗 체인 만들기

퍼블릭 블록체인의 열광적인 지지자들이 주장하는 바와는 달리, 프라이 빗 블록체인은 학습 도구로서의 장점을 가지며 궁극적으로는 대기업, 국가 또는 비정부기구(NGO)에서 유용하게 사용될 수 있다. 그러나 블록 체인이 모든 데이터베이스와 네트워크에 비해 본질적으로 더 좋다고 말 할 수는 없다.

지난 몇 장에서는 스마트 계약, 댑(dapp) 및 토큰의 배포에 중점을 두었다. 이번 장에서는 체인 자체의 배포 방식을 보다 완벽하게 이해할 수 있도록, 데이터베이스로서의 블록체인에 대해 간략히 알아볼 것이다.

프라이빗 체인과 허가형 체인

프라이빗 체인(private chain)은 결국 클라우드 데이터베이스이며, P2P 이더리움 프로토콜을 통해 구현할 수 있다. 프라이빗 체인은 사용자가 제어하고 접근 권한을 부여할 수 있는 사일로이다.

이는 허가형 블록체인(permissioned blockchain)과는 차이가 있다. 허가형 블록체인은 엔터프라이즈 소프트웨어 애플리케이션처럼, 중앙 관리자만이 역할과 권한을 설정할 수 있기 때문이다.

넓은 관점으로 보았을 때, 프라이빗 체인은 본질적으로 클라우드 데이터베이스보다 나을 것이 없다. 실질적으로 이더리움 프로토콜이 유용한 이유는, 서로 다른 시스템이 각자의 보안 인프라를 유지하느라 비용을 쓰는 대신 하나의 인프라로 결합할 수 있다는 점에 있다. 오늘날 이더리움 네트워크는 완전하게 작동하고 있지만, 기존 웹 애플리케이션 공급자가 모든 서비스를 이전할 수 있는 수준까지 확장되지는 않았다. 하지만 이더리움은 아직 가동되기 시작한 지 2년밖에 되지 않았다. 11장에서 살펴보겠지만, 이더리움의 로드맵에는 놀라운 이정표들이 기다리고 있다.

반면 HTTP 웹은 1989년부터 개발되어 오고 있다.[62] HTTP 웹의 탈중앙화 클라우드 저장소, 네임스페이스 및 기타 공통 요소는 아직 이더리움 웹에 재현되지 않았지만 곧 적용될 것이다. 이제 다음 절부터 자신만의 맞춤형 블록체인을 만들면서 그 작동 방식을 이해해 보자.

---

62 위키피디아, "Hypertext Transfer Protocol," https://en.wikipedia.org/wiki/Hypertext_Transfer_Protocol, 2016.

로컬 프라이빗 체인 설정

프라이빗 체인은 그 용도가 제한적이다. 6장과 7장에서 설명했듯 프라이빗 체인의 보안은 채굴 중인 노드의 수에 비례하기 때문이다. 처음 체인을 가동할 때 그 채굴자는 단 한 명뿐이다. 바로 체인을 배포한 본인이다.

하지만 로컬 프라이빗 체인을 가동하는 것은 학습용 환경으로써 테스트넷을 만들어 보는 좋은 연습이며, 트랜잭션과 스마트 계약을 주고받을 수 있는 실습 환경도 만들어진다. 너무 쉽기 때문에 EVM의 일반화된 특성에 감사할 지경이다.

프라이빗 체인의 내용은 config 매개변수가 제공하는 제너시스 필드(genesis field)와 동일하다.

Geth가 이미 설치되어 있고 커맨드 라인을 사용하는 방법을 알고 있다는 전제 하에, 프라이빗 체인을 만들기 위해서는 추가로 세 가지가 필요하다.

- 사용자 정의 제너시스 JSON 파일
- 사용자 정의 네트워크 ID(숫자)
- 네트워크 ID 파일이 저장된 디렉터리

프라이빗 체인을 만들기 위해서는 네트워크 ID를 정해야 한다. ID 1과 2는 테스트넷(2)과 메인 네트워크(1)가 이미 점유하고 있으므로 다른 ID를 선택해야 한다. 다음으로 맞춤형 제너시스 파일에 대해 알아보자.

나만의 블록체인 제너시스 파일 만들기

모든 블록체인은 어딘가에서 시작해야 한다. 즉, 프라이빗 블록체인을 구성할 첫 씨앗을 뿌려야 한다. 0번째 블록은 선행 블록을 가리키지 않기에, 블록체인 내의 다른 블록과 그 성질이 다르다. 프로토콜은 블록체인이 블록 헤더의 루트 해시를 통해 이 제너시스 블록을 추적할 수 있는 블록만 수락하도록 만든다.

이제부터 맞춤형 제너시스 파일을 만드는 방법을 알아보자.

먼저 텍스트 편집기를 열자. 765라는 네트워크를 만들기로 하고, 765를 논스 값으로 설정하자. 네트워크 이름은 0이 아닌 숫자여야 한다. 여기에 해당하는 코드는 https://github.com/chrisdannen/Introducing-Ethereum-and-Solidity/blob/master/genesis765.json 또는 http://eth.guide의 9장 머리말에서 찾을 수 있다.

텍스트 편집기에 아래 내용을 붙여넣자.

```
{
  "nonce": "0x0000000000000765",
  "timestamp": "0x0",
  "parentHash": "0x0000000000000000000000000000000000000000000000000000
  00000000000",
  "extraData": "0x0",
  "gasLimit": "0x4c4b40",
  "difficulty": "0x400",
  "mixhash": "0x0000000000000000000000000000000000000000000000000000
  000000000",
  "coinbase": "0x0000000000000000000000000000000000000000",
  "alloc": {
}
```

이 파일을 바탕 화면에 저장하고 파일명을 genesis765.json로 변경하자. 6장에서처럼 자바스크립트 콘솔을 사용해 새 체인을 열려면, 터미널을 연 다음 한 줄에 다음 7가지 요소를 입력하자.

- geth
- console
- ――networkid
- init
- 제너시스 파일을 가리키는 경로
- ――datadir
- 새 블록체인을 저장할 데이터 디렉터리

위의 요소를 통해 터미널에 커맨드를 입력해서 ~/.ethereum/chain765라는 숨겨진 디렉터리를 만들고 체인을 저장해 보자. 전체 터미널 명령은 아래와 같다.

```
geth console --networkid 765 init ~/Desktop/genesis765.json --datadir
~/.ethereum/chain765
```

 사용 가능한 자바스크립트 메소드 목록을 보려면 새 체인의 콘솔에 eth를 입력하자. 그룹 테스트 환경에서는 net.peercount와 같은 명령을 사용해 다른 사람이 체인에서 채굴 중인지 여부와 기타 정보를 확인할 수 있다.

이제 됐다! 새로운 체인이 가동되기 시작했으며, 6장에서와 같이 콘솔을 사용해서 조작할 수 있다. 콘솔에서 miner.start() 명령을 사용해 채굴을 시작하면 이 테스트넷에서 스마트 계약을 실행할 수 있다.

새로운 체인과 함께 사용할 수 있는 옵션

새 체인을 만들 때 옵션 플래그를 사용하면 맞춤형 테스트넷 환경을 정의할 수 있다.

- --nodiscover: 동일한 제너시스 파일과 동일한 네트워크 ID를 가진 사람이 실수로 체인에 연결하는 상황을 방지한다.

- --maxpeers 0: 노드에 연결하려는 피어의 수를 알고 있는 경우, 이 플래그로 체인의 참가자 수를 제한할 수 있다.

- --rpcapi "db, eth, net, web3": RPC를 활성화해 RPC를 통해 접근할 수 있는 다양한 Web3.js API를 사용하기 위한 옵션이다.

- --rpcport "8080": Geth의 기본 포트는 8080이지만, 이 플래그를 사용해 다른 포트를 선택할 수 있다.

- --rpccorsdomain "http://eth.guide/": 이 플래그를 사용해 노드에 연결하고 RPC 호출을 할 수 있는 서버의 도메인을 지정한다.

- --identity "TestnetMainNode": 사람이 읽을 수 있는 블록체인 이름을 지정해 피어 목록에서 쉽게 식별할 수 있도록 한다.

프라이빗 블록체인의 생산적 활용

이번 장에서는 솔리디티와 이더리움 스마트 계약 배포 패러다임을 학습하기 위한 샌드박스로써 프라이빗 블록체인의 개념을 제시했다. 하지만, 프라이빗 블록체인을 테스트넷 역할 이상으로 활용해서, 엔터프라이즈 또는 중소 규모 비즈니스에 응용하고 실제 웹 서비스를 만드는 방안을 진지하게 고려하는 사람들도 있다.

이는 이더리움의 초기 개발자가 프로토콜을 설계할 때 염두에 두었던 보안 모델과는 상반되는 응용 방안이다. 실제로 프라이빗 체인에는 해킹을 통해 얻을 수 있는 인센티브가 거의 없지 않은가? 결국, 체인 상에서 채굴된 토큰에 가치가 있어야 인센티브로 해석할 수 있지 않을까?

잠깐 생각해 보자. 우리가 이더리움 퍼블릭 블록체인으로 통칭하는 메인 네트워크는 다른 어떤 블록체인과도 다르지 않다. 테스트넷과 메인 네트워크는 기술적으로 구분할 수 없으며, 더 많은 사람이 참여하고 사회적으로 메인 네트워크로 받아들여지는 쪽이 메인 네트워크이다. 당혹스러운가? 그렇다면 이더리움의 핵심 진술을 상기해 보자. '모든 것을 일반화하고, 특징이 없는 프로토콜을 유지하라'.

메인(main) 네트워크가 다른 네트워크와 다른 점은, 메인 네트워크가 비탈릭 부테린과 나머지 이더리움 핵심 개발팀에 의해 시작되었다는 사실이다. 사람들이 메인 체인을 계속 사용하는 이유는 사람들이 메인 체인에 대해 가지는 신뢰, 관심 및 호기심 때문이다.

미스트나 Geth 내부의 모든 기술적 특징은 프로토콜 포크를 통해 새로운 체인에서 변경될 수 있다. 사실, 2016년 여름의 DAO 해킹 사태로 인한 포크 이후 남은 체인이 이더리움 클래식(Ethereum Classic)이라는 이름으로 살아나면서 이미 이런 상황은 일어났다. 이더리움 클래식은 오늘날에도 몇몇 채굴자들에 의해 채굴되고 있다.

이더리움 프로토콜의 유연성, 그리고 비영구성은 네트워크의 탄력성을 형성한다. 네트워크 초창기에는 이러한 변화에 대한 민첩성이 필요하지만, 네트워크가 성장하고 사용자가 더 많은 예측 가능성과 안정성을 추구하다 보면 이러한 특징의 매력은 줄어들 것이다. 멀지 않아, 네트워크의 방대함 때문에 상태 포크는 거의 불가능해질 것이다. 또 다른 이더리움 체인이 나타날 가능성은 점차 줄어들고 있다.

실제로, 이더리움이 대규모 비즈니스 계약을 실행하기에는 아직 충분히 성숙하지 않았다. 하지만 사용의 용이성을 생각하면, 이더리움 및 이더리움과 유사한 네트워크가 왜 뻣뻣해지고 노화된 HTTP를 대체하게 될 것인지 쉽게 알 수 있다.

요약

프라이빗 및 허가형 블록체인은 성능도 좋고, 쉽게 쓸 수 있는데 왜 퍼블릭 체인을 사용해야 할까? 대기업이 전세계의 사무소에서 대형 이더리움 네트워크를 가동시켜 각자의 프라이빗 이더리움 네트워크를 구축하지 않는 이유는 무엇일까?

간단히 말해, 대규모 조직의 입장에서는 구축 및 유지보수 비용을 지불하지 않아도 되는 분산 인프라를 기반으로 구축하는 것이 더 쉽고 저렴하다. 심지어, 보안을 위해 지출할 비용도 없다. 조직이 노드를 추가함에 따라 네트워크 전체가 더욱 안전해진다.

실제로 높은 가치의 거래를 위한 신뢰할 수 있는 플랫폼은 퍼블릭 체인뿐이다. 퍼블릭 체인만이 수많은 작업 증명에 의해 보안을 유지하기 때문이다. 프라이빗, 또는 허가형 EVM 인스턴스는 불공정하거나 신뢰할 수 없는 방식으로 변경될 수 있다. 퍼블릭 체인 상에서의 프로토콜 포크는 모든 채굴자의 동의 하에서만 효율적으로 네트워크 전체에 적용될 수 있다.

다음 장에서는 개인 수준, 그리고 회사 수준에서 퍼블릭 체인을 응용할 수 있는 방안에 대해 논의할 것이다.

10장

용례

작업 증명, 탈중앙화, 머클-패트리샤 트리, 비대칭 암호화, 스마트 계약 ...

이러한 재료로 무엇을 만들 수 있을까?

이더리움이 실제로 혁신적인지, 유용한지 판단하기 위한 가장 좋은 방법은 다른 네트워크 프로토콜과 비교하는 방법이다. 테드 넬슨(Ted Nelson)이 1965 년 제나두(Xanadu) 프로젝트에서 하이퍼텍스트(hypertext)라는 용어를 제창한 것이 너무 오래 전 일인지라, 사람들이 HTTP와 그 형제인 HTML을 즐겨 사용하는 이유를 기억하기는 꽤나 어렵다. HTTP는 웹 서버에 대한 요청을 통해 페이지를 받아오기 위한 단 하나의 메소드, GET을 가지고 있었으며 그 응답으로 HTML 페이지를 받을 수 있었다.[63]

오늘날의 이더리움 네트워크는 여러모로 1989년 당시의 HTTP 및 HTML과 동일한 단계에 와 있다. 기존의 프로토콜과 비교했을 때 그 존재 자체만으로도 파격일 정도로, 이더리움 네트워크의 첫 번째 버전은 독보적인 행보를 보이고 있다.

앞으로 이어질 버전은 그리 많지 않아 보이는 명세서로부터 엄청나게 정교한 소프트웨어가 탄생하는 과정을 보여줄 것이다. 이 장에서는 가까운 시일 내에 등장할 종류의 수 있는 이더리움 애플리케이션에 대해 다룰 것이다.

모든 곳에 체인이

많은 암호화폐 과격주의자는, 미래에 블록체인이 다른 모든 기술적 패러다임을 대체할 것으로 기대한다. 하지만 대부분의 경우에는 전통적인 데이터베이스가 잘 작동하기 때문에 이런 일은 결코 일어나지 않을 것이다. 그보다, 오늘날의 소프트웨어 개발자나 디자이너가 예측할 수 없는 네트워크 효과로부터 새로운 상호 작용이 발생할 것이다. 그리고 이러한 상호 작용은 인간뿐 아니라 전례 없는 자유 의지와 함께 작동하는 기계를 포함한다. 미래에는, 일상적인 기술 곳곳의 기저에서 실행되는 이더리움 프로토콜을 접하게 될 것이다. 이러한 미래가 앞으로 어떻게 펼쳐질지에 대해서는 다음 장에서 다룰 것이다.

---

63 W3.org, "W3 History," www.w3.org/History/19921103hypertext/hypertext/WWW/Protocols/ HTTP.html, 2016.

이더리움 인터넷

대형 하드웨어 제조업체가 사물인터넷(IoT)의 업계 표준을 정하는 데는 어려움이 많았다. 이더리움은 누구나 사용할 수 있는 안전하고 소유자 없는 프로토콜을 제공하며, 결과적으로 이는 IoT의 한 가지 대안으로 제시되고 있다. 이더리움 네트워크에서의 IoT 상호 작용은 아래와 같은 몇 가지 예를 포함할 수 있다.

- **기기 간 결제 정책**: 휴대 전화가 사용자의 허락 없이 최대 5 달러를 소비할 수 있다고 가정해 보자. 이러한 종류의 동의는 오늘날 모바일 앱을 위한 최종 사용자 사용권 계약(EULA)에 따라 이루어질 수 있지만, 오늘날의 EULA에는 가치(돈)를 이전할 수 있는 권한이 없다. 스마트 계약서에서는 계약 조건을 맞춤형으로 설정할 수 있으며, 이를 통해 휴대전화가 사용자가 필요로 하는 것을 자동으로 구입할 수도 있을 것이다. 예를 들어 LTE 통신 데이터가 부족한 경우, 추가 비용을 지불하고 대역폭을 확보할 수 있으며 심지어 구매를 사람이 '승인'하기 위한 중단 없이도 가격 협상이 가능할 것이다.

- **소매품에 대해 가치 또는 금융 계약을 설정**: 음악이나 영상과 같은 지적 재산권을 물리적 포장 없이 판매하기는 어렵다. 이는 금융 상품 또한 마찬가지이다. 추상적인 특성 때문에 시장에 내놓기가 어렵기 때문이다. 모든 크기와 모양의 기프트카드와 유사한 객체를 이용하면 스마트 계약의 주소를 인쇄하거나 인코딩해, 소매 환경에서 금융 상품 및 서비스를 판매하는 데 사용할 수 있을 것이다.

- **하드웨어 지갑**: 비트코인 또는 이더를 담을 수 있는 하드웨어 지갑이라는 이름으로 컴퓨터 같은 작은 기기를 판매하는 모습을 본 적이 있을 것이다. 하드웨어 지갑은 컴퓨터에 연결해 USB로 전원을 공급받는 장치로, 인터넷 연결을 사용해 블록체인에 접속한다. 다른 노드와 마찬가지로, 하드웨어 지갑도 자체적으로 주소를 생성하고 개인키(물론 암호화됨)를 하드웨어에 저장한다. 금고에 담을 수 있는 하드웨어 지갑은 다수의 암호 자산을 안전하게 소유할 수 있기 때문에 혁신적인 자산 관리 수단으로 자리매김할 것이다.

하드웨어 지갑은 일반적으로 스마트폰이나 PC 지갑보다 안전하다. 예를 들어, 비공개 키를 먼저 백업하지 않고 하드 드라이브를 포맷하는 등의 실수로 암호 자산을 유실할 위험이 더 적다. 하드웨어 지갑은 또한 내구성이 뛰어나며, 기술적 검증을 거친 오픈소스 코드와 사양으로 만들어지므로 컴퓨터나 휴대전화를 감염시킬 수 있는 악성 코드로부터 코인을 안전하게 지켜줄 수 있다.

하드웨어 지갑 및 기타 다양한 이더리움 하드웨어에 대해 알아보려면 http://wallets.eth.
guide의 목록을 확인해 보자.

소매업과 전자 상거래

이더리움과 비트코인 블록체인은 일반적인 소매품을 구입하는 방식을 바꿀 가능성을 품고
있다.

- **P2P 마켓 에스크로 계약**: 에스크로 계약(escrow contract)은 구매자와 판매자가 서로를 모르고
  신뢰할 수 없는 시장에서 사용된다. 에스크로 계약에서 특정 품목의 구매자와 판매자는 매물과 동
  일한 액수의 담보물을 잡는다. 담보물은 성실한 거래를 보장하기 위한, 신뢰와 가치를 가지는 무엇
  이든 될 수 있다. 구매자가 상품이 인도되었음을 확인한 후에만 담보물이 구매자와 판매자에게 반
  환된다. 이렇게 하면, 어느 쪽이든 다른 쪽을 속이려고 하면 기만 행위를 통해 얻는 이익과 거의 같
  은 손실을 겪을 수밖에 없다.

- **공공 장소에서 기계가 읽을 수 있는 패턴**: 프로그래밍 세계에는 풀 요청(pull request)이라는 개념
  이 있다. 이는 공동 작업자 중 한 명이 프로젝트 관리자에게 자신이 작성한 코드를 병합하도록 요
  청하는 것을 말한다. 자, 그럼 청구서를 지불을 위한 풀 요청으로 간주해 보자. 의류 또는 네임택에
  기계가 읽을 수 있는 코드를 붙여 두면, 오프라인 쇼핑을 즐기는 고객이 제품이나 서비스와 직접
  상호 작용할 수 있고, 담보부 스마트 계약서 형식의 청구서를 받을 수 있을 것이다.

정부 및 공동체 자금 조달

주택 융자부터 국가 채무에 이르기까지, 융자를 관리하는 방식은 스마트 계약을 통해 급격
하게 변할 수 있다. 미국에서는 중소기업 자금 지원 제한을 완화하기 위해 2012년에 통과
된 JOBS 법의 수혜자가 이더리움 프로젝트가 될 수 있다. 이 법의 3조(Title III) 구성 요소
는 CROWDFUND 법으로 알려져 있으며, 기업이 크라우드펀딩을 사용해 유가 증권을 발행
할 수 있는 방법을 다루고 있으며 2016년 5월 16일부터 시행되었다.

- **크라우드펀딩**: 암호화폐는 유동성이 굉장히 크기 때문에(빠르고 쉽게 전송이 가능함) 크라우드펀딩 캠페인에서 기부금을 모으기 위한 방법으로 굉장히 인기가 좋아졌다. 미국의 주식 크라우드펀딩 법이 출현하면서, 새로운 프로젝트에 기여한 후원자를 위한 모든 종류의 인센티브, 지불금 또는 배당 구조를 만드는 데 이더리움 스마트 계약이 사용되는 것을 볼 수 있게 되었다. 이더리움 프로젝트 자체의 크라우드펀딩은 1800만 달러의 비트코인을 모으면서, 오픈소스 프로토콜을 공개하고 비영리 재단을 관리하는 전례가 없는 전략을 개척했다. 앞으로 유사한 크라우드펀딩 패러다임이 지역 공공 사업과 같은 영역의 자금 조달에 사용되는 모습을 쉽게 상상할 수 있을 것이다.

- **연방 통화 발행**: 전 세계 중앙 은행과 소형 은행이 모두 디지털 통화 발행에 대한 관심을 표명했다. 정부가 연방 은행에서 채굴하는 체인을 시작하고, 해당 네트워크에서 공인 법정화폐를 발행함으로써 프라이빗 블록체인 암호화폐에 대해 선수를 칠지도 모른다.

인사 및 조직 관리

대기업 외부의 사람들도 이더리움의 혜택을 받을 수 있다.

- **프리랜서 고용**: 회계 서비스로서의 이더리움의 역할은 멀리 떨어져 있는 프리랜서 팀을 관리하는 데 이상적이다. 비즈니스의 조직 구조를 변경할 필요 없이, 스마트 계약을 사용해 새로운 팀을 구성하거나 기존의 두 그룹의 협업을 이루어낼 수 있다.

- **개인 교통 수단 공유**: 승용차 공유, 아파트 공유, 자전거 공유 및 기타 공용 서비스를 이용하기 위해 대한 낯선 사람에게 비용을 지불하는 것이 쉽고 저렴해질 것이다. 그룹의 구성원이 주당, 또는 월별로 일관된 지갑 주소를 사용하는 한, 평판 시스템을 구축하지 않아도 된다.

 이더리움 네트워크의 첫 해에 **탈중앙화 자율 조직**(decentralized autonomous organization, DAO)의 개념에 대해 많은 논의가 이루어졌다. 물론, 포춘 500대 기업의 경영 컨설턴트는 모두 입을 모아 오늘날에도 모든 비즈니스가 이미 고도로 자동화되어 있다고 말할 것이다. 하지만, 어쩌면 언젠가는 이 자동화가 모두 이더리움 상에서 이루어질 수도 있다. 아직 이루어지지는 않았기에, 일단 DAO라는 약어만 머리에 담아두고 보다 실질적인 논의로 나아가자.

- **고객 및 직원 질적 평가**: 질적 평가(pulse survey)는 상황이 잘 진행되고 있는지 확인하기 위해 이해 관계자로부터 정기적인 의견을 소집하는 것과 같다. 직원과 고객 모두 정기적인 평가를 통해 이익을 얻을 수 있지만, 품이 많이 드는 작업인 것이 사실이다. 고객을 질적 평가에 참여시키는 것은 마케팅 측면의 과제이다. 각 사용자의 기기에 설치된 모바일 앱이나 전화번호 없이는 스마트폰 화면에 공간을 확보하기가 어렵다. 직원을 질적 평가에 참여시키는 인사관리 부서의 경우 문제가 더욱 까다롭다. 직원들은 하루 종일 사무실에 있으면서도 실제로 진행되고 있는 일에 대한 의견을 한 마디도 하지 않을 수 있다. 애플리케이션 역할을 하는 이더리움 지갑은 모든 종류의 메시징을 위한 트로이 목마이다. 이더리움 지갑은 다양한 보조화폐 및 커뮤니티로 사용될 수 있으며, 이렇게 만든 커뮤니티를 사람들이 정보, 토큰 및 통화를 주고받을 수 있는 가상 공간으로 만들 수도 있다.

- **작은 회사도 큰 사업을 할 수 있다**: 과거에는 은행, 보험 회사 및 기타 기관이 신용을 극대화하기 위해 가능한 한 큰 규모를 유지해야 했다. 그런데 EVM이 많은 서비스를 제공하면(심지어 정부 사업까지 포함), 알려지지 않은 혁신가가 변화를 일으킬 수 있는 가능성이 더욱 커진다. 상대방이 현금을 들고 잠적할 가능성이 없다면, 크라우드펀딩에 참여하지 않을 이유가 없지 않겠는가? 사기 및 횡령이 불가능한 퍼블릭 체인 스마트 계약의 세계에서는, 투명성, 예측 가능성 및 공개성 덕택에 필요한 사람에게 금전적 지원을 제공하는 것이 훨씬 쉬워진다.

금융 및 보험에 응용

이더리움 네트워크를 통해, 기존에 은행이 수행하던 기능 중 일부를 소기업도 수행할 수 있게 될 것이다.

- **은행이 수행하는 모든 업무를 분산해 순수한 소프트웨어로 서비스로 제공**: 분산된 금융 서비스의 종류에는 대안 통화, 저축 계정, 에스크로 계정, 신탁, 유언, 스왑, 파생 상품 및 헤지 계약과 같은 다양한 금융 계약이 포함된다.

- **금전의 대가로 작업을 수행하는 준 재무 애플리케이션**: 컴퓨터에서 직원의 작업 결과를 확인할 수 있다면(예 : 데이터베이스에서 해당 직원의 판매 기록을 조회), 애플리케이션이 동적으로 보수에 대한 보너스를 지급할 수 있다. 이러한 응용은 기존의 급여 시스템에서는 구현할 수 없는 부분이며, 이러한 시스템을 위해 스마트 계약의 구현 방안 중 하나인 고용 계약을 참조할 수 있다.

- **농작물 보험**: 상품 거래자는 농장 작물을 기초 자산으로 하는 무역 선물 및 기타 파생 상품을 선호한다. 온도, 기압 또는 습도와 같이 과학적으로 관찰 가능한 데이터는 이더리움 네트워크에 연결된 독립적인 센서에 의해 수집되고, 정확한 시점에서의 기상 데이터 측정을 통해 계약 체결을 이끌어낼 수 있다.

- **공동체 신탁(community trust)**: 순수한 소프트웨어로 구성된 저축 은행을 만들고, 이곳에서 담보를 잡고 자금을 대출하거나 심지어 대부금을 인출하는 스마트 계약까지도 실행할 수 있다. 다중 서명(multisignature) 주소를 이용하면 보관 계정이나 기타 특수한 경우에 사람이 중개인으로써 적절한 서명을 통해 트랜잭션을 인증하도록 할 수 있다.

재고 관리 및 회계 시스템

공급망 관리의 측면에서, 불변성을 가지는 물리적 상품 목록을 유지하는 것은 퍼블릭 블록체인이 빛을 발할 수 있는 또 다른 영역이다.

- **금고에 저장된 금과 같은 일련의 자산을 증빙**: 은행 금고에 금을 보관하고 나서, 1년 후에 실제로 금이 있음을 어떻게 알 수 있을까? 대부분의 은행이 일부 보유분만 남겨놓고 예금을 빌려주기 때문에, 고객은 은행에 예치한 통화나 귀금속이 그대로 있는지 확인할 수 있어야 비로소 안심할 것이다. 블록체인 상에 금, 은 및 기타 자산을 올릴 수 있으면, 고객은 은행이 지급 불능 상태가 되더라도 자신의 재산이 사라지지 않을 것이라고 안심할 수 있다.

- **제품의 출처 증명**: OEM 업체가 제품과 그 부품의 재고 목록을 블록체인 위에서 관리함으로써, 특정 제품이 원 상태인지, 또는 변경되었거나 수리되었는지 여부를 확인할 수 있다.

- **간단한 회계 작업을 수행하는 토큰 시스템**: 이벤트성 세일(예를 들어, 지구에서 가장 큰 바자회)에서 거래 원장을 손쉽게 관리하는 한 가지 방법은, 세일에서 구매 수단으로 사용할 수 있는 토큰을 만드는 방법이다. 이를테면, 입구에 스마트 계약 단말기를 설치해서 입장하는 고객들이 이더를 지불하고 구매용 토큰을 받게 할 수 있다. 이벤트성 세일이 끝나면 스마트 계약을 통해 구매가 이루어진 모든 물품과 개개인의 구매 내역이 기록되어, 세일 운영자가 이익을 얻었는지 여부를 쉽게 알 수 있다.

소프트웨어 개발

물론, 이더리움의 가장 강력한 잠재력은 소프트웨어와 서비스를 호스팅할 수 있는 능력에 있다.

- **클라우드 컴퓨팅**: 2017년 말 EVM에 데이터 스토리지가 도입되면, 마침내 이더리움 네트워크가 본격적인 웹 애플리케이션 호스팅 환경을 모사하게 될 것이다. 신뢰불요 아키텍처를 가진 분산 합의 프로토콜은 우수한 클라우드 컴퓨팅 플랫폼을 형성한다. 데이터를 안전하게 유지하고 과도한 트래픽을 처리하기 위한 복잡한 네트워킹 구성에 대해 걱정할 필요가 없는 것이다. 이러한 시스템이 모든 종류의 애플리케이션에 적합하지는 않겠지만, 쉽게 병렬화할 수 있는 소프트웨어에는 안성맞춤이다.

- **애플리케이션의 장기 호스팅**: 일부 금융 계약은 타임 캡슐처럼 장기간에 걸친 조건으로 쓰여진다. 그런데 컴퓨터 프로그램이 50년에서 100년 후에도 계속 실행되도록 하려면 어떻게 해야 할까? 공공 네트워크를 통해 개발하면 된다. 개인도 문서를 호스팅할 수 있으며, 오랜 시간이 지나 개인이 사라진 뒤라도 네트워크가 계속 실행되고 있음을 보장할 수 있다.

- **저렴하고 탄력적이며 검열이 불가능한 공공 문서 호스팅**: 출생 증명서, 세금 신고서, 법원 소환장, 입국 서류, 건강 기록 및 기타 체계화되지 않은 데이터와 같은 중요 문서를 제 3자가 필요에 따라 검색할 수 있도록 쉽게 암호화해 블록체인에 저장하는 것도 가능하다. 오늘날 이러한 추적 작업 및 신용 보고를 대부분 사기업이 담당하고 있으며 이는 상당한 문제 소지를 품고 있다. 퍼블릭 체인은 후세를 위해 이러한 문서를 호스팅할 수 있는 '영구적인 웹'을 제공할 수 있다.

게임, 도박, 투자

블록체인 개발자들은 네트워크의 힘을 입증하기 위해 이미 다양한 게임을 출시한 바 있다. 앞으로 이러한 종류의 애플리케이션이 아래와 같은 시나리오로 확장될 수 있을 것이다.

- **P2P 도박**: 도박 네트워크를 만드는 데 있어서 지리적으로 광범위한 범위에 걸친 네트워크를 만들면 법적인 문제는 피해갈 수 있지만, 여전히 어려운 점이 있다. 막대한 돈을 손에 쥔 도박사를 참여자가 신뢰하기는 어렵기 때문이다. 하지만 이더리움에서는 스마트 계약이라는 순수한 소프트웨어

로 너무나 쉽게 베팅을 만들어낼 수 있다. 예를 들어, 논스의 예측값에 대해 베팅하는 베팅 계약이나, 체인이 합의를 유지하는 한 발생할 수 있는 임의의 이벤트에 대한 베팅을 상상할 수 있을 것이다.

- **예측 시장**: 예측 시장은 실생활에서 발생하는 현상의 방향을 예측하기 위해 대규모 베팅 시장을 이용한다. 자동화와 효율성 향상을 위해 예측 시장을 통해 결정을 내리는 정부를 **푸타치**(futarchy)[64]라는 용어로 부르기도 한다.

- **가치 안정 암호화 자산**: 암호화폐의 변동성이 큰 것은 모두가 아는 사실이다. 암호화폐 거래소는 제 3자에 의해 중재되지 않기 때문에 환불이 없으며, 빠르게 움직이는 시장 조성자가 경험이 부족한 거래 당사자를 삼킬 수 있는 완벽한 매체가 된다. 사람들이 보유, 저장하고 심지어 상속할 수 있는 안정적인 자산을 창출하는 것은 아직 어떠한 금융 기관도 수행하지 못한 도전이다.

여기까지 이더리움 네트워크에서 스마트 계약 및 댑(dapp)으로 구축할 수 있는 몇 가지 용례를 다루어 보았다. 물론 이는 가능한 용례의 극히 일부에 불과하다.

요약

여기까지 다룬 사례는 분산화를 통해 가능해진 새로운 애플리케이션 개발 세계의 시작일 뿐이다. http://dapps.eth.guide에서 더 많은 댑 예제와 개념을 찾을 수 있다.

이어지는 마지막 장에서는 이더리움 네트워크를 이룰 미래의 구성 요소와, 이더리움 네트워크의 개발을 이끌어가는 로드맵에 대해 다룰 것이다.

---

64 (편주) future(미래) + archy(통치자란 의미를 지닌 어근)의 합성어로 보이며, 로빈 핸슨(Robin Hanson)이라는 경제학자가 제안한 말이다.

이더리움 프로토콜은 어디에서 왔으며 어디로 가는가

이더리움과 솔리디티를 소개하는 책에 이더리움의 창시자인 비탈릭 부테린(Vitalik Buterin)과 블록체인 지도자 몇 명에 대한 이야기가 빠질 수는 없다.

탈중앙화를 이끄는 소프트웨어 개발자는 누구인가?

비탈릭 부테린을 가장 훌륭하게 설명한 자료는 아마도 온라인 잡지 '백채널(Backchannel)'의 기고문 작가인 모건 펙(Morgan Peck)이 2014년 봄에 발표한 기사일 것이다.[65] 이 기사는 이더리움의 공동 창립자와의 첫 만남을 묘사하고 있다.

> 부테린은 유일하게 깨어 있는 사람이었다. 그는 접이식 의자에 앉아서 열심히 일하고 있었다. 나는 그를 방해하지 않았고, 그 역시 인사하지 않았다. 하지만 나는 그에게서 느꼈던 인상을 기억한다. 이 비쩍 마른 19세 청년은 사마귀같은 손놀림으로 노트북 키보드를 엄청나게 빠르게 두드리고 있었다.

> 모든 것은 처음부터 부테린으로부터 시작된 것이다. 2개월 전 그가 공개한 백서는 말도 안 될 정도로 야심에 찬 기술을 다루고 있었고, 비트코인의 중립적인 디지털 지불 기능과 모든 종류의 자율적인 소프트웨어를 통합하는 플랫폼을 담고 있었다.

이 오픈소스 네트워크 프로토콜 운동의 중심에는 비탈릭 부테린의 지적 리더십이 있다. HTTP 웹을 더 나은 것으로 대체하려는 프로젝트의 턱없는 포부도 놀랍지만, 그 진행 속도야말로 놀라움의 결정체다.

이더리움 프로젝트는 2014년에 시작되어 2015년에 실제 가동을 시작하였고, 2016년에 이르러서는 비트코인에 이어 2번째로 큰 암호화폐 네트워크가 되었다. 이더리움 재단 회원사의 현재 목록은 www.ethereum.org/foundation에서 확인할 수 있다.

---

65 Backchannel, "The Uncanny Mind That Build Ethereum," https://backchannel.com/the-uncanny-mind-that-built-ethereum-9b448dc9d14f#.ct4n4b561, 2016.

2017년에는 이더리움 핵심 개발팀이 오늘날의 웹 애플리케이션 수준에 도달할 수 있도록 여러 구성 요소를 출시할 계획이며, 이전 장에서도 설명한 몇 가지 기능은 웹 애플리케이션 이상의 놀라운 기능을 제공할 것이다.

이번 장의 나머지 부분에서는 이더리움의 로드맵과 아직 해결되지 않은 문제, 그리고 아직 구현되지 않은 일부 구성 요소에 대해 설명할 것이다.

이 시점에서 이더리움 네트워크의 배후에 있는 수학, 경제 및 비즈니스 논리를 더 깊게 들여다보고 싶다면, 프로토콜의 핵심 개념을 다루는 비탈릭 부테린의 이더리움 블로그가 가장 깊이 있는 내용을 보여줄 것이다.

주목할 만한 비탈릭의 블로그 포스팅

비탈릭의 블로그에서 가장 주목할 만한 글 몇 개를 아래와 같이 선정하였다.

- https://blog.ethereum.org/2015/06/06/the-problem-of-censorship/
- https://blog.ethereum.org/2015/04/13/visions-part-1-the-value-of-blockchain-technology/
- https://blog.ethereum.org/2015/04/27/visions-part-2-the-problem-of-trust/
- https://blog.ethereum.org/2015/01/10/light-clients-proof-stake/
- https://blog.ethereum.org/2015/01/23/superrationality-daos/

또한, http://ecosystem.eth.guide를 방문하면 이더리움 생태계에 기여하는 기업과 개인의 긴 목록을 조회할 수 있다.

이더리움 출시 일정

요즘의 서버 애플리케이션은 세 가지 역할을 한다. 프로그램 연산 및 실행, 데이터 저장, 그리고 인간과의 상호 작용이다. 현재 이더리움 가상 머신은 계산은 가능하지만 데이터 저장에는 한계가 있으며, 메시징과 상호 작용 측면에서는 거의 기능을 제공하지 못하고 있다.

그런데 이 순간에도 데이터 저장, 그리고 상호 작용을 위한 작업은 계속 진행되고 있다. 단기적인 측면에서 이더리움 로드맵은 세 가지 주요 구성 요소로 이루어져 있다.

- EVM: 탈중앙화 상태 머신(완료!)
- **스웜**: 탈중앙화 데이터 저장
- **위스퍼**: 탈중앙화 메시징

위스퍼 (메시징)

위스퍼(Whisper)는 이더리움 프로토콜의 일부인 분산 메시징 시스템이며, EVM을 백엔드로 가진 웹 애플리케이션에서 사용할 수 있다. 이 책에서는 지금까지 메시지를 하나의 스마트 계약에서 다른 계약으로 전달되는 데이터 객체라고 설명했지만, 위스퍼에서의 메시지는 말 그대로 사람이 네트워크 프로토콜을 통해 다른 사람들과 통신하는 수단을 가리킨다.

스웜 (콘텐츠 주소 지정)

스웜(Swarm)은 콘텐츠 주소 지정을 위한 프로토콜이다. 스웜은 불변성을 지니는 데이터를 분산 네트워크에 분배해서 저장해, 애플리케이션이 필요로 할 때 쉽게 호출 할 수 있도록 허용한다. 스웜의 목표는, 폴더 구조를 가진 URL의 도메인 경로와 마찬가지로 동일한 메모리 주소에서 여러 버전의 파일을 찾을 수 있게 허용하는 것이다.

이 프로토콜의 핵심은 하드웨어에 구애받지 않는다는 점이다. 스웜은 순수하게 어떤 데이터 덩어리가 어디에 저장되는지 그 인덱스를 관리하는 것만이 목적이다. 이러한 개체 저장소는 탈중앙화 시스템을 위한 유용한 애플리케이션이며, 비트토렌트(BitTorrent)가 개척한 혁신 덕분에 스웜은 이를 더욱 개선할 수 있게 되었다. 탈중앙화 저장소를 위해 스웜을 기다릴 수 없는 상황이라면, 이더리움 댑들과 함께 엮어 작업할 수 있는 IPFS(Interplanetary File System)라는 기존의 분산형 파일 저장 프로토콜을 이용해도 된다.

2020년 어느 날 미스트 브라우저를 통해 이더리움 애플리케이션을 열었다고 상상해 보자. 이 시점에는 사람이 읽을 수 있는 네임스페이스 시스템이 구현되었을 것이다. 자체적인 도메인 네임 조회 시스템을 갖춘 이더리움은 웹과 동등한 수준에 도달했을 것이다. 스웜 프로토콜이 댑과 결합하면 아래와 같은 방식으로 데이터 검색 프로세스가 이루어질 것이다.

1. 미스트에서 이더리움 도메인 이름을 입력한다.
2. 도메인이 스웜 해시로 변환된다.
3. 스웜은 해당 해시에 연결된 HTML/CSS/JS 파일을 불러온다.
4. 해당 해시에 연결된 새로운 파일을 요청하면 최신 데이터가 호출된다.

사용자 입장에서는 기존의 웹 애플리케이션을 사용하는 것과 별다른 차이가 없을 것이다. 그러나 이 프로토콜은 DDoS(분산 서비스 거부)에 내성을 가지며, 100% 상시 구동이 가능한 P2P 저장소로써 모든 종류의 클라이언트가 모든 저장소 네트워크의 파일에 접근할 수 있다.

스웜에 대한 자세한 내용은 https://swarm-guide.readthedocs.io/en/latest/의 문서를 참조하자.

미래에 있을 것

비탈릭 부테린은 2016년 봄에 백서를 패러디한 'Mauve Paper(자서)'라는 새로운 문서를 발표했다. 이 문서에서 그는 이더리움 로드맵의 나머지 부분에 대해 7가지 주요 초점을 제시했다.

- **작업 증명에서 지분 증명 합의 알고리즘으로의 전환**: 작업 증명은 합의 시스템으로서는 효과적이지만 전력 소모 관점에서는 비효율적이다. 채굴 없이 합의를 확보하면 인플레이션 발행 계획의 필요성뿐 아니라 전기 낭비를 줄일 수 있다.
- **지분 증명을 통한 더 빠른 블록 시간 실현**: 이를 통해 보안 문제나 중앙화에 대한 위험 없이 데이터를 분산시키고 효율성을 끌어올릴 수 있다.
- **경제적 역할**: 3장에서 다루었던 것처럼, 이더리움은 거래 정산을 위한 탈중앙화 시스템으로써 기업의 수요를 만족시킬 수 있다. 지분 증명 시스템에는 검증자 노드의 역할이 주어질 것이며, 이는

지분을 걸고 블록에 대한 서명을 진행하는 것으로 잘못된 블록에 서명하는 검증자는 이더 잔고를 잃게 된다(그 액수가 수백만 달러가 될 수도 있다).

- **확장성**: 풀 노드가 필요로 하는 컴퓨팅 자원은 이미 확장성의 문제를 불러일으키고 있다. 방대한 블록체인 데이터, 1GB의 DAG, 높은 CPU 또는 GPU 속도에 대한 필요성으로 인해 스마트폰 및 기타 저전력 장치는 이더리움 노드를 구동시킬 수 없는 것이 현실이다. 이더리움 개발팀 역시 이러한 문제를 고심하고 있으며, https://github.com/vbuterin/scalability_paper/blob/master/scalability.pdf는 이더리움의 확장성을 주로 다루는 또 하나의 백서이다.

- **체인 파이버**: 확장성의 이해를 위해 체인 파이버(chain fiber)에 대한 글을 읽기를 권한다(www.reddit.com/r/ethereum/comments/31jm6e/new_ethereum_blog_post_by_dr_gavin_wood/).

- **샤딩**: 확장성을 위한 또 다른 방법은 샤딩(sharding)을 통해 블록체인 데이터를 분배하고 교차 샤드(cross-shard) 통신을 가능하게 하는 방식이다. 샤딩은 데이터베이스 상의 단일 데이터 묶음을 분할해 필요할 때마다 재구성될 수 있게 만드는 프로세스이다. 보통 블록체인에는 분할의 개념이 없다. 그러나 EVM의 상태 중 서로 다른 부분이 서로 다른 노드에 저장되도록 하고, 해당 노드에서 처리할 수 있는 애플리케이션을 빌드하는 방식을 구현하는 것은 가능성이 있다.

- **검열 방지**: 특정 트랜잭션이 완결되지 도달하지 못하게 하기 위해 작업 증명 체제 내의 검증자 노드가 모든 샤드에 걸쳐 트랜잭션을 차단하는 것을 방지한다. 이것은 이더리움 1.0에 이미 존재하지만 후속 버전에서 더욱 강화될 것이다.

이더리움 자서는 아래 링크에서 읽을 수 있다.

https://docs.google.com/document/d/1maFT3cpHvwn29gLvtY4WcQiI6kRbN_nbCf3JlgR3m_8/edit#

그 밖의 혁신

이더리움 팀이 EVM의 비전을 실현하기 위해 노력하는 한편, 이더리움 개발자 커뮤니티는 자체적인 솔루션을 실험하고 있다. 그 중 관심을 끌었던 몇몇 유망한 기술 혁신은 아래와 같다.

- **상태 채널(state channels)**: 소액 결제 채널과 마찬가지로, 상태 채널은 두 개의 블록체인 기반 데이터베이스 사이의 링크로써 메인 체인이 트랜잭션을 처리하기를 기다릴 필요 없이 원장을 동기화되고 업데이트하기 위한 채널이다. 자세한 작동 원리를 알고 싶으면 www.jeffcoleman.ca/state-channels/ 를 방문해 보자.

- **경량 클라이언트(light clients)**: 경량 클라이언트를 통해, 스마트폰과 기타 저전력 컴퓨터도 머클-패트리샤 트리 또는 그 일부를 사용해 특정 트랜잭션이 실제로 블록에 있음을 증빙할 수 있다. 이렇게 하면 전체 블록체인을 다운로드하고 동기화할 필요 없이 트랜잭션의 유효성을 확인하고 주고받을 수 있다. 라이트 클라이언트의 작동 방식에 대한 자세한 내용은 https://web.archive.org/web/20140623061815/http://sourceforge.net/p/bitcoin/mailman/message/31709140/ 웹사이트를 참조하자.

- **이더리움 계산 시장(ethereum computation marketplace)**: 계산 시장은 일부 트랜잭션을 오프 체인(off-chain)으로 수행한 후 나중에 퍼블릭 체인에 포함시키는 방법 중 하나이다. 이 접근법을 실험하는 프로젝트의 대표적 예를 https://github.com/pipermerriam/ethereum-computation-market에서 찾을 수 있다.

전체 이더리움 로드맵

소프트웨어 개발 일정은 근본적으로 예측이 어렵지만, 이더리움 개발자들은 약속한 일정을 준수하는 데 주목할 만한 성적을 보여주고 있다. 이 글을 쓰는 시점에서 그동안 구현이 완료된 부분과, 아직 완료되지 않은 부분을 살펴보자.

프런티어 (2015)

프런티어(Frontier)는 몇 가지 주요 목표를 가지고 있었으며, 모두 일정에 맞추어 완료되었다. 프런티어 이더리움의 모든 작업은 커맨드 라인 상에서 이루어졌다. 당시의 우선 순위는 아래와 같다.

- 채굴 작업 실행 (감소된 보상 비율로)
- 암호화폐 거래소에 이더 상장

- 댑 테스트를 위한 라이브 환경 구축

- 이더 수집을 위한 샌드박스 및 수도꼭지 만들기

- 스마트 계약을 업로드하고 실행할 수 있는 환경 구축

홈스테드 (2016)

홈스테드(Homestead) 출시와 함께 미스트 브라우저 사용이 가능해졌고, 주류 암호화폐 지지자들이 이더리움을 지지하게 되었다. 홈스테드의 특성은 아래와 같다.

- 이더 채굴 보상 비율이 최대 100%로 상승

- 네트워크 중단 없음

- 후기 베타 상태(경고 메시지 감소)

- 커맨드 라인 및 미스트에 대한 문서화 추가

메트로폴리스 (2017)

이 글을 쓰는 시점에서 이더리움 프로토콜 개발의 두 번째 단계인 메트로폴리스(Metropolis) 작업이 진행중이다.[66] 메트로폴리스의 출시는 미스트의 완성형 버전을 함께 선보일 것이며, 완전한 기능을 갖춘 크롬과 iOS 앱스토어의 결합과 같은 모습을 보일 것이다. 여기에는 몇 가지 무거운 서드파티 애플리케이션도 포함될 예정이며, 이 시점에서 스웜과 위스퍼도 가동될 것이다.

---

66 (옮긴이) 2017년 10월 메트로폴리스 업데이트의 첫 번째 단계인 비잔티움(Byzantium) 하드 포크가 완료되었다. 이후의 메트로폴리스 업데이트 일정으로 콘스탄티노플(Constantinople) 하드 포크가 남아 있으며, 합의 엔진의 개선을 위한 캐스퍼 프로토콜, 확장성 개선을 위한 플라스마 프로토콜 등에 대한 논의가 활발히 진행 중이다.

서레너티 (2018)

이 단계는 작업 증명에서 지분 증명으로 합의 알고리즘이 이전되는 단계가 될 것이다. 현재 이더리움의 POS 기반 합의 엔진의 임시 코드명은 캐스퍼(Casper)이다.[67] 이 합의 시스템은 아직 완성되지 않았지만 매주 개발 진척이 이루어지고 있으며, 이 분야에 종사하는 수학자와 컴퓨터 과학자는 돌파구가 가까워졌다고 확신하고 있다. 서레너티(Serenity)와 캐스퍼의 배경에 대한 자료는 아래 URL에서 찾을 수 있다.

https://blog.ethereum.org/2015/12/24/understanding-serenity-part-i-abstraction/

https://blog.ethereum.org/2015/12/28/understanding-serenity-part-2-casper/

요약

서레너티가 출시되고 작업 증명 방식의 채굴이 끝나고 나면 어떤 세상이 펼쳐질까? 어떤 세상이 펼쳐질지 예측하기는 어렵지만, 이더리움, 비트코인 및 기타 암호화 네트워크가 비즈니스 IT에 대해 미칠 영향은 여러 가지로 예측이 가능하다.

20세기의 훌륭한 경제학자 중 한 명인 로널드 코스(Ronald Coase)는 회사가 존재하는 이유가 매일 근로자를 찾기 위해 인력시장을 뒤지는 '트랜잭션 비용'을 피하기 위함이라는 통찰력으로 유명하다. 기업은 장기 고용 계약을 통해 효율성을 향상시킨다. 그러나 수십 명의 근로자 집단을 관리하기 위한 관료주의적 절차가 규모를 키우다 보면 장애물이 되어 대기업의 속도를 떨어뜨리고 경쟁력도 떨어뜨릴 수 있다. 그 결과, 최소한의 관료주의로 최대의 효율성을 창출하는 균형점을 찾는 것이 기업의 화두가 되었다.

지난 20년 동안 기업들은 대규모 소프트웨어 시스템에 대한 전문성을 개발하면서 비즈니스를 가속시켰다. 최근에는 이러한 시스템을 통해 계약직, 컨설턴트 및 프리랜서를 다루기 위해 많은 노력이 투입되고 있다. 회사는 이러한 계약직 근로자를 통해 수요가 발생할 때 신속

---

67 Ethereum Blog, "Introducing Casper, the Friendly Ghost," https://blog.ethereum.org/2015/ 08/01/introducing-casper-friendly-ghost/, 2015.

하게 팀을 구성할 수 있으며, 전임 직원을 해고하지 않고도 팀을 되돌릴 수 있다. 현대 회사의 경계가 더욱 유연해지고 있는 것이다. 소프트웨어 회사 인튜이트(Intuit)의 한 연구에 따르면, 2020년까지 미국 노동 인구의 약 40%는 '임시직 근로자'가 될 것이라고 한다.[68]

이더리움은 이러한 흐름을 가속시킬 것이다. 전 세계가 신뢰불요 애플리케이션을 실행할 수 있는 글로벌 트랜잭션 싱글톤 내에서 작동할 수 있게 되면, 사무실 건물(또는 가상 사설망 또는 회사 자체)의 경계가 줄어들게 된다. 스마트 계약을 통해서 일련의 if-then 문으로 보수를 쉽게 구성하게 되면, 급여와 상여의 구분이 흐려질 것이다. 회사의 규모, 연령 또는 위치는 더 이상 회사의 신뢰성 또는 중요성에 대한 문화적 의미를 지니지 않을 수 있다. 평생 근무 기업의 시대가 종결되는 것이다.

정부와 은행의 고위 계층에서도 이러한 변화를 인정하고 있다. 2017년 1월 18일, 연방 준비 은행 의장인 재닛 옐런(Janet Yellen)은 캘리포니아 커먼웰스 클럽에서 블록체인 기술의 전망에 대한 질문을 받고 아래와 같이 대답했다.

> 우리는 우리가 직접 사용하는 기술의 관점에서 그 전망을 바라보고 있으며, 다른 많은 금융 기관도 마찬가지입니다. 블록체인은 글로벌 경제에서 거래가 이루어지고 청산되는 방식에 큰 변화를 가져올 수 있습니다.[69]

우리는 몇 가지 패러다임의 전환을 앞두고 있다. 첫째로, 개인과 기업 간의 비즈니스 계약의 자유도가 높아지며, 거래 상대방에 대한 수요가 줄고, 법인 및 국가 경계가 허물어지는 변화가 이루어지고 있다. 수백만 달러짜리 거래는 여전히 펜과 종이를 통해 이루어질 수도 있지만, 1달러에서 10만 달러 규모의 표준에 가까운 계약을 실행하는 이더리움 머신이 얼마나 많아질까? 이를 통해 얼마나 많은 예산과 시간을 절감할 수 있을까? 얼마나 많은 분쟁이 사라질까? 얼마나 많은 비즈니스 계약이 공정하게 집행될까? 변화는 놀라운 규모로 이루어질 것이며, 의심의 여지가 없다. 이것이 이더리움의 궁극적인 약속이다.

---

68 Intuit, "The Intuit 2020 Report," http://about.intuit.com/futureofsmallbusiness/, 2010.

69 YouTube, Janet Yellen interview, www.youtube.com/watch?v=ktBgb4xHKGY, 2016.

A – B

ABI	225
account	50
Alt−coins	41
applied cryptoeconomics	205
ASIC	172
asymmetric cryptography	23
asymmetric encryption	57, 208
attacker	121
backend	137
bare−metal layer	224
blockchain	19, 93
blockchain explorer	78
blocks	168
block time	93

C

Casper	253
chargeback	73
coin	148
coins	20
complementary currencies	111
consensus algorithm	169
consensus engine	169
contract accounts	69, 101
cpp−ethereum	60
Crowdfunding	41
cryptocurrencies	20
cryptocurrency	117
cryptoeconomics	20
cryptographic hashing	23
cryptographic messaging	204
cryptography	19
cryptotokens	28

D

DAG	173, 207
DAO	39, 240
dapp	115, 137, 217
data type	118
DDoS	249
decryption	57
Deliberate fork	185
derivative contract	139
difficulty	170
difficulty bomb	179
digital collectibles	142
digital signature	58
directed acyclic graph	173
distributed application	108, 137, 217
distributed ledger	93
DLT	93
double spend attack	185
dynamic memory	110

E

ECDSA	208
EEA	207
EIP	85, 159
Enterprise Ethereum Alliance	207
EOA	100
ERC	159
escrow contract	239
Ethash	169, 207
Ether	25
Ethereum	19
Ethereum Foundation	39
Ethereum Request for Comment	159
Ethereum Yellow Paper	61
Etherscan	78, 159
EVM	29, 36, 81, 248

expressions	88, 128
expressive language	119
expressiveness	119
externally owned accounts	69, 100
extinct block	176

F – G

faucet	77
Federal Reserve	81
Fedwire	81
fork	184
formal verification	120
frontend	137
Frontier	251
gas	75, 97
gas limit	75
Gavin Wood	61
genesis block	93
Geth	59, 124
GHOST 프로토콜	177
go-ethereum	60

H – I

hard forking	29
hashpower	169
heap	110
heaviness	171
Homestead	252
ICO	41
Interplanetary File System	248
IoT	238
IPFS	248
iterator	118

J – L

JSON	220
JSON-RPC	220
key	57
keychain	37
key/value pair	89
key/value store	111
Ledger	22, 93
liquidity	40
loops	91

M

market capitalization	31
memory-hard algorithm	172
Merkel root	183
Merkle proof	183
Merkle tree	181
message	101
MetaMask	58, 59
Meteor.js	223
methods	33
Metropolis	252
miners	168
mining	35, 95, 166
Mist	37
Monero	198
monetary base	31
MyEtherWallet	71

N – O

native token	168
network effect	141
Nick Szabo	143
nonce	96, 172
object	33
opcode	104
orphan block	175

P – R	
P2P 네트워킹	23
Parity	59
Patricia tree	181
peer-to-peer networking	23
permissioned blockchain	44, 230
polygraph	54
PoS	179
PoW	169
private chain	230
private key	50
proof-of-stake	178
proof-of-work	169, 178
protocol	22
protocol fork	185
public key	50
QR 코드	72
radix tree	182
Rice's theorem	121
root hash	182
Ropsten	67, 124, 150

S	
salt	174
score	171
secure and signed messaging	57
secure messaging	57
Serenity	253
server	115
SHA-256	209
smart contract	21
Solidity	21
stack	110
stale block	176
standard account unit	139
state	89
state channels	251

state fork	73
state machine	87
statements	88, 128
subcurrency	46, 147
surplus value	141
Swarm	40, 221, 248
symmetric encryption	57, 208

T	
The Internet of Value	147
tokens	20
transaction	102
trustless	32
Turing complete	21, 85

U – Z	
uncle block	172
value, surplus	141
Vitalik Buterin	246
wallet	37
Web3.js	220
wei	76
Whisper	40, 248
winning block	94
Zcash	198

찾아보기

ㄱ	
가상 머신	82
가스	75, 97
가스 한도	75
가치 인터넷	147
개빈 우드	61
개인키	50
객체	33
거래소	192
경량 클라이언트	251
계약 계정	69, 101
계정	50
고아 블록	175
고의적 포크	185
공개키	50
공격자	121
그레샴의 법칙	27
기본 토큰	168
기수 트리	182

ㄹ - ㅁ	
라이스의 정리	121
롭슨	67, 124, 150
루트 해시	182
마이이더월렛	71
머클 루트	183
머클 증명	183
머클 트리	181
머클-패트리샤 트리	183, 251
메모리 하드 알고리즘	172
메소드	33
메시지	101
메타마스크	58, 59
메트로폴리스	252
모네로	198
문장	88, 128
미스트	37, 197
미티어	223
민하드웨어 계층	224

ㄴ - ㄷ	
난이도	170
난이도 폭탄	179
네트워크 효과	141
노드	82
논스	96, 172
닉 재보	143
대안 화폐	111
대칭 암호화	57, 208
댑	115, 137, 217
동적 메모리	110
디지털 서명	58
디지털 소장품	142

ㅂ	
반복문	91
반복자	118
백엔드	137
보안 메시징	57
보안 및 서명 메시징	57
보조 화폐	46, 147
복호화	57
본원통화	31
분산 P2P 컴퓨팅	207
분산 애플리케이션	108, 137, 217
분산 원장	93
블록	168
블록 시간	93
블록체인	19, 93
블록체인 탐색기	78

비대칭 암호화	23, 57, 208
비탈릭 부테린	167, 177, 246
비트코인	27

ㅅ

사물인터넷	238
상태	89
상태 기계	87
상태 채널	251
상태 포크	73
샤딩	250
서레너티	253
서버	115
솔리디티	21, 113
솔트	174
수도꼭지	77, 150
스마트 계약	21
스웜	40, 221, 248
스택	110
승자 블록	94
시가총액	31
식	128
신뢰불요	32
실효 블록	176

ㅇ

알트코인	41
암호경제학	20, 202
암호 해싱	23
암호화	19
암호화 메시징	204
암호화폐	20, 117
암호화폐 토큰	28
암호화 해싱	92, 207
애플리케이션 바이너리 인터페이스	225
엉클 블록	172

에스크로 계약	239
연방 준비은행	81
연산 코드	104
외부 계정	69
외부 소유 계정	100
원장	22, 93
월드 컴퓨터	167
웹 3	220
위	76
위스퍼	40, 248
유동성	40
유효 블록	94
응용 암호경제학	205
이더	25
이더리움	19
이더리움 개선 제안	159
이더리움 재단	39
이더리움 황서	61
이더스캔	78, 159
이중 지출 공격	185
잉여 가치	141

ㅈ

자료형	118
자바스크립트 객체 표기법	220
작업 증명	169, 178, 249
점수	171
제너시스 블록	93
제안, 이더리움 개선	85
주문형 특수 집적 회로	172
중량	171
중앙화	205
지갑	37
지분 증명	178, 249
지불 거절	73
직접 비순환 그래프	173

ㅊ - ㅌ	
채굴	35, 95, 166
채굴자	168
캐스퍼	253
코인	20, 148
코인 공개	41
크라우드펀딩	41, 240
키	57
키/값 쌍	89
키/값 저장소	111
키체인	37

탈중앙화 자율 조직	39, 240
테스트넷	197
토큰	20, 148
튜링 완전	21, 85
트랜잭션	23, 101

ㅍ	
파생 계약	139
패리티	59
패트리샤 트리	181
페드와이어	81
폐지 블록	176
포크	184
폴리그래프	54
표준. 회계 단위	139
표현성	119
표현식	88
표현적 언어	119
프라이빗 체인	44, 230
프런트엔드	137
프런티어	251
프로토콜	22
프로토콜 포크	185

ㅎ	
하드웨어 지갑	238
하드 포크	29
합의 알고리즘	169
합의 엔진	169
해시	209
해시파워	169
허가형 블록체인	44, 230
형식검증	120
홈스테드	252
확장성	250
힙	110